新工科建设与紧缺人才培养·数据科学系列

U0164926

大数据分析原理和应用

海 沫 李海峰 主 编

电子工业出版社
Publishing House of Electronics Industry
北京·BEIJING

内 容 简 介

随着互联网的发展，大数据的思想与技术已经逐渐渗入人们生活、工作的方方面面。本书突出"大数据分析"这一主题，从大数据分析原理、技术和应用的角度，讲述大数据分析基础知识、大数据分析平台核心原理、大数据分析关键技术及大数据分析应用。

大数据分析的基础知识主要包括大数据的产生背景与定义、大数据的特点和技术、大数据的应用和价值、大数据时代的思维变革、国家大数据战略；大数据分析平台的核心原理主要包括开源大数据平台 Hadoop 和 Spark 的发展、生态系统、体系结构、安装和使用方法等，大数据存储（Hadoop 分布式文件系统——HDFS 的基本原理），大数据处理（MapReduce 并行编程模型、Hadoop 2.0 的资源管理调度框架——YARN）；大数据分析的关键技术主要包括大数据的获取、数据清洗、数据归约、数据标准化、大数据分析算法（包括聚类、分类算法）的应用；大数据分析的应用是以案例的形式给出大数据分析在上市公司信用风险预测研究中的实际应用。

本书能培养学生搭建大数据分析平台的工程技术能力，面向大规模、多类型数据集的分析及处理能力，基于大数据思维方式进行数据分析的能力，将大数据技术与实际财经应用问题相结合并实现快速决策分析的能力，同时培养学生科技报国的家国情怀和使命担当。

本书适合作为高等院校各专业（尤其是大数据相关专业、财经类专业）大数据分析相关课程的教材，也可供相关技术人员参考。

图书在版编目（CIP）数据

大数据分析原理和应用 / 海沫，李海峰主编. —北京：电子工业出版社，2023.4

ISBN 978-7-121-45311-3

Ⅰ. ①大… Ⅱ. ①海… ②李… Ⅲ. ①数据处理－高等学校－教材 Ⅳ. ①TP274

中国国家版本馆 CIP 数据核字（2023）第 051785 号

责任编辑：刘 瑀　　　　特约编辑：田学清
印　　刷：三河市华成印务有限公司
装　　订：三河市华成印务有限公司
出版发行：电子工业出版社
　　　　　北京市海淀区万寿路 173 信箱　　　邮编：100036
开　　本：787×1092　　1/16　　印张：15.5　　字数：397 千字
版　　次：2023 年 4 月第 1 版
印　　次：2023 年 4 月第 1 次印刷
定　　价：59.00 元

前 言

PREFACE

互联网技术的高速发展，使得现实世界向计算机世界的映射不断完善，大数据正是这种映射的桥梁和纽带。

大数据的概念起源于未来学家阿尔文·托夫勒所著的《第三次浪潮》，它在 2009 年之后逐渐成为研究热点。近 10 年来，大数据的概念不断扩展和完善，大数据的技术开始成熟，大数据的产业蓬勃发展，大数据的思维已经深入人心，大数据的应用呈现百花齐放的态势。我们有理由相信，在不远的将来，当汇总了足够的数据，实现了足够好的分析方法之后，更深层次的社会规律和自然规律一定会不断地被挖掘出来，以帮助人们做出更加精准、高效的决策。

维克托和肯尼斯在《大数据时代》中提出了大数据的特点。该特点在大数据的后续发展中不断完善，迄今已经达成了共识。本书重点介绍大数据的海量特点，面向高等院校学习大数据分析课程的本科生及初入大数据领域的社会从业者编写，对开源大数据平台、HDFS、MapReduce 并行编程模型、Hadoop 2.0 的资源管理调度框架——YARN、大数据的获取和预处理、大数据分析算法、大数据分析的应用案例展开了详细的介绍，希望读者通过本书，能对大数据采集、处理、存储、管理、模型、分析、可视化的全生命周期有一个全面的认识和了解。

本书由中央财经大学信息学院的大数据课程教学团队编写完成，其中，海沫副教授负责全书的策划和最终统稿，李海峰副教授参与了全书的编写，姚安琪、鲜于青妍、刘堃、李帅博、刘一丁、高小梅和梅冬倩同学为本书的出版做了很多工作，感谢他们在本书成稿过程中的认真和努力，正是他们一丝不苟的态度和一心向学的精神，才使得这本书能够成功出版。

本书配有在线开放课程，读者可登录"中国大学 MOOC"查看。本书提供电子课件（PPT）、源代码、数据集等教学资源，读者可登录华信教育资源网（www.hxedu.com.cn）免费下载。

由于编者水平有限，书中难免存在错误之处，请广大读者批评指正。

编者

目 录

CONTENTS

第 1 章
大数据的概述

 **学习目标**

从总体上了解大数据的产生背景，理解大数据的定义，掌握大数据的特点和技术，掌握大数据的应用和价值，深刻认识大数据时代的思维变革及国家大数据战略。

学习要点

> 大数据的产生背景

> 大数据的定义

> 大数据的特点

> 大数据的技术

> 大数据的应用

> 大数据的价值

> 大数据时代的思维变革

> 国家大数据战略

1.1 大数据的产生背景与概念

1.1.1 大数据的产生背景

大数据的产生可以分为萌芽阶段、发展阶段及兴盛阶段。

（1）萌芽阶段：该阶段的时间跨度为 20 世纪 90 年代至 21 世纪初。"大数据"的概念是在 1997 年 NASA 阿姆斯科研中心的大卫•埃尔斯沃斯和迈克尔•考克斯在研究数据的可视化问题时首次使用的。1998 年，在美国 Science 杂志上发表的一篇名为"大数据科学的可视化"的文章，使得大数据正式作为一个专有名词出现在公共刊物中。

（2）发展阶段：该阶段的时间跨度为 21 世纪初至 2010 年。数据分析的主要技术——

Hadoop 技术的诞生，使得 2005 年成为大数据发展的重要时刻。大数据技术先在美国铺开，2010 年美国信息技术顾问委员会（PITAC）发布的一篇名为《规划数字化未来》的报告，足以体现美国对大数据技术发展的重视。在这个阶段，大数据技术作为一种新兴技术初步出现在人们的视野中，但该技术并未在全球普及。

（3）兴盛阶段：该阶段的时间跨度为 2011 年至今。2011 年，IBM 公司研制的每秒能够扫描并分析 4TB 数据量的沃森超级计算机横空出世，直接打破了世界纪录，将大数据分析提升到新高度，不久后，麦肯锡发布的《海量数据，创新、竞争和提高生成率的下一个新领域》报告中详细描述了大数据的技术架构，并且介绍了大数据在各个领域的应用情况。2012 年在瑞士达沃斯召开的世界经济论坛讨论了与大数据相关的一系列问题，并发布了《大数据，大影响》报告，至此，大数据的全球普及时代来临。

大数据产生的大事件年代表如图 1-1 所示。

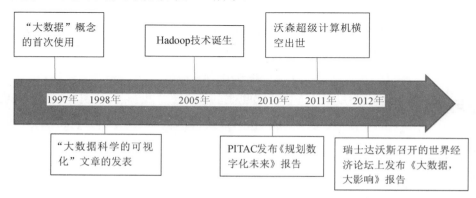

图 1-1　大数据产生的大事件年代表

1.1.2　大数据的定义

虽然关于大数据的定义有很多，但是它从产生至今仍没有一个公认的定义。以下给出两种对大数据的定义，帮助用户理解大数据。

麦肯锡发布的《大数据：下一个创新、竞争和生产力的前沿》报告指出，所谓大数据，主要是指无法在一定时间内用传统数据库工具对其内容进行获取、存储、管理和分析的数据集。

研究机构 Gartner 指出，大数据是指需要新处理模式才能具有更强的决策力、洞察发现力和流程优化能力的海量、高增长率和多样化的信息资产。

以上两种对大数据的定义是被大众普遍接受的，不难发现这两种定义能体现出大数据的"4V"特点。如果用户想要理解大数据的具体定义，可以从其"4V"特点中得到解答。"4V"特点会在 1.2 节展开讨论。

1.1.3　数据的存储单位

数据的存储单位有 bit、B、KB、MB、GB、TB 等。其中，数据最小的存储单位是 bit。以下是数据各个存储单位之间的换算。

1B=8bit，1KB=1024B，1MB=1024KB，1GB=1024MB，1TB=1024GB。

1.1.4　大数据的分类

大数据的分类有多种方式，下面将对每种分类进行简单的介绍。

（1）从字段类型的角度可将大数据分为文本类（string、chart、text 等）、数值类（float、int 等）、时间类（data、timestamp 等）。

（2）从数据结构的角度可将大数据分为结构化数据、半结构化数据、非结构化数据。

① 结构化数据通常是指以关系数据库方式记录的数据，数据按照表和字段进行存储，字段之间相互独立。

② 半结构化数据通常是指以自描述的文本方式记录的数据。这种类型的数据无须满足关系数据库非常严格的结构和关系，故而这种类型的数据使用方便。很多网页及应用访问日志会采用这种类型的数据。

③ 非结构化数据通常是指图片、音频、视频等格式的数据。这种类型的数据一般会按照特定的应用格式进行编码，数据量特别大，且不能简单地转化为结构化数据。

（3）从描述事物的角度可将大数据分为状态类数据、事件类数据、混合类数据。

① 状态类数据是指一组可以实时反映所描述对象所处状态的一类数据。例如，用户的位置信息可能会随着时间的变化而变化，那么用户位置信息的数据就属于状态类数据。

② 事件类数据是指描述客观世界中对象之间关系的数据，即记录对象的互动和发生反应的数据。例如，用户到超市买了一件商品，用户、超市、商品三个对象会产生一次交易关系，那么对象间交易关系的数据就属于事件类数据。

③ 混合类数据理论上可以属于事件类数据的范畴，但两者的差别在于，混合类数据所描述的事件发生过程会持续较长时间，并且在记录数据时这个过程还没有结束，仍然可以发生变化。例如，一笔订单的完成过程需要持续一段时间，那么首次记录的订单数据（订单状态、订单金额等）就属于混合类数据，因为这个数据还会随着订单的进行而发生变化。

（4）从数据处理的角度可将大数据分为原始数据、衍生数据。

① 原始数据是指直接来源于数据源，并没有受到任何处理的数据。

② 衍生数据是指对原始数据进行加工处理后产生的数据。衍生数据根据其用途可以分为两类：第一类是进行数据分析的数据，用于解决实际问题；第二类是可提高数据交付效率的数据，如数据集市等。

（5）从数据粒度的角度可将大数据分为汇总数据、明细数据。

此处通过举例说明汇总数据和明细数据。消费者的总数据集（包括消费者个人基本信息、历史交易记录信息等）便是汇总数据，而消费者个人基本信息中的姓名、性别、年龄等数据，历史交易记录信息中的交易地点、交易时间、交易金额等数据属于明细数据。

（6）从更新方式的角度可将大数据分为批量数据、实时数据。

① 批量数据是指数据源每隔一段时间提供一次的数据。

② 实时数据是指那些新产生的或者刚发生变化就被立即传输到处理中心的数据。

1.2 大数据的特点和技术

1.2.1 大数据的特点

大数据的"4V"特点为 Volume（海量）、Variety（多样）、Velocity（高速）、Value（价值）。本节将对大数据的特点做简要介绍。

1. Volume

过去，MB 级的存储容量就已经能满足很多人的数据存储需求了，但随着信息技术的不断发展及数据来源的不断增多，数据呈现几何指数爆发式的增长，人们日益增加的数据存储需求促使数据存储单位从过去的 GB 级到 TB 级，乃至现在的 PB、EB 级，并不可避免地增加到 ZB 级。截至 2020 年，全球数据量达到了 60ZB。

2. Variety

广泛的数据结构决定了大数据的多样性。根据数据的结构可将大数据分为以下几类。
（1）结构化数据，如财务系统数据、信息管理系统数据、医疗系统数据等。
（2）非结构化数据，如视频、图片、音频等。
（3）半结构化数据，如 HTML 文档、邮件、网页等。

3. Velocity

该特点是区别大数据与传统数据最显著的特点。数据的增长速度和处理速度是大数据高速性的重要体现。由于大数据采用实时分析而非批量分析，因此数据输入、处理与丢弃的速度极快，几乎不存在延迟。

自 Facebook 成立以来，已有 2500 亿张的照片被上传；曾经需要历经 10 年破译的人体 30 亿个碱基对基因数据，现在仅需 15 分钟即可破译，这些都是大数据高速性的体现。

4. Value

该特点是大数据的核心特点。大数据作为重要的基础型战略资源，其核心价值在于应用。大数据的价值已经渗入人们生活的各方面。例如，淘宝的"猜你喜欢"栏目就是通过分析消费者的历史浏览及购买数据，来向消费者推荐其可能会购买的偏好商品，从而达到增加销量的目的。然而数据虽然海量，但某一对象或者模块数据的价值密度很低，有价值的数据所占比例很小。相比于传统数据，大数据最大的价值在于通过从大量不相关的各种类型的数据中，挖掘出对未来趋势与模式预测分析有价值的数据，并通过机器学习、人工智能或数据挖掘深度分析，发现新规律和新知识，并运用于各个领域。例如，在一段 24 小时的监控录像中，真正用到的关键数据可能也就只有几秒。

1.2.2 大数据的技术

当前大数据技术的基础是由 Google 率先提出的。大数据的技术可以分为大数据采集、大数据预处理、大数据处理、大数据分析。

1. 大数据采集

大数据的采集来源众多，包括智能硬件端、多种传感器端、网页端、移动 App 应用端等，将这些数据汇集到数据库中，并使用数据库对数据进行简单的处理工作，这便是大数据采集的过程。采集的数据包括 RFID 数据、传感器数据、用户行为数据、社交网络交互数据及移动互联网数据等各种类型的结构化、半结构化及非结构化的海量数据。大数据采集的主要方式有数据抓取、数据导入、物联网传感设备自动信息采集。

数据抓取通常针对的是网络数据，通过网络爬虫或网站公开 API（Application Programming Interface，应用程序接口）等方式从网站上抓取数据信息。网络爬虫从一个或多个初始页面的 URL（Uniform Resource Locator，统一资源定位系统）开始，对各个页面的内容进行抓取，并且在抓取的过程中又不断地将当前抓取页面中新出现的 URL 放入抓取队列中，直到满足抓取停止的条件。

数据导入通常针对的是数据库数据和系统日志数据。企业通过在采集端部署大量数据库（一般使用 Redis、MongoDB 和 HBase 等数据库），并在这些数据库之间进行负载均衡和分片，来完成数据采集。为了满足大规模的采集需求，很多互联网企业的系统日志采集大多采用分布式架构的采集工具，如 Hadoop 的 Chukwa、Cludera 的 Flume、Facebook 的 Scrible、LinkedIn 的 Kafka 等日志系统。

物联网传感设备自动信息采集是指通过物联网传感器将测量到的物理变量（如声音、温度、湿度、电流、距离等）的测量值转化为数字信号并传送到数据采集点的过程。常见的物联网传感器包括接近传感器、温度传感器、化学传感器、图像传感器和气体传感器。

2．大数据预处理

大数据预处理是指在对数据进行挖掘以前，需要对原始数据进行清洗、集成与转换等一系列处理工作，以达到使用挖掘算法进行知识获取研究所要求的最低规模和标准。随着数据量的爆发式增长，很多数据都存在错误、残缺、冗余等问题，而数据预处理可以有效地规避这些问题，它能纠正错误的数据、将残缺的数据补充完整、将冗余的数据清除，挑出用户需要的数据，并对这些数据进行集成处理。数据预处理的常见方法有数据清洗、数据集成、数据转换与数据归约。

（1）数据清洗是通过光滑噪声、填充缺失值、识别或删除离群点、纠正数据不一致的方法，以达到数据格式标准化、异常数据清除（借助箱线图、3σ 原则等方法进行异常数据的判别）、数据错误（数据值错误、数据类型错误、数据编码错误、数据格式错误等）纠正、重复数据清除的目的。

（2）数据集成是合并来自多个不同或者相同数据源的数据，并将合并后的数据统一存储在同一数据储存库（如数据仓库）中。

（3）数据转换的目的是将不同的数据转换成适合挖掘的形式，常用到规范化、属性构造、概念分层的方法。

（4）数据归约是通过寻找目标数据的有用特征，在不损坏数据原貌的基础上减小数据规模，从而达到精简数据量的目标。

3．大数据处理

大数据处理是对进行了预处理的数据进行进一步处理，是将数据储存到分布式环境后的深度处理。Apache 开发的 Hadoop 分布式大数据处理系统为大数据处理提供了一个十分良好的软件框架。Hadoop 由三大部分组成：用于分布式存储大容量文件的 HDFS（Hadoop Distributed File System，Hadoop 分布式文件系统）、用于对海量数据集（TB 级）进行分布式计算的 MapReduce 及超大型数据表 HBase。从大数据处理的角度出发，MapReduce 是最重要的一部分。MapReduce 是一种分布式计算模型，于 2004 年由 Google 提出，它是 Google 的核心计算模型，也是最具代表性的批处理模型（批处理采用的是先将数据存储再对其进行处理）。MapReduce 计算模型本质上就是实现两个函数：Map（映射）函数和 Reduce（归约）函数。MapReduce 的计算逻辑可以用"分治"来简单概括，以计算 1+2+3+4+5+6+7+8+9 的结果为例，图 1-2 所示为 MapReduce 计算模型的计算逻辑。

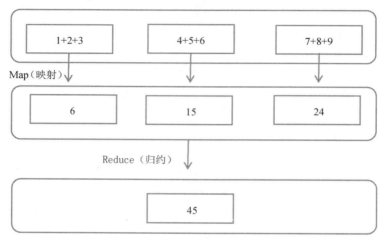

图 1-2　MapReduce 计算模型的计算逻辑

4．大数据分析

大数据分析是大数据技术中很重要的一部分，它从问题的定义入手，通过对数据的分析创建模型，它首先从问题的定义入手，明确数据分析的目的；其次进行数据准备工作，包括在大型数据库和数据仓库提取目标数据集，并对提取到的目标数据集进行数据完整性及一致性的检查、去除噪声、填补丢失域、删除无效数据等的一系列数据再加工；再次根据数据的类型及数据的特点选择算法，对加工后的目标数据集进行数据分析；最后将数据分析的结果解释成能被用户理解的知识，并传递给用户。大数据分析中很重要的一步就是使用分析方法对数据进行分析。常用的分析方法有分类、聚类、关联规则、预测模型。

分类是根据重要数据类的特征向量值及约束条件，构造分类函数或者分类模型的一种数据分析方法。典型算法有朴素贝叶斯算法、KNN（K-Nearest Neighbor，K 最邻近）、SVM（Support Vector Machine，支持向量机）算法等。

聚类是指将具有相似特征属性的数据聚集在一起，从而使得不同的数据群有着鲜明的特征区别。通过聚类分析，用户能从中发现各数据属性之间存在的相互关系及相似特征属性之间存在的分布模式。典型算法有 BIRCH 算法、K-means（K 均值）算法、EM（Expectation Maximization，最大期望）算法等。

关联规则是指通过索引系统中的所有数据，找出能把一组事件或数据项与另一组事件或数据项联系起来的所有规则，以获得预先未知的和被隐藏的、不能通过数据库的逻辑操作或统计方法得出的信息。关联规则一般用支持度（Support）和置信度（Confidence）两个参数来度量相关性，并不断引入兴趣度、相关性等参数，使得所挖掘到的关联规则更符合需求。关联规则挖掘算法是关联规则挖掘研究的主要内容。迄今为止许多高效的关联规则挖掘算法被提出，其中最著名的关联规则挖掘算法是 R.Agrawal 提出的 Apriori 算法。使用 Apriori 算法求解问题的主要步骤如下：首先用户指定一个最小支持度；然后用户需找到事务数据库中所有大于和等于最小支持度的数据项集；最后用户利用频繁项集生成自身所需的关联规则，并使用已经指定的最小支持度来进行取舍，以此得到强关联规则。还有另一种比较著名的关联规则挖掘算法是由 J.Han 提出的 FP-Growth（频繁模式增长）算法。

预测模型是从历史数据中找出变化规律，建立模型，并由建立的模型预测未来数据种类和特征的方法。预测模型预测结构化数据与非结构化数据，以预测未来结果的算法和技术，可为预测、优化、预报和模拟等许多业务系统所使用，预测模型的建立着重关注数据的精度和不确定性。

1.3　大数据的应用和价值

1.3.1　大数据的应用

随着技术的发展，大数据的应用领域已经覆盖各行各业。大数据技术除了更快、更精准地对各行各业内的数据进行处理和分析，其核心目标是最大化满足用户的个性化需求。随着 5G 时代的到来，大数据技术更是成为各大企业优化产业结构、提高服务质量的基础。

本节将介绍大数据在各个行业或领域内的应用，并着重介绍大数据在金融行业内的应用。

1. 电商行业大数据的应用

电商行业是最早利用大数据进行精准营销的。电商平台（如淘宝、京东）会借助大数据对区域消费特征、用户消费习惯、消费热点等进行预测，并根据用户的浏览及购买记录为其推荐产品，以刺激消费。2020 年，淘宝推荐产品的转化率一般为 6%～8%。通过大量并且种类繁多的用户数据，电商平台不仅可以利用这些数据预测不同地域消费习惯或特点、用户消费习惯、未来消费趋势、消费行为的相关度、识别用户偏好及产品的转化率等，还可以利用这些数据来帮助平台对自身的运营管理、产品情况进行及时反馈与改善。

2. 金融行业大数据的应用

大数据在金融行业的应用主要分布在银行、保险、证券。随着信息技术在金融行业的广泛应用，海量数据都存储在金融机构中。由于数据创造的利润抵不上其管理成本，因此其不得不去寻找将这些数据转换成实际价值的方法，而大数据的深度挖掘技术为其提供了有效的解决方案。以下将从三个典型应用领域介绍大数据的应用。

1）银行

大数据在银行中的应用非常广泛，主要涉及绘制客户画像、精准营销、风险管理与风险控制、运营优化。

（1）绘制客户画像。客户画像一般可以分为企业客户画像和个人客户画像。企业客户画像包含企业的生产、流通、运营、销售、财务、企业客户数据及涉及的产业链上下游信息等数据。而个人客户画像包括个人基本信息、消费能力、兴趣、风险偏好等数据。除了银行根据自身业务所收集到的数据，银行还会整合很多外部数据来加深对客户的了解，从而使绘制的客户画像更为完整精确、银行的营销和管理更为精准。这些外部数据一般源于客户在社交平台上的行为数据、客户在电商平台上的交易数据。例如：光大银行建立了社交网络信息数据库来收集各大社交平台中客户的行为数据；建设银行将其在电商平台收集到的客户数据与客户信贷业务相结合；阿里金融为阿里巴巴客户提供无抵押贷款，只要客户在其平台上的信用符合标准，就可以在平台申请无抵押贷款。

（2）精准营销。精准营销基于绘制的客户画像的完整精确，本质上就是给合适的客户推荐合适的产品，满足他们的个性化需求。而精准营销离不开大数据。精准营销主要就是银行根据客户画像、产品画像及客户的交易记录等信息，对客户群进行精准定位并分析出其需要的金融产品和金融服务，进而有针对性地对其进行营销推广。银行在营销的过程中，还需要通过营销的"实时性"来提高营销的精准度。"实时性"是指银行根据客户的实时状态来判断其是否需要更新营销策略，如客户的生活状态改变（如工作状态改变、婚姻状况改变、居住地点改变等）或者客户最近一段时间消费习惯的改变等。此外，银行还需要保持客户黏性，在不断扩展新客户的同时也需要防止客户流失。例如，招商银行通过构建客户流失预警模型，对流失率等级前 20%的客户发售高收益理财产品予以挽留，使得金卡和金葵花卡客户流失率分别降低了 15 个百分点和 7 个百分点。

（3）风险管理与风险控制。风险管理与风险控制主要包含企业或者个人贷款风险评估及欺诈交易识别和对反洗钱行为分析。

① 企业或者个人贷款风险评估。就企业而言，大数据有助于解决企业与银行之间存在的信息不对称问题，从而提高双方交易的成功率。银行收集企业的生产、流通、销售及财务等数据，结合大数据分析技术对这些数据进行处理和贷款风险评估，从而通过量化的方式评估企业的贷款额度，使得企业的贷款业务更加有效。如今，阿里小贷、金电联行、ZestFinance等机构在运用大数据解决贷款风险评估问题上已经取得一定的经验。而对于个人，银行利用客户的收支数据、客户的信用卡记录、借贷情况、透支情况、其他金融产品的交易记录及客户关系管理（Customer Relationship Management，CRM）信息等，结合大数据分析技术对客户的信用等级进行评估，从而对信用等级低的客户进行重点风险管理与风险控制；对信用等级高的客户进一步挖掘其消费潜力以提高银行的业绩。

② 欺诈交易识别和对反洗钱行为分析。银行可以将持卡人的基本信息、银行卡的基本信息、交易历史、历史交易模式、正在发生的交易模式（如转账）等数据，结合智能规则引擎进行实时地交易反欺诈分析，一旦发现持卡人出现在一个不经常出现的国家给一个特有账户转账或者处于一个不熟悉的位置进行在线交易等非常规的交易行为，银行可以认为持卡人的交易风险指数超标从而立即终止交易，进而有效地防止风险的出现。例如：IBM 提供金融犯罪管理的解决方案来帮助银行利用大数据有效地预防与管理金融犯罪；摩根大通银行则利用大数据追踪盗取客户账号或侵入自动柜员机系统的罪犯。

大数据在风险管理与风险控制方面的应用，还可以体现在银行卡的挂失业务上。银行通过大数据分析技术提取异常行为模式，能够找到丢失或者被盗取的信用卡信息，并暂时冻结异常账户，从而为银行联系到账户持有人提供时间。

（4）运营优化。大数据主要在市场和渠道分析优化、产品和服务优化及舆情分析层面发挥其对银行的运营优化功能。

① 市场和渠道分析优化。银行通过收集来自不同市场推广渠道（尤其是互联网推广渠道）反馈的数据，分析出银行产品或服务在这些渠道的推广效果和质量，从而及时地根据市

场变化对不同市场推广渠道的份额占比进行调整和优化。同时，银行还可以根据这些数据分析出哪类银行产品或者服务在哪些渠道推广更合适，从而对银行产品或服务的推广渠道策略进行优化，找到银行产品或服务和推广渠道的最大收益组合。例如，在民生方面，为了解决农民工被拖欠工资却很难讨回的问题，建设银行于 2018 年向农民工这一特殊群体推出了一款结合区块链、大数据技术等金融科技的金融产品——"民工惠"，该产品通过给劳务公司提供用于农民工工资发放的专项融资款，解决了部分劳务公司出现的农民工工资资金"来源难"的问题，保证劳务公司能有钱给农民工发工资。"民工惠"从劳务公司处确认各个农民工的应得工资数额，从而保证资金数额的精准到账；劳务公司通过"民工惠"将专项融资款直接发放至农民工的银行卡中，保证农民工能及时地拿到工资。2018 年至 2020 年间，建设银行累计为 61 家核心企业，上游 1191 家分包、劳务企业，提供专项融资款超过 92.25 亿元，惠及农民工群体超过 74.83 万人次。这个产品的推出，既满足了农民工工资及时到账的需求，也很好地解决了某些劳务公司无法及时给农民工发放工资的难题。此外，交通银行与税务部门联合推出的一款全线上信用融资产品——"线上税融通"，这款产品基于大数据技术，面向的是纳税信用良好的小微企业市场。银行对小微企业的纳税情况、信用状况等进行综合评价，给予最高额度 100 万元的纯信用贷款。该产品的推出，很好地缓解了小微企业"融资难、融资贵"的问题。

② 产品和服务优化。银行运用大数据模型，结合客户使用的银行产品类型和服务类型的历史数据，对客户的信息资料进行分析，得到客户的风险偏好及产品偏好，更深层次地了解客户的消费习惯，以针对客户推荐最契合客户需求的产品和服务，并不断进行产品创新和服务优化。例如：兴业银行通过对不同客户的还款数据进行比较来区分优质客户，以此提供差异化的金融产品和服务方式；中国银行于 2018 年推出的个人贷款产品——"中银 E 贷"，该产品依托互联网和大数据技术，使贷款的全流程都采用线上服务的模式，实现贷款申款、提款及还款的方便快捷化，贷款申请获批的高速化。

③ 舆情分析。银行可以借助网络爬虫，从社区、论坛、微博等各种互联网社交平台爬取与银行产品及服务的相关信息数据，并结合自然语言处理技术对信息进行情绪分析（分析出评论的情绪是正面还是负面的）。得益于大数据的高速特点，银行能在第一时间掌握舆情信息和动态，只有它及时了解客户的真实诉求，才能不断地提高自身服务水平。在情绪分析中，包含负面情绪的数据是银行舆情分析的重点所在，银行需要及时发现对银行本身或者银行产品、银行服务的负面信息，并以最快的速度对相关问题做出回应和处理；而对于包含正面情绪数据的产品或服务，银行可以予之保留。除掌握针对该银行内部产品或服务的数据之外，银行还可以挖掘出同行业中其他银行的数据，在学习其他银行优势的同时也要警惕它们出现的问题，以作为自身产品或服务优化的借鉴。不仅如此，银行还可以借助大数据提高全网检测、网民情绪分析、网民满意度分析的能力，帮助自身有效引导舆论走向，强化正面形象的宣传。例如，沃民高新科技依托自主研发的"明网+暗网+专网"的三网融合技术，通过沃德社会气象台网络情报实时监测与智能分析大数据系统，开发了舆情监测分析、选情监测、满意度在线智能计算、竞争情报、网络水军监测、网络影响力评估、炒股机器人、股票自动打新助手等一系列产品或服务，而这些产品或服务已经在党政军警、商业机构、传媒机构、个人和机构投资等多个合作领域广泛应用并且成效较好。

2）保险

保险行业可以利用大数据推进业务运营，即大数据常被用于保险行业的客户细分和精准营销、产品设计、运营优化、欺诈行为分析。

（1）客户细分和精准营销。不同的客户对保险的不同需求主要体现在风险偏好的差异，对风险的偏好不同会导致对保险有不同的需求。根据客户对风险的偏好可以将其分为风险喜好者、风险中立者及风险厌恶者。一般情况下，客户对风险越厌恶，购买保险的需求就越高。保险行业的客户细分是基于客户对风险的不同偏好，运用机器学习算法结合客户的职业、生活习惯、兴趣爱好、家庭组成、消费方式等数据来细分客户；而保险行业的精准营销是针对细分后的客户采取不同保险产品和服务的定向推广策略，从而达到对客户实现精准营销的目的。精准营销的对象不仅包括潜在的新客户，还包括即将流失的老客户，针对这些老客户，保险公司挖掘出他们的基本信息、购买过的保险种类、历史出险情况、保险销售人员的信息等数据，分析得出影响客户退保或续保的关键因素，并通过这些因素和建立的模型，对客户的退保率或续保率进行估计，找出流失风险高的客户，并及时调整保险销售策略来挽留这些流失风险高的客户，以提高保单续保率。车联网保险创始者——美国前进保险公司，使用车联网设备，收集客户实际驾驶时间、地点、速度、具体驾驶方式等驾驶数据，来判断客户驾驶行为中存在的风险，并基于大数据技术设计个性化 UBI（Usage Based Insurance，基于使用的汽车保险）车险产品。

（2）产品设计。保险行业基于客户细分，并对其行为特征进行更加深度地学习，以了解不同客户的特点，从而实现利用大数据根据客户的个性化需求设计出对应保险产品的目标。例如，悟空保是我国领先的互联网保险平台，该平台运用大数据推出互联网保险定制服务（与FILL 耳机联合定制了首单互联网保险"悦听保"、与小牛电动合作定制"牛油保"、与新氧美容整形平台定制医美行业首款美容整形效果险"氧气保"等），并且组建了一支由大数据专家和数位北美精算师组成的专业队伍，该平台结合大数据专家擅长处理动态实时数据及精算师擅长处理静态历史数据的特点，将核心的产品研发、产品定价及产品风控掌握在自己手中，可以说是将大数据与传统保险行业相融合的典范。

（3）运营优化。保险行业的运营优化着手于产品的优化及保险销售人员的优化。产品的优化瞄准"个性化"，保险公司可以通过大数据、人工智能等处理和分析公司的内部数据及客户在社交平台的数据，以解决公司出现的风险控制与风险管理问题，并获得更准确及更高利润率的保单模型，从而为客户制订出精准契合其保险需求的个性化保单，为每一位客户提供个性化的解决方案。例如，2016 年 8 月 18 日，在北京举办的"泰康 20 周年庆典系列活动之健康医疗+互联网保险"创新论坛上，克路德为泰康在线特别定制的智能服务机器人"TKer"首次向公众亮相，这是国内首款保险机器人，它将人工智能与保险服务相结合，向客户提供自助投保、保单查询、业务办理、人机协同、视频宣传、互动保险宣传、智能会话等服务。对于保险销售人员的优化即银行对保险销售人员进行筛选，根据保险销售人员的个人基本信息、历史保单销售量、客户投诉情况等数据，分析出销售业绩相对最好同时客户投诉率相对最低的销售人员，并通过大数据分析这些优秀保险销售人员的特征，从而招聘到更多保险销售能力较好的员工。

（4）欺诈行为分析。保险行业常见的欺诈行为主要包括医疗保险欺诈和医疗保险滥用、车辆保险欺诈。保险公司需运用大数据基于公司内部及外部保险交易的历史数据，预测或者实时分析出保险欺诈行为。例如，2017 年以来，成都市医疗保险信息服务中心针对医疗保险欺诈和医疗保险滥用行为，以大数据分析为主，结合当前成熟先进的大数据算法，建立了大数据反欺诈平台，内置百余种创新算法，该平台先通过神经网络、机器学习、人工智能等深度数据挖掘技术，对结算数据、电子病历等采集到的住院、门诊相关数据进行全方位、多维度、长周期的分析，挖掘其中的行为模式、常用药方和治疗项目，再根据数据聚类，将其中存在的真实性问题数据识别出来，在海量数据中挖掘可疑行为，精确定位异常场景，辅助工作人员决策，对医疗单位和参保人的精细化管理，控制医疗保险欺诈和医疗保险滥用行为。

　　3）证券

大数据在证券行业的应用包括股价预测、CRM、智能投资顾问及投资景气指数。

（1）股价预测。2011 年 5 月英国对冲基金 Derwent Capital Markets 建立了规模为 4000 万美金的对冲基金，该基金是首家基于社交网络的对冲基金，它通过分析 Twitter 的内容来感知市场情绪，从而指导客户进行投资。利用 Twitter 的对冲基金 Derwent Capital Markets 在首月的交易中确实盈利了，其以 1.85% 的收益率，让收益率的平均数只有 0.76% 的其他对冲基金相形见绌。麻省理工学院的学者根据情绪词将 Twitter 的内容标定为正面或负面情绪。结果发现，无论是如"希望"的正面情绪，或是"害怕""担心"的负面情绪，其占总 Twitter 内容数的比例，都预示着道琼斯指数、标准普尔 500 指数、纳斯达克指数的下跌；美国佩斯大学的一位博士则采用了另外一种思路，他追踪了星巴克、可口可乐和耐克公司在社交平台上的受欢迎程度，同时比较它们的股价。他发现 Facebook 上的粉丝人数、Twitter 上的听众人数和 YouTube 上的观看人数都和股价密切相关。另外，品牌的受欢迎程度，还能预测股价在 10 天、30 天之后的上涨情况。但是，Twitter 的相关情绪指数仍然不可能预测出会冲击金融市场的突发事件。例如，在 2008 年 10 月 13 日，美国联邦储备委员会突然启动一项银行纾困计划，令道琼斯指数反弹，而 3 天前的 Twitter 相关情绪指数毫无变化。而且，研究者也意识到，Twitter 用户与股市投资者并不完全重合，这样的样本代表性有待商榷，但仍无法阻止投资者对于新兴的社交平台倾注更多的热情。

（2）CRM。以下将从客户细分和流失客户预测层面来分析大数据在该方面的应用。最典型的便是 CRM 系统，企业与客户之间的关系可以形成大量的数据，而这些数据，可以为企业未来的发展带来有参考价值的信息。随着大数据的不断发展和成熟，它与 CRM 系统的融合也在不断深化，并且已经成为 CRM 系统中用来获取有价值信息的重要工具。

① 客户细分。证券商可通过收集和分析客户的账户状态（类型、生命周期、投资时间）、账户价值（资产峰值、资产均值、交易量、佣金贡献和成本等）、交易习惯（周转率、市场关注度、平均持股市值、平均持股时间、单笔交易均值和日均成交量等）、投资偏好（偏好品种、下单渠道和是否申购）及投资收益（本期相对收益和绝对收益、今年相对收益和绝对收益、投资能力等）等相关数据，来细分客户并且对客户群进行聚类，从而发现客户交易模式类型，找出最有价值和盈利潜力的客户群及客户最需要的服务，从而更好地配置资源和政策，改进服务，抓住最有价值的客户。在东方证券 2021 年 8 月发表的《东方证券金融大数据服务转型的探索与实践》报告中显示，东方证券在 CRM 方面已经在向未来的行业趋势——数据中台看齐，并已经开始计划建设自主的一体化数据中台服务——东方天枢，以实现价值驱动型数据运营。

② 流失客户预测。证券商可根据客户历史交易行为和流失情况来建模从而预测客户流失的概率。例如，2012 年海通证券自主开发的"给予数据挖掘算法的证券客户行为特征分析技术"主要应用在客户深度画像及基于画像的客户流失概率预测，并通过对海通证券 100 多

万名客户、半年交易记录的海量信息分析，建立了客户分类、客户偏好、客户流失概率的模型。该技术产生的初衷是希望通过客户行为的量化分析，来测算客户将来可能流失的概率。

（3）智能投资顾问。智能投资顾问是近年大数据在证券行业的创新应用之一，因为证券行业不仅掌握客户的个人基本信息，还掌握交易客户的资产和交易纪录、客户收益数据等。智能投资顾问是在收集这些数据的同时将其应用到量化模型中进行数据的处理分析，并将处理分析的结果转化为提供给客户的投资建议。例如，有一款名为 Personal Capital 的智能投资顾问，它利用大数据对收集到的客户的各种相关信息，给客户提出一些投资建议，并且也提供一整套的投资管理服务及个人金融服务。

（4）投资景气指数。投资景气指数是反映证券行业所处状态或者发展趋势的一种指标。例如，国泰君安通过对海量个人投资者真实投资交易信息的深入挖掘分析，了解个人投资者交易行为的变化、投资信心的状态与发展趋势、对市场的预期及当前的风险偏好等信息，于2012 年推出了"个人投资者投资景气指数"（简称 3I 指数）。3I 指数是指对海量个人投资者样本进行持续性跟踪监测，对账本投资收益率、持仓率、资金流动等一系列指标进行统计、加权汇总后得到的综合性投资景气指数。

综上所述，大数据在金融行业的应用可以总结为以下方面。

① 精准营销及产品设计。通过大数据对客户的消费习惯、消费偏好、消费时间、地理位置等数据进行分析，从而绘制出客户画像，并针对不同的客户提供个性化的产品及服务，从而达到促进销售的目的。相关公司可以利用客户的这些行为数据，来设计满足客户需求的金融产品。

② 风险管控。通过大数据分析客户的消费水平及现金流额度数据，并且利用这些数据评估客户的信用等级。相关公司可以利用客户的社交行为记录数据来有效地实施信用卡反欺诈。

③ 运营优化。通过大数据分析加快行业内部数据的处理速度，提高行业效率，并且利用金融行业全局数据精准定位业务运营中出现的问题及整个行业存在的薄弱点，及时调整行业策略。

3．医疗领域大数据的应用

大量的病例、药物报告、病情报告、治疗方案，使得大数据的处理和分析技术在医疗领域中应用广泛。大数据在疾病防控方面的应用效果显著。分散在全国各地的慢性病患者都希望得到尽可能好的医生治疗，但在以前，地域限制了很多患者到大城市求医。如今大数据、远程诊疗的普及，很好地解决了这些患者的问题，医生可以通过远程监控系统收集慢性病患者的数据，并通过系统反馈，及时调整药方和治疗方案。例如，惠普的 Haven 大数据平台把数据孤岛连接起来，巧妙地把结构化数据（如调度数据、计费代码等）和非结构化数据（如临床叙述等）利用起来，它能读取所有类型的信息，不论什么格式、语言，临床医生根据这种功能，可以了解各类信息，从而得出用于提高护理质量和运营效率的可操作性见解，同时降低医疗成本。Haven 大数据平台包括企业大数据、大数据云、Haven Hadoop、Haven 预测分析等内容。其中，企业大数据是内部部署的大数据解决方案，主要面向的是结构化数据和非结构化数据；大数据云可快速提供数据驱动型见解分析，并充分利用 API 创建新一代的应用和服务，是一套云服务套件；Haven Hadoop 可访问和研究业界最常用的 Hadoop 发行版中的海量数据；Haven 预测分析能够加速实现大规模机器学习和高级分析。

此外，在防疫方面，大数据与交通、医疗、教育、金融等领域深度融合，使得疫情防控工作的组织和执行更加有效。首先，疫情期间，民众的焦虑心理很有可能会引起整个社会的焦虑甚至是恐慌，因此，利用大数据进行疫情的舆情分析是非常重要的。应用大数据分析民情民意已经成为疫情背景下必不可少的一部分，它能精准地分析出民众的需求。例如，疫情爆发的初始阶段，"口罩""酒精"等搜索量增多，而疫区"心理疏导""咽喉痛"搜索量激增数倍。随着武汉封城，生鲜果蔬、防护物资、食品粮油、药品等方面成为武汉及湖北人民搜索的热点，这也提醒当地政府需要保证相关物资的供应；而随着疫情防控形势好转，"樱花"相关内容搜索热度超过"口罩"，反映出人们心理需求的变化。大数据还可以通过收集用户实时的位置信息或者在各种 App 留存的地址信息实时追踪感染者的行动轨迹并记录其人群接触史，通过建立知识图谱，精准定位疫情的传播途径，防止疫情的扩散。利用群体位置数据制作疫情期间的人口迁徙地图，可据此观察各城市的人口流入、流出状况，尤其是重点疫区人口流出方向。这些数据有利于定位疫情输出的主要区域、预测地区疫情发展态势、预测地区潜在染病人群，为疾病防控部门及地区政府有针对性地出台交通管制措施提供科学支持。

4．智慧城市大数据的应用

大数据对于提高公共管理和公共服务水平十分有效。在实现信息透明和信息共享、评估政府部门绩效、政策制定与决策、智慧城市建设方面的应用都是一次重大的突破。以智慧城市的建设为例，智慧城市能否建好关键在于城市运行过程中产生的各类数据是否能被及时抓取、有效汇集、高效利用。根据 IDC（Internet Data Center，互联网数据中心）调研报告显示，全球所有信息数据中 90%产生于近几年，数据总量正在以指数形式增长。城市的规模不断扩大、城市的人口不断增长、城市的结构越来越复杂，精细化的城市治理势在必行。在这种形势下，利用大数据处理、分析城市运行过程中产生的各类数据信息变得尤为重要。

5．教育领域大数据的应用

随着信息技术的不断发展，从学校内的课堂教学、考试、师生之间的交流互动，校园设施，家长与学校之间的关联，教育的各个环节都有数据覆盖。大数据在教育领域已经被广泛应用，如人们所熟知的慕课、猿辅导等网络在线教育平台及超星平台。大数据为用户提供的个性化服务功能也已经在教育领域中实现，从校长到教师、教师到家长、家长到学生，大数据能根据不同角色需要，为他们提供个性化分析报告。而也正是这种应用，让乡村的孩子也能通过网络接受更加优秀的教育。大数据还可以帮助教师找到不同学生之间学习上存在的差距从而有针对性地为其制订出适合他们的一套行之有效的教学方案。例如，KickUp 是一种专注教师测评的标准化 SaaS 工具，测评数据来自教师的自查报告和学年内的各项教学结果，这些数据可以纵向记录教师的教学历程并提出改善建议。教育部门会依赖大数据做出更加合理、更加科学的决策，从而跟随时代变化不断地优化教育机制，推动教育改革。

6．农业领域大数据的应用

在农业领域中，互联网与大数据的结合可以节约农产品资源，增加农产品流通率，促进农业生产力发展，有利于实现农业可持续发展。农产品的生产过程会产生大量的数据，包括农产品生长状况信息的数据、农产品生长所需要素（如土壤、温度等）信息的数据、环境气象信息的数据、农药化肥信息的数据等。这些数据通常通过遥感图像及传感器获取。这些数据会被传输到本地或云端的数据中心，从而可对农产品生产过程的历史数据和实时监控数据进行分析，提高对农产品各项相关数据的关联监测能力。例如，2018 年 11 月 16 日，在首届全国苹果大数据发展应用高峰论坛上，九次方大数据开发的农业农村部国家苹果大数据公共平台正式上线。该平台通过对苹果种植数据及苹果产业形势的分析，来预测苹果市场动向，提出优质苹果品种结构与产业区域布局的建议及对策，帮助相关部门优化苹果种植布局的方案。

7．环境领域大数据的应用

大数据在环境领域的应用：实时且不间断地检测环境的变化，应用大数据收集到大量关于各项环境质量指标的数据，并将这些数据传输到中心数据库进行数据的处理及分析，用于环境治理方案的制订；实时检测环境治理效果，动态更新环境治理方案。技术人员采用可视化方法将环境数据分析结果和治理模型立体化展现。为了检测制订的环境治理方案是否是有效的，技术人员通过用于测试的模拟环境数据，建立模型来模拟真实环境。

20 世纪 80 年代，纽约曼哈顿的哈德森河的污染问题十分严峻。为了恢复哈德森河的生态系统，纽约州政府发起了一个"新一代的水资源管理计划"。该政府在整条河流各个区域安装了传感器，传感器分为水上传感器和水下传感器。水上传感器负责收集河流的风向及风压数据；水下传感器负责收集河流中的各种物理、化学及生物等数据（如河流的盐度、浊度、叶绿素和颗粒物粒径）。这些数据将实时地通过网络被传输到后台的计算中心区，各种数据汇成了一条虚拟的哈德森河，以反映出河流内各种成分发生的变化，技术人员便可以利用这些处理过的信息模拟哈德森河的环境模型和治理方案，并评估治理方案的效果。经过多年的治理，被严重污染的哈德森河已经恢复。

8．社会安全领域大数据的应用

大数据已经被广泛地应用于保证社会安全和维持社会秩序中。国家可以通过大数据监控违法乱纪行为及抓捕在逃罪犯，企业也可以利用大数据防御黑客恶意的网络攻击等。美国国安局（NSA）在 2015 年实施的基于大数据的恐怖分子识别系统——"天网"计划便是其应用大数据打击恐怖主义的例子，根据 The Intercept 披露，NSA 的"天网"可以基于个人所处位置、拨打电话的地区、时间及去往可能存在恐怖分子地点的频率来分析和寻找恐怖分子，并且还拥有基于行为的数据追踪分析能力。

9．交通领域大数据的应用

大数据在交通领域的应用主要集中在两方面。一方面人们可以利用大数据传感器实时收集到各个路段车辆数量的数据，从而了解到不同路段在不同时段的车辆通行密度情况，并根据这些信息对道路规划（如某个路段是否在某个时间段只能单行、某个路段是否在某个时段只能允许单号车辆同行等）进行及时调整；另一方面，人们可以利用大数据来实现信号灯的合理安排，提高已有线路的运行能力。例如：在美国，政府对各个路段交通事故发生情况的相关数据进行分析后，合理地增设或者调整现有的信号灯，最终这些采取了措施的路段的交通事故率降低了 50%以上；北京市交通委建立了北京市现代化综合交通运输体系的智慧中枢——北京市交通运行监测调度中心，该中心负责对交通数据进行收集、处理和分析，这不仅为人们的出行提供了快捷有效的参考，还为政府、公共交通运营企业提供了决策和运营调整的依据。

1.3.2 大数据的价值

现代社会，人们的生活、企业和国家的发展，都离不开互联网，海量信息瞬息万变，依赖大数据的科技也逐渐增多（如人工智能等）。大数据也在高速发展的世界中不断升值，并且大数据在未来也会越来越凸显自身价值。著名未来学家阿尔文·托夫勒在《第三次浪潮》中明确指出，"数据就是财富"，同时将大数据称作"第三次浪潮的华彩乐章"（第三次浪潮指 20 世纪 50 年代后期开始的信息化阶段）。而 2012 年的世界经济论坛指出，数据已经成为一种新的经济资产类别，就像货币和黄金一样，这更是将大数据的价值推到了前所未有的高度。大数据的价值是一种持续输出的能量，而大数据更是拥有无限潜力。大数据价值的核心在于预测。

"三重门"（"交易门""交互门""公开市场门"）理论充分体现了大数据的价值。

（1）"交易门"是指客户与企业的交易数据。没有大数据，商家就无法从大量的交易信息中，记录消费者的消费行为，分析消费者的偏好，从而做到精准营销。

（2）"交互门"是指线上、线下的数据交互，很多企业同时拥有线上及线下的门店，但往往两者的经营信息或者某些商业信息是不互通的，割裂的信息会对总公司市场营销策略的制订和修改造成影响。而企业借助大数据将线上、线下门店的经营信息整合及分析，并将分析结果精准地提交给决策部门，提高了企业的决策效率和准确度。

（3）"公开市场门"是指客户在一个开放市场中的各种行为数据，反映的是大数据在更加宏观层面的价值。这些数据本身与企业业务不直接相关，但能引导企业业务的发展方向，以进一步引导某个行业的走向。

1.4 大数据时代的思维变革

维克托·迈尔·舍恩伯格在《大数据时代》一书中提出："大数据，一场生活、工作与思维的大变革。"大数据带来的信息风暴正在变革人们的生活、工作及思维方式。大数据时代的到来将会给人们带来三种思维转变，即从样本思维转变为总体思维、从精确思维转变为容错思维、从因果思维转变为相关思维。

1. 从样本思维转变为总体思维

由于采集与分析大量的数据在以前是十分复杂与困难的，如人口普查。因此，人们常用随机取样来统计信息。随机取样是采集与分析大量数据的一种很好的方法，但这种方法仍存在局限性，它只是在人们无法采集与分析全部数据下的权宜之策，是将从小部分数据中得来的规律推广到总体，若分析的数据不具代表性，则结果也会存在偏差，并且也只能解决人们在设计取样之初提出的问题，无法解答在分析数据过程中产生的新问题，缺乏调查延展性。

相比于小数据，大数据更加强调数据的全面性和即时性。大数据时代采取全数据模式，即采用所有数据，可以理解为"样本=总体"。根据 IDC 发布的报告《数据时代 2025》中显示，全世界每年产生的数据量预计将从 2018 年的 33ZB 增长到 2025 年的 175ZB，平均下来相当于每天就能产生 491EB 的数据。这些数据既是总体，也是大数据分析所需要的样本，人们全盘接收数据，并通过数据预处理等方式将一些噪声或者错误、重复等的数据筛选掉，从而得到大数据分析过程中需要的样本数据。这种筛选样本与随机抽样调查存在差异，即大数据技术不需要事先对总体数据进行选择，其筛选的数据是那些对后续数据分析无用甚至是具有误导作用的不良数据。例如，各大电商平台页面中常见的"猜你喜欢"栏目，就是运用大数据技术对采集的数据（覆盖所有消费者的所有购买记录、浏览记录等数据）进行分析，从而对消费者的消费偏好、消费行为、消费能力等进行评估和分析，给不同的消费者提供个性化并且满足其购物需求的产品或者服务。数据存储及数据处理能力的增强、分析技术的进步，使得这种模式得以实现，这就是大数据的全面性。正是因为大数据的全面性，所以人们必须将思维方式从样本思维转变为总体思维，只有这样才能更加全面并且系统地把握数据反映的规律或者现实。此外，基于大数据时代的全数据模式，人们采集到的数据从少量转变为海量，并且人们采集的数据也已经不再仅仅局限于某一段特定的时间，而是扩大到那些实时更新的数据。得益于采集到的实时更新的海量数据，大数据还具有即时性。例如，在电商行业，商家利用大数据的即时性，针对市场的变化迅速调整策略；在疾病防控方面，2017 年，全球最大的传染病疫情和突发公共卫生事件网络直报系统在我国正式建成并开始投入使用，该系统覆盖了全国所有县级以上的疾病机构。它利用大数据对系统中的数据进行处理和分析，从而实现对疾病的实时监测和把控，并通过集成疾病监测和响应程序，预测疾病传播途径和传播时间，以便采取有力的措施降低疾病感染率，及时地预防和管控疾病，防止疫情爆发。

2. 从精确思维转变为容错思维

混杂性是指随着数据量的增加，数据的错误率也在增加，并且其中还包括不同格式的数据。根据 2019 年 IDC 发布的调查报告显示，现在企业的结构化数据只占全部数据量的 20%，剩下的 80% 是以文件形式存在的非结构化数据和半结构化数据，这些数据每年增加 60%。伴随着数据混杂性的不断提高，数据的多样性也在提高。对于数据的多样性，可以从两个维度进行分析。从非结构化数据维度分析，早期的非结构化数据，一般都是文档、电子邮件、医疗记录等，而随着大数据时代的不断发展，互联网及物联网将非结构化数据的范围扩展到网页、社交平台、感知数据，至此，数据的多样性才得以真正地诠释。从数据来源及用途的维度分析，在医疗领域，数据来源有药理学科研数据、临床数据、个人行为和情感数据、就诊/索赔记录和开销数据；在交通领域，北京市交通智能化分析平台数据来源于路网摄像头/传感器，地面交通，轨道交通，出租车，省际客运、旅游、化学危险品运输、停车和租车等运输行业，问卷调查，GIS（Geographic Information System，地理信息系统）数据。例如，针对共享单车的治理难题，某公司提出大数据管理策略，通过大数据的处理和分析，该公司可以清楚地了解到每一辆共享单车的所在位置及编号、每个网格区域停放的共享单车数量及各个区域共享单车用户使用活跃程度等，这些多样化的数据，为公司精准识别车辆管理中所出现问题的解决提供了便利。由此不难看出，随着数据越来越多样化，其混杂程度也在增加。

在小数据时代，人们追求数据的精确性；在大数据时代，大数据技术的不断突破和发展，使其对大量非结构化数据的分析和处理能力日趋增强，但数据量的爆发式增长及数据采集频率的增加必然会造成结果的不准确，从而使一些错误数据也会混入数据库。人们在获取并且掌握更多数据的同时也需要学会去接受海量数据中存在的错误，而这正是大数据时代中的一大重要思维转变，大数据的不准确甚至是错误，不仅让人们不再期待数据的精确性，还让人们无法实现数据的精确性。容错的标准放宽，使得人们能掌握更多的数据，虽然存在错误，但因为大数据的海量性，人们不需要担心某个或某些数据点对结果的不利影响，仍可以利用这些数据预测某些趋势。要注意，错误并非大数据的固有特性，而是由测量、记录和交流数据使用的工具产生的，并且它是一个会长期存在、亟待解决的现实问题。

3. 从因果思维转变为相关思维

世界最大的零售商——沃尔玛在分析销售数据时注意到，季节性飓风来临前，销量增加的不仅是手电筒，还有蛋挞，这两件看似毫无关系的商品，其实存在相关关系：飓风来临，手电筒用于照明，蛋挞用于食物供给。因此，每当季节性飓风来临前，沃尔玛都会将蛋挞摆放在手电筒附近，借助两者的相关关系使得它们的销量最大化。

由以上案例可知，相关关系对于人们通过某种现象对当下的判断及未来的预测都十分重要。在小数据时代，人们对相关关系的分析，往往会通过假设进行，即针对某一相关关系中的关联物进行数据的相关程度分析，并通过不断尝试印证关联物是正确的，但结果会受到偏见的影响，如果关联物一开始就选错了，那么不断的试错治标不治本。

如今，基于大数据相关关系的分析方法取代了尝试关联物是否正确的假设法，通过研究和分析数据之间存在的线性相关关系及复杂的非线性相关关系的方法不仅能帮助人们有效解决由偏见造成的偏差，还能帮助人们挖掘出更多隐藏在数据之中不容易被注意到的相关关系，这对于人们捕捉当下情况和预测未来趋势是非常有帮助的。相关关系的核心在于量化两个数据值之间的数据关系。要明确相关关系，找到良好的关联物便是关键所在，正如在沃尔玛营销案例中，季节性飓风便是一个良好的关联物。要注意，明确相关关系只是通过识别良好的关联物来帮助人们分析某种现象，而不是用来揭示其内部的运作机制。找准相关关系，必须聚焦于"是什么"而非"为什么"。

基于大数据相关关系的分析方法应用十分广泛，不仅限于零售业，人们必须承认其在预测未来方法中的核心地位。

例如：在 2009 年，Google 公司将 5000 万条美国人最频繁检索的词汇进行分析后，与美国疾病中心在 2003 年至 2008 年间季节性流感传播时期的数据进行比较，通过建立数学模型的方式，成功预测出 2009 年在某些特定的地区和州会爆发冬季流感；奥巴马在 2012 年 11月大选的成功连任，也可以归功于大数据，原因是他的竞选团队通过对选民数据进行大规模并且深入的挖掘与分析后，及时地掌握选民意愿的走向，从而立刻针对这些反馈进行大选策略的更改。

1.5　国家大数据战略

1.5.1　国家大数据战略的历史沿革

2012 年 11 月，广东省率先启动大数据战略，根据《广东省实施大数据战略工作方案》，广东省将建立省大数据战略工作领导小组等，为保证大数据战略有效实施，广东省还将建设政务数据中心，并为高等院校和企业等成立大数据研究机构提供支持。广东省还将在政府各部门开展数据开放试点，通过部门网站向社会开放可供下载和分析使用的数据，进一步推进政务公开。

2014年3月，大数据首次被写入《政府工作报告》。

2015年10月，党的十八届五中全会正式提出实施国家大数据战略，全面推进我国大数据发展和应用，加快建设数据强国，推动数据资源开放共享，释放技术红利、制度红利和创新红利，促进经济转型升级。这表明我国已将大数据视作战略资源并上升为国家战略，期望运用大数据推动经济发展，完善社会治理，提高政府服务、监管能力。

2016年12月，为贯彻落实《中华人民共和国国民经济和社会发展第十三个五年规划纲要》和《促进大数据发展行动纲要》，加快实施国家大数据战略，推动大数据产业健康快速发展，工信部编制了《大数据产业发展规划（2016-2020年）》。

2019年11月，党的第十九届四中全会召开为推进国家治理体系和治理能力现代化进行战略布局。政府数字化转型的成效，直接关乎国家治理现代化的成就。十九届四中全会明确提出，建立健全运用互联网、大数据、人工智能等技术手段进行行政管理的制度规则，推进数字政府建设，加强数据有序共享，依法保护个人信息，为政府数字化转型规定了方向。

2020年国务院发布《关于构建更加完善的要素市场化配置体制机制的意见》，大数据被正式列为新型生产要素。

2021年11月30日，工信部发布《"十四五"大数据产业发展规划》。《"十四五"大数据产业发展规划》提出"十四五"时期的总体目标，到2025年我国大数据产业测算规模突破3万亿元，年均复合增长率保持25%左右，创新力强、附加值高、自主可控的现代化大数据产业体系基本形成。

2022年3月，《政府工作报告》指出，建设数字信息基础设施，逐步构建全国一体化大数据中心体系，推进5G规模化应用，促进产业数字化转型，发展智慧城市、数字乡村。加快发展工业互联网，培育壮大集成电路、人工智能等数字产业，提高关键软硬件技术创新和供给能力。完善数字经济治理，培育数据要素市场，释放数据要素潜力，提高应用能力，更好赋能经济发展、丰富人民生活。

1.5.2　国家大数据战略的时代背景

1. "全球化"的背景及"一带一路"总体战略的提出

在"全球化"的背景下，世界各国之间相互联系、相互依赖、相互渗透，关系越来越密切，已经成为一个不可分割的有机整体。为了顺应时代潮流，我国提出"人类命运共同体"理念，并据此提出"一带一路"总体战略。大数据时代的到来，更加拉近了国与国之间的距离，国家大数据战略需要立足于"人类命运共同体"理念。因此，国家大数据战略必须服务于"一带一路"，实现以数字驱动"一带一路"，通过利用大数据技术，来解决"一带一路"建设中存在的风险。

由于"一带一路"涉及沿线国家的经济、政治、金融等多个领域，涵盖的国家、地区、企业、团体甚至个人也很多，这导致了非结构化数据与结构化数据混杂在一起，为了降低数据结构复杂性带来的风险，必须应用大数据技术对各个领域、各个对象涵盖的海量数据进行采集、清洗、处理和分析，构建大数据指标体系，为"一带一路"提供智能决策支持，从而不断推进数字化的"一带一路"建设。

2．国家安全面临错综复杂的形势

在当下大数据时代，数据安全直接关乎于国家安全和公共利益，故而国家安全的重点将聚焦于数据安全。数据是国家基础性战略资源，没有数据安全就没有国家安全。要发挥数据的基础资源作用和创新引擎作用，加快形成以创新为主要引领和支撑的数字经济，更好地服务于我国经济社会发展，完善数据安全治理体系，以安全保发展、以发展促安全。2021 年 6 月 11 日，十三届全国人大常委会第二十九次会议通过了我国第一部有关数据安全的专门法律——《中华人民共和国数据安全法》，并于 2021 年 9 月 1 日起开始施行。《中华人民共和国数据安全法》的通过是我国首次将数据安全提升至国家安全层面。

3．我国经济发展的不平衡不充分

我国经济发展的不平衡不充分主要体现在两方面：我国供给和需求仍然存在不平衡的问题，随着人们生活水平的不断提高，其需求结构正在转向中高端产品，供给结构却仍然停留在主要供给低端产品，导致低端供给过剩、中高端供给不足，因此供给结构无法很好地适应需求结构的变化；传统产业利用大数据技术进行产业重塑或者转型的成效并不理想，数字经济与传统产业的融合并不彻底，许多产业的创新能力依然无法适应经济高质量发展的要求，创新驱动经济增长的新格局还未形成。

因此，我国需要利用大数据技术助力传统产业的转型升级，也需要利用大数据技术与实体经济进行深度融合，开发出新产业、新业态、新模式，还需要利用大数据技术不断提高产业技术创新能力，从而不断提高企业的生产效率和运营效率，实现新旧产业的可持续发展。

4．社会治理的迫切需求

以前，我国的社会治理存在着一个不容忽视的问题——"数据孤岛"。"数据孤岛"是指政府与社会各部分之间的数据无法连接互动，从而影响政府治理的效率。而大数据技术在社会治理中的应用，很好地解决了这个问题。借助大数据体系，将现有数据公布在一个开放的网络平台并允许社会各界无偿使用。这些数据不仅可以直接给人们提供服务，还可以用于企业、科研机构及公益组织等的进一步处理和分析；政府也可以通过平台上的反馈信息，评估政策的施行效果，并对政策进行及时调整。至此，"数据孤岛"问题迎刃而解的同时，政府也提高了其基础服务能力。除了数据的共享，政府还可以借助大数据技术将原始大数据进行加工和分析，最终将这些分析好的数据用于预测未来可能发生的事件或者是找到一些潜藏的相关关系，从而增强政府决策的科学性。

1.5.3　国家大数据战略的内涵

推动国家大数据战略的实施，需要坚持以下几点。

（1）必须坚持以创新作为发展的驱动力。我国既是世界上拥有网民数量最多的国家，也是重要的大数据资源集散地，构筑在网络技术与数据开发利用基础上的新技术、新产品、新服务、新产业及新业态，为吸引企业、社会组织及公众的参与提供了巨大的数据空间和大众创业、万众创新的发展平台。坚持创新驱动发展的大数据战略不仅能够成功激发企业和全社会运用大数据的创新活力，为经济社会发展释放潜能和创造力，还有助于借用民智，营造跨地域、跨领域、跨行业集成融合的大数据应用生态，进而实现大数据驱动全社会创新发展的良好局面，提高大数据集成创新能力与国家大数据竞争力。

（2）必须坚持政府数字治理体系变革与经济社会发展方式整体改革相协调。大数据是数字时代的新型战略资源，其开发利用水平取决于大数据与政府公共管理、企业生产经营与社会自我培育的深度融合。换句话说，既要高度重视大数据与政府数据治理双重递进、叠加作用带来的国家治理体系与政府治理能力的现代化，充分运用互联网、大数据、人工智能等技术扩大数据开放，优化政府流程，改进行政方式，提高决策科学化、精准化，也要统筹推进大数据战略与经济发展、社会治理的无缝对接。只有坚持政府、企业和社会大数据战略的整体化推进和数据治理的国家统筹，才能形成完整的大数据开发利用力。单独强调某一方面，都会带来数据治理的碎片化与数据综合效用的衰减。

（3）必须坚持速度、结构与质量效益相统一。大数据是信息时代的新型战略资源，其开发利用必须将速度、结构与质量效益相统一。利用大数据技术对海量数据进行挖掘和分析，及时反馈这些数据背后潜藏的信息，将这些信息与政府、各个行业及人民生活深度融合，以此提高政府治理能力，促进各个行业的产业结构优化及可持续发展，不断改善人民的生活水平，从而形成完整的大数据开发利用链条。在这个过程中，大数据的速度、结构与质量效益缺一不可，否则可能会导致数据综合效用的衰减。

（4）必须保证安全性与开放性的兼顾。国家在进行数据公开和共享的同时存在着极大的安全隐患（如数据遭受异常流量攻击、数据泄露等），此时保障数据的安全性就极为重要，没有数据安全就不存在可持续的大数据开发利用。国家大数据战略的有效实施，依赖于国家抵御数据风险能力的不断提高。实现数据开放与数据安全之间的平衡是建设数字中国的必由之路。

1.5.4 国家大数据战略的意义

随着信息技术的持续发展，大数据不仅为人类提供了新的技术手段，同时也塑造了国家实力的构成要素，使国家实力构成发生了结构性的变化。大数据已经成为一种全新的衡量国家实力的要素，它在推动数字经济发展、提高国家竞争力、提高治理能力、加速数字中国的建设方面有着重大意义。

1. 大数据是推动数字经济发展的关键要素

大数据正在引领我国的经济发展进入数字经济时代。中国工程院院长周济在"第二届IT2020 高端论坛"上提出，云计算和大数据时代已经到来，而且已经深切改变了人们的工作和生活方式，这势必重塑全球科技和经济竞争格局，为中国经济引擎升级带来新的挑战和机遇。

大数据在经济活动及生产活动中的广泛应用，有利于实现我国传统产业结构和形态向数字化和智能化方向转型升级，并促进我国产业类型及产业模式的推陈出新，加速我国经济结构的转变，从而推动我国经济的高质量发展。

大数据还推动了不同产业之间的深度融合，"互联网+产业"便是一个很好的例子，通过大数据使得各行各业（如电商、金融、教育、交通、医疗等）能更精准地为用户提供个性化产品及服务。

2．大数据是提高国家竞争力的重大机遇

大数据已经成为塑造国家竞争力的战略制高点之一，世界各国纷纷把推进大数据的技术创新作为国家的重要发展战略。中国紧跟世界发展潮流，将国家大数据战略落到实处。中国正在为从"数据大国"转型成"数据强国"而不断努力。随着中国大数据技术的不断创新和发展，到 2025 年，其产生的数据将超过美国。数据的快速产生和各项配套政策的落实将推动我国大数据行业高速发展，预计未来我国大数据产业规模增速将维持在 15%～25%，到 2025 年中国大数据产业规模将达 19508 亿元的高点。大力发展大数据有利于将我国数据资源优势转化为国家竞争优势，实现数据规模、质量和应用水平同步提高，发掘和释放数据资源的潜在价值，有效提高国家竞争力。

3．大数据是提高治理能力的有效驱动力

在大数据时代，互联网成为了政府治理的平台。我国建立电子政务系统，更多地依赖数据进行决策，从而提高政府民意搜集能力及及时应对各类问题的变通能力，达到高效且精准施政的目的。大数据的应用，将政府的决策依据转向数据，这使得政府的决策更加科学，推动了政府治理理念的革新，将治理模式转向现代化治理。

4．大数据加速数字中国的建设

近年来，数字技术创新和迭代速度明显加快，在提高社会生产力、优化资源配置的同时，也带来一些新问题和新挑战，迫切需要对数字化发展进行治理，营造良好数字生态。党的十八大以来，党中央、国务院高度重视数字化发展，"十四五"规划和 2035 年远景目标纲要将"加快数字化发展　建设数字中国"单列成篇，并对加快建设数字经济、数字社会、数字政府，营造良好数字生态做出明确部署。数字中国的建设是国家大数据战略实施过程中极为重要的一环。数字中国的建设保证了信息化技术在我国各项事业发展进程中的有效应用，通过对海量数据的挖掘和分析，向各行各业提供精准的信息资源，推动社会主义现代化强国的建设。

1.6　本章小结

本章从大数据的产生背景与定义、大数据的特点和技术、大数据的应用和价值、大数据时代的思维变革及国家大数据战略方面初步介绍大数据。大数据产生的三个重要阶段、大数据的特点及相关技术、大数据在各个领域的应用及展现其价值的"三重门"理论、由大数据带来的思维变革及国家大数据战略的内涵和意义都是需要读者了解并掌握的。本章学习目的在于使读者对大数据的基础知识有一定的了解。

1.7　习题

一、单选题

1．大数据的起源是（　　　）。
　　A．金融　　　　　　　B．电信　　　　　　　C．互联网　　　　　　　D．公共管理

2．下列单位不是数据存储单位的是（　　　）。

    A．bit　　　　　　　　B．NB　　　　　　　　C．GB　　　　　　　　D．TB

3．下列关于维克托·迈尔·舍恩伯格对大数据特点的说法中，错误的是（　　　）。

    A．数据规模大　　　　　　　　　　　　B．数据类型多样

    C．数据处理速度快　　　　　　　　　　D．数据价值密度高

4．当前大数据技术的基础是由（　　　）首先提出的。

    A．微软　　　　　　　B．百度　　　　　　　C．Google　　　　　D．阿里巴巴

5．通过一系列处理，在基本保持原始数据完整性的基础上，可减小数据规模的是（　　　）。

    A．数据清洗　　　　　B．数据集成　　　　　C．数据归约　　　　　D．数据挖掘

6．BIRCH 是一种（　　　）。

    A．分类器　　　　　　B．聚类算法　　　　　C．关联分析算法　　　D．特征选择算法

7．采样分析的精确性随着采样随机性的增加而（　　　），但与样本数量的增加关系不大。

    A．降低　　　　　　　B．不变　　　　　　　C．提高　　　　　　　D．无关

8．大数据是指不用随机分析法这样的捷径，而采用（　　　）的方法。

    A．所有数据　　　　　B．绝大部分数据　　　C．适量数据　　　　　D．少量数据

9．大数据的简单算法与小数据的复杂算法相比（　　　）。

    A．更有效　　　　　　B．相当　　　　　　　C．不具备可比性　　　D．无效

10．相比依赖于小数据和数据精确性的时代，大数据因为更强调数据的（　　　），可帮助人们进一步接近事实的真相。

    A．安全性　　　　　　B．完整性　　　　　　C．混杂性　　　　　　D．完整性和混杂性

11．大数据时代，人们要让数据自己"发声"，没必要知道为什么，只需要知道（　　　）。

    A．原因　　　　　　　B．是什么　　　　　　C．关联物　　　　　　D．预测的关键

12．在（　　　）年，党的十八届五中全会正式提出"实施国家大数据战略"。

    A．2015　　　　　　　B．2014　　　　　　　C．2016　　　　　　　D．2012

13．美国海军军官莫里通过对前人航海日志的分析，绘制了新的航海路线图，标明了大风与洋流可能发生的地点。这体现了大数据分析理念中的（　　　）。

    A．在数据基础上倾向于全体数据而不是抽样数据

    B．在分析方法上更注重相关分析而不是因果分析

    C．在分析效果上更追究效率而不是绝对精确

    D．在数据规模上强调相对数据而不是绝对数据

14．将原始数据进行集成、转换、维归约、数值归约是在（　　　）步骤的任务。

    A．频繁模式挖掘　　　B．分类和预测　　　　C．数据预处理　　　　D．数据流挖掘

15．可用作数据挖掘分析中的关联规则挖掘算法有（　　　）。

    A．SVM 算法、对数回归、关联模式

    B．K-means 算法、BP 神经网络

    C．Apriori 算法、FP-Tree 算法

    D．朴素贝叶斯算法、K-means 算法、决策树

二、多选题

1．下列关于计算机数据存储单位换算关系的公式中，正确的是（　　　）。

A. 1KB=1012B   B. 1KB=1024B   C. 1GB=1024KB

D. 1GB=1012MB   E. 1GB=1024MB

2. 互联网中出现的海量信息可以分为（   ）。

A. 结构化信息   B. 特殊化信息   C. 半结构化信息   D. 非结构化信息

3. 用四个 V 来描述大数据的基本特点，即（   ）。

A. 体量大   B. 速度快   C. 多样性

D. 产生价值   E. 复杂性

4. 大数据的价值体现在（   ）。

A. 大数据给思维方式带来了冲击

B. 大数据促进了教育改革

C. 大数据助力智慧城市提高公共服务水平

D. 大数据实现了精准营销

E. 大数据的发力点在于预测

5. 下列关于大数据的说法中，错误的是（   ）。

A. 大数据具有体量大、结构单一、时效性强的特点

B. 处理大数据需采用新型计算架构和智能算法等新技术

C. 大数据的应用注重相关分析而不是因果分析

D. 大数据的应用注重因果分析而不是相关分析

E. 大数据的目的在于发现新的知识并进行科学决策

6. 大数据与三个重大的思维转变有关，这三个思维转变是（   ）。

A. 要分析与某事物相关的所有数据，而不是依靠分析少量的数据样本

B. 人们乐于接受数据的纷繁复杂，而不再追求精确性

C. 在数字化时代，数据处理变得更加容易、更加快速，人们能够在瞬间处理成千上万的数据

D. 人们的思想发生了转变，不再探求难以捉摸的因果关系，转而关注事物的相关关系

7. 下面关于大数据的说法正确的是（   ）。

A. 大数据是人们在大规模数据的基础上可以做到的事情，而这些事情在小规模数据的基础上是无法完成的

B. 大数据是人们获得新的认知、创造新的价值的源泉

C. 大数据是改变市场、组织机构及政府与公民关系的方法

D. 无效的数据越来越多

8. 大数据的科学价值和社会价值体现在（   ）。

A. 对大数据的掌握程度可以转化为经济价值的来源

B. 大数据已经撼动了世界的方方面面，从商业科技到医疗、政府、教育、经济、人文及社会的各个领域

C. 大数据的价值来源于它的基本用途

D. 大数据时代，很多数据在采集时并无意用作其他用途，而最终却产生了很多创新性的用途

三、判断题

1．人们关心大数据，最终是关心大数据的应用，关心如何从业务和应用出发让大数据真正实现其所蕴含的价值，从而为人们的生产、生活带来有益的改变。（　　）

2．数据存储单位换算：1GB=1024KB。（　　）

3．对于大数据而言，最基本、最重要的要求就是减少错误、保证质量。因此，大数据采集的信息精确。（　　）

4．采样分析的精确性随着采样随机性的提高而提高，但与样本数量的增加关系不大。（　　）

5．要想获得大规模数据带来的好处，混乱应该是一种标准途径，而不应该是竭力避免的。（　　）

6．"海量"是区别大数据与传统数据最显著的特点。（　　）

7．大数据预测能分析和挖掘出人们不知道或没有注意到的模式，从而确定判断某件事情必然会发生。（　　）

8．啤酒与尿布的经典案例充分体现了实验思维在大数据分析理念中的重要性。（　　）

第 2 章
开源大数据平台

学习目标

了解两个常用的开源大数据平台——Hadoop 和 Spark 的起源、发展及应用现状，理解两个平台各自的体系结构、基本运行机制及适用范围，掌握其安装和使用方法，为大数据分析的应用奠定基础。

学习要点

↘ Hadoop 和 Spark 的起源、发展及应用现状

↘ Hadoop 和 Spark 的体系结构和生态系统

↘ Hadoop 和 Spark 的安装和使用方法

2.1 Hadoop 平台

2.1.1 Hadoop 的概述

1. Hadoop 的起源

随着互联网的飞速发展和各类移动设备的广泛使用，人们面临着越来越庞大的数据存储和处理需求，传统系统和硬件设备无法满足人们的需求，单机已经难以处理庞大的 TB 级和 PB 级数据。然而当时的条件还不足以产生一台"超级计算机"来满足人们的需求。于是人们想到，可以利用多个普通机器来满足数据存储和处理需求，这就是 Hadoop 的设计思想。

Hadoop 是 Apache 软件基金会旗下的一个开源分布式计算平台，为用户提供系统底层细节透明的分布式基础架构。它是基于 Java 语言开发的，并且可以部署在廉价的计算机集群中，可以用简单的编程模型对庞大的数据集进行分布式处理，而且具有很好的跨平台特性。Hadoop 的图标如图 2-1 所示。

图 2-1　Hadoop 的图标

Hadoop 是由 Doug Cutting 创始开发的文本搜索库，是 Apache Nutch 项目的一部分。Apache Nutch 的设计目标是构建一个大型的全网搜索引擎，包括网页抓取、索引、查询等功能，但随着抓取网页数量的增加，它也遇到了严重的可扩展性问题——如何解决数十亿个网页的存储和索引问题。而 2003 年和 2004 年 Google 实验室发表的两篇学术论文——"The Google file system"和"MapReduce: Simplified data processing on large clusters"，为该问题的解决提供了可行方案。其中，"The Google file system"由 Google 实验室发布于 2003 年，阐述了有关分布式文件系统 GFS（Google File System，Google 文件系统）解决大规模数据存储的问题，Apache Nutch 基于此模仿 GFS 开发了 Nutch 分布式文件系统（Nutch Distributed File System，NDFS），即 HDFS 前身。"MapReduce: Simplified data processing on large clusters"发布于 2004 年，阐述了 MapReduce 分布式编程思想，Apache Nutch 基于此实现了 Google 的 MapReduce。这两部分共同构成了 Hadoop 两大核心组件的前身，而 Hadoop 也最先应用于 Yahoo 广告系统的数据挖掘。

2．Hadoop 的核心组件

Hadoop 是一套大数据存储和处理的解决方案，它的两大核心组件为 HDFS 和 MapReduce，它们的含义及特点如下。

（1）HDFS。HDFS 是指被设计成适合运行在通用硬件上的分布式文件系统（Distributed File System，DFS），是 Hadoop 的核心组件之一。和普通的分布式文件系统相比，HDFS 具有高容错性的特点，因而它适合部署在廉价的硬件上并且适用于处理大规模数据集；HDFS 可提供高吞吐量来访问应用的数据，因而它适合用于超大数据集。HDFS 放宽了 POSIX 的要求，这样可以实现以流的形式访问文件系统中的数据。

（2）MapReduce。MapReduce 是一种编程模型，用于大规模数据集（大于 1TB）的并行运算。它具有分布可靠的特点，故其适用于处理计算海量数据。MapReduce 既是一个基于集群的高性能并行计算平台，又是一个并行计算与运行软件框架，同时也是一种并行程序设计模型与方法。

对于大规模数据，HDFS 为其提供了数据的存储功能，而 MapReduce 为其提供了数据的计算功能。

此外，通常还从容错性能、编程模式的可用性、性能或成本比方面来综合衡量一套大数据处理系统是否可用。Hadoop 的两大核心组件使其在这些方面都占据优势。

3．Hadoop 的特性

Hadoop 是一个可以轻松部署和使用的分布式计算平台，它能够可靠、高效、可伸缩地对海量数据进行分布式处理。它具有以下特性。

（1）高可靠性。Hadoop 采用冗余数据存储模式，利用多个副本来保证正常服务，能自动维护数据的多个副本，并且在任务失败后能自动地重新部署计算任务，从而避免发生故障。Hadoop 的默认副本数量为 3，可以依据数据情况修改副本数量。

（2）高效性。Hadoop 可以在节点之间动态并行地移动数据，并保证各个节点的动态平衡，因而它能够高效存储、处理大规模数据。随着 Hadoop 的不断进展，2008 年 4 月，Hadoop 打破世界纪录成为排序 1TB 数据最快的平台，它使用由 910 个节点构成的集群对数据进行运算，排序时间为 209s。同年 5 月，Hadoop 再次将纪录刷新至 62s。

（3）可扩展性。Hadoop 的设计使其能够广泛应用在廉价的计算机集群中，它在可用的计算机集群间分配数据并完成计算任务，这些集群可以方便地扩展到数以千计的节点中，具有很好的扩展性。

（4）低成本。Hadoop 运行于廉价的计算机集群上，因此硬件成本较低，容易被用户获取使用。

（5）良好的跨平台性。Hadoop 基于 Java 语言开发，所以其具有较好的跨平台移植性，即相同的字节码命令可以在不同的平台上运行。

（6）用户友好性。Hadoop 支持多种编程语言，也可以使用除 Java 外的其他编程语言进行编写，如 Python、C 语言等。

4．Hadoop 的应用现状

由于 Hadoop 具有强大的功能和相较于其他平台的优势，故 Hadoop 不仅在以互联网为代表的各个领域得到了广泛应用，还在学术界得到了广泛关注。

在互联网领域，Hadoop 除了被应用于 Google 和 Yahoo，还被应用于 Facebook、Microsoft、Cisco 等国外公司或平台。而国内应用 Hadoop 的公司主要包括百度、阿里巴巴、网易、华为、腾讯、中国移动等。以数据集群较大的淘宝为例，从 2009 年开始，基于可扩展性的考虑，Hadoop 被淘宝用于对海量数据的离线处理，如对日志的分析、结构化数据的处理等。随着 Hadoop 应用规模的逐步发展，它从当初的 300～400 节点增长到后来的单一集群 3000 节点以上，拥有 2～3 个集群。由于阿里巴巴不是 Hadoop 项目管理委员会的成员，Hadoop 开源社区的发展不受阿里巴巴的控制，因此，阿里巴巴在研发上受到限制，但它也开发出了自己独立的分布式信息系统"飞天"。该系统将逐步成为阿里巴巴数据平台的主力。而华为不仅是 Hadoop 的使用者，也积极参与了 Hadoop 的技术推动和开源社区的建设。由 Yahoo 成立的 Hadoop 公司 Hortonworks 曾经发布过一份报告说明各个公司对于 Hadoop 发展的贡献，其中华为名列前茅。

在学术界，国外的卡耐基梅隆大学、加州大学伯克利分校、康奈尔大学、斯坦福大学、华盛顿大学、普渡大学等，国内的清华大学、中国人民大学、中国科学院大学等都已经加入了 Hadoop 集群系统的研究，以推动 Hadoop 的开放代码发布。

2.1.2 Hadoop 的体系结构和生态系统

1．Hadoop 的版本发展

Hadoop 共有 Hadoop 1.0、Hadoop 2.0 和 Hadoop 3.0 版本。Hadoop 的版本发展如图 2-2 所示。

Hadoop 1.0 包括 Apache Hadoop 0.20.x、Apache Hadoop 0.21.x、Apache Hadoop 0.22.x，其中，Apache Hadoop 0.20.x 版本最后演化成 Apache Hadoop 1.0.x，成为稳定版本；而 Apache Hadoop 0.21.x 和 Apache Hadoop 0.22.x 则增加 HDFS HA（High Availability，高可用性）等新的重大特性。Hadoop 2.0 包括 Apache Hadoop 0.23.x 和 Apache Hadoop 2.x，它们均包含 HDFS Federation 和 YARN（Yet Another Resource Negotiator）两个系统。其中，Apache Hadoop

2.x 增加了 NameNode（名称节点）HA 和 Wire-compatibility 两个重大特性。而 Hadoop 3.0 是基于 JDK 1.8 开发的，解决了 Hadoop 2.0 基于 JDK 1.7 不再更新的问题。

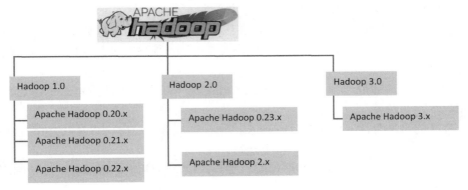

图 2-2　Hadoop 的版本发展

除了以上 Hadoop 的免费开源版本，许多商业公司也提供了自己发行的 Hadoop 版本，这些版本一般以 Hadoop 作为基础，而 Apache Hadoop 相对于商业公司发布的 Hadoop 来说也具有更全面、通用的功能和更高的性能。

2．Hadoop 的体系结构

1）Hadoop 1.0

Hadoop 1.0 的两大核心组件分别为 MapReduce 和 HDFS，是部分 Google 技术（Google两大技术）的开源实现。其中，MapReduce 对应 Google MapReduce，具有资源管理调度的功能，可以进行集群资源管理和数据处理；HDFS 对应 Google GFS，配置了 Hadoop Common模块，提供了高可靠性的冗余数据存储模式。Hadoop 1.0 的体系结构如图 2-3 所示。

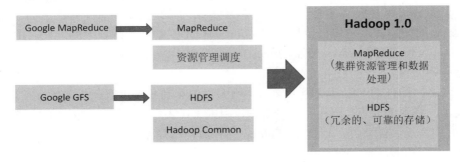

图 2-3　Hadoop 1.0 的体系结构

但 Hadoop 1.0 作为最初始开发的版本，技术还不够成熟，在实际应用中仍然存在着许多问题。MapReduce 和 HDFS 都存在单点故障问题，具体而言，即 MapReduce 的 JobTracker和 HDFS 的名称节点都存在单点故障问题，使得 Hadoop 1.0 在很长一段时间内都只能用于离线存储和离线计算，否则 Hadoop 1.0 可能面临由单点故障引起的数据丢失，导致其可用性降低。除此之外，HDFS 在扩展性方面，由于内存受限，不支持水平扩展，导致其扩展性降低；而且系统整体性能会受限于单个名称节点的吞吐量；单个名称节点也难以保证不同程序之间的隔离性，隔离性较差。MapReduce 也同样存在着资源受限、资源划分不合理的问题，这同样导致了 Hadoop 只适用于离线存储和离线计算，在实际应用中存在着极大的阻碍。

2）Hadoop 2.0

基于上述 Hadoop 1.0 中存在的问题，Hadoop 两大核心组件 MapReduce 和 HDFS 在 Hadoop 2.0 中被不断地丰富和完善。Hadoop 2.0 引入了 YARN 来分担 MapReduce 1.0 中的集群资源管理功能，其体系结构如图 2-4 所示。

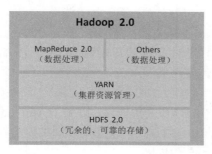

图 2-4　Hadoop 2.0 的体系结构

Hadoop 2.0 增加了一个备用名称节点，当启动的名称节点出现问题时启用备用名称节点代替，解决了单点故障的问题，使得 Hadoop 的应用范围更广，实际使用的可用性更高。

3）Hadoop 3.0

由于 Hadoop 2.0 是基于 JDK 1.7 开发的，而 JDK 1.7 在 2015 年 4 月已停止更新，这直接迫使 Hadoop 社区基于 JDK 1.8 重新发布一个新的 Hadoop 版本，即 Hadoop 3.0。Hadoop 3.0 中引入了一些重要的功能和优化，包括 HDFS 支持纠删码（Erasure Coding）、多 Namenode 支持、Shell 脚本重写、YARN 时间线服务 v.2、支持 Opportunistic Containers 和 Distributed Scheduling、MapReduce 任务级本地优化、修改多重服务的默认端口、数据节点内置平衡器（Intra-Datanode Balancer）、重写守护进程和任务的堆管理机制等。

3．Hadoop 的生态系统

Hadoop 经过不断丰富与完善，逐渐构建了完整的生态系统，如图 2-5 所示。它除了包括 MapReduce 和 HDFS，还包括 Hbase、Oozie、Hive、Pig、ZooKeeper、Tez、Spark、Flume、Sqoop 和 Ambari 组件。下面对各组件进行介绍。

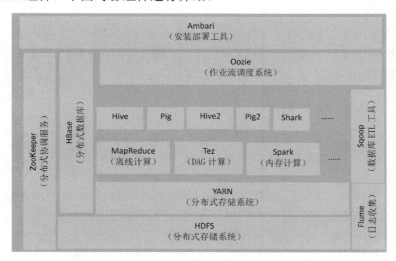

图 2-5　Hadoop 的生态系统

1）MapReduce

MapReduce 是针对 Google MapReduce 的开源实现，它将对于大规模数据的计算过程高度抽象成 Map 函数和 Reduce 函数，从而允许用户在不了解分布式文件系统底层细节的情况下，将自己的程序运行在分布式文件系统上。MapReduce 将庞大的数据集拆分成多个小的文件块，并分配给不同节点完成，最终向主节点返回结果。

2）HDFS

HDFS 是分布式存储系统，是对 GFS 的开源实现。由于 HDFS 具有高容错性、高吞吐量的特点，所以它适合部署在廉价的硬件上作为底层数据存储系统，并且适用于处理大规模数据集。

3）HBase

HBase 是一个基于 HDFS 的分布式数据库，是针对 Google BigTable 的开源实现。与传统数据库不同，HBase 采用基于列的方式，因此其横向扩展力较好，可以通过简单地增加廉价的硬件来提高存储能力，降低了成本。

4）Oozie

Oozie 是一个基于 Hadoop 数据处理任务的开源工作流和协作服务引擎，具有良好的扩展性和伸缩性。Oozie 可以把多个 MapReduce 作业合并成一个工作流，从而通过系统来完成任务调用。

5）Hive

Hive 是 Hadoop 的一种数据仓库工具，可以用来存储、查询和分析大规模数据。Hive 提供了 SQL 语句，并可以将 SQL 语句转换为 MapReduce 任务。因此，Hive 的优点是学习难度、成本较低，可以用类似 SQL 语句快速实现 MapReduce 统计。

6）Pig

Pig 是一种流数据语言和运行环境，适用于查询检索大型的数据集。Pig 是一种更简单的语言，简化了 Hadoop 的使用难度。

7）ZooKeeper

ZooKeeper 是针对 Google Chubby 的开源实现，为 Hadoop 提供了一致性服务，对复杂的关键服务进行封装，并将简单的接口提供给用户使用。ZooKeeper 提供的服务包括配置维护、域名服务、分布式同步等。

8）Tez

Tez 是一个基于 YARN 的应用框架，采用了有向无环图（DAG）来组织 MapReduce 任务，将 Map 任务和 Reduce 任务进一步拆分成若干个小任务，并将它们灵活重组，从而达到提高效率的目的。

9）Spark

Spark 是专为大规模数据处理设计的计算引擎。相较于 MapReduce，Spark 可以使用内存对数据进行计算，而且计算的中间结果也存储在内存中，从而节省了计算时间，提高了计算效率。

10）Flume

Flume 是一个分布式海量日志采集、聚合和传输的系统，既具有定制数据发送方、采集数据的功能，又具有对数据进行简单处理并发送给数据接收方的功能。

11）Sqoop

Sqoop 是一种开源工具，主要用于 Hadoop 和传统数据库之间的信息传递，可以将两者间的信息交互。

12）Ambari

Ambari 是一种基于 Web 的工具，支持 Hadoop 集群的供应、管理和监控，目前已支持大部分 Hadoop 组件。

2.1.3 Hadoop 的安装和使用

Hadoop 作为计算平台，是需要安装在合适的操作系统上的。现代计算机的操作系统是多种多样的，然而 Hadoop 仅支持 Linux 操作系统，所以本节将介绍如何在 Linux 操作系统上安装 Hadoop。对于 Windows 用户，可以先安装 Linux 虚拟机，如 Ubuntu 操作系统，然后在虚拟机上完成 Hadoop 的安装。Hadoop 官方网站有安装教程，用户可阅读参考。

Hadoop 的运行模式有单机模式、伪分布式模式和分布式模式。其中，单机模式为默认模式，不与其他节点交互，可以直接读/写本地的文件系统，不需要使用 HDFS；伪分布式模式是指在一台计算机上用不同的进程模拟分布式运行中的各类节点；分布式模式是指在不同的计算机上部署系统。本书将介绍如何实现单机模式及在同一个计算机上实现单机模式、伪分布式模式和分布式模式。

1. 安装准备

1）硬件准备

分布式模式至少需要使用两台计算机或一台计算机上的两台虚拟机；单机或伪分布式模式可使用一台计算机。

2）操作系统准备

建议使用 Linux 操作系统（如 Ubuntu 操作系统）。Linux 操作系统的安装主要有虚拟机安装和双系统安装。由于虚拟机安装和使用 Linux 的硬件配置比较高，因此计算机比较新或配置内存 4GB 以上的计算机可以选择虚拟机安装，计算机比较旧或配置内存小于等于 4GB 的计算机可以选择双系统安装，否则，在配置较低的计算机上运行 Linux 虚拟机，系统运行速度会非常慢。本书介绍的是虚拟机安装方法。

2. 下载安装

1）Ubuntu 虚拟机的安装

Linux 操作系统用户可跳过本步。

（1）软件下载。下载并安装 Virtual Box 虚拟机软件。由于官方网站的下载速度较慢，可以在镜像网站中下载好所需要的 Ubuntu 镜像文件（ISO 文件），本书使用的版本为 Ubuntu16.04，使用的镜像网站为阿里开源镜像站。用户也可以根据自身需求去搜索相应版本的镜像文件。

（2）新建虚拟机。用户可以依据自己的计算机系统来选择 32 位或者 64 位的 Ubuntu，如果计算机系统为 32 位，那么只可以选择 32 位的 Ubuntu；如果计算机系统为 64 位，那么既可以选择 32 位的 Ubuntu，也可以选择 64 位的 Ubuntu。本书选择的是 64 位的 Ubuntu，具体操作如下。

① 打开 Virtual Box，单击"新建"按钮，新建虚拟机。

② 给虚拟机命名为"Ubuntu"，选择操作系统类型与版本。如果选择的是 32 位 Ubuntu，

那么需在"版本"下拉列表中选择"Ubuntu（32-bit）"选项；如果选择的是 64 位 Ubuntu，那么需在"版本"下拉列表中选择"Ubuntu（64-bit）"选项。如果界面中有"文件夹"选项，那么可将其设置为本地磁盘目录，如"D:"，如图 2-6 所示，单击"下一步"按钮。

③ 选择内存大小。如果计算机总内存为 4GB，那么可以划分 1GB 内存给 Ubuntu（实际上在这种配置运行虚拟机以后，仍会稍显卡顿）；如果计算机的总内存为 8GB，那么可以划分 3GB 内存给 Ubuntu，这样运行会快很多，单击"下一步"按钮，如图 2-7 所示。

图 2-6　虚拟机的新建设置界面

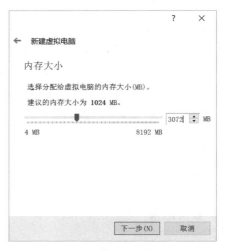

图 2-7　虚拟机的内存分配界面

④ 选择"现在创建虚拟硬盘（C）"单选按钮，创建虚拟硬盘，如图 2-8 所示，单击"创建"按钮。

⑤ 选择虚拟硬盘文件类型为"VDI（VirtualBox 磁盘映像）"，如图 2-9 所示，单击"下一步"按钮。

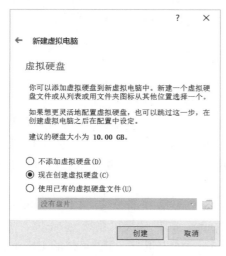

图 2-8　虚拟机的虚拟硬盘建立界面

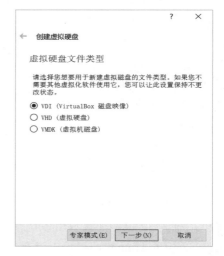

图 2-9　虚拟机的虚拟硬盘文件类型选择界面

⑥ 将虚拟硬盘的存储分配方式设置为"动态分配"，如图 2-10 所示，单击"下一步"按钮。

⑦ 选择文件位置和大小。用户可以依据自身对软件的需求情况选择相应的大小，此处划分 30GB 用于文件存储（如果少于 30GB，后期会出现磁盘空间不够的情况），如图 2-11 所示。

 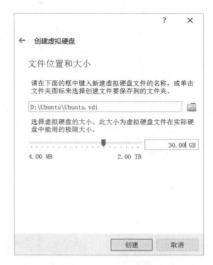

图 2-10　虚拟机的存储分配方式选择界面　　　图 2-11　虚拟机的文件位置和大小选择界面

⑧ 单击"创建"按钮，完成虚拟机的创建。

完成上述步骤后，可以在 VirtualBox 中看到新建的虚拟机了，如图 2-12 所示，代表虚拟机已经创建成功。

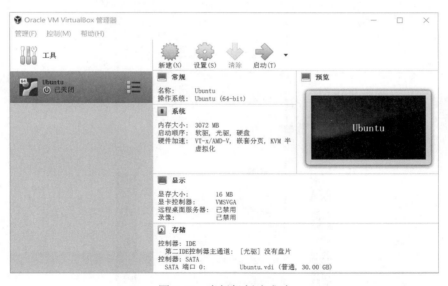

图 2-12　虚拟机创建成功

（3）安装 Ubuntu 的操作如下。

① 存储设置。单击"设置"按钮，打开存储设置界面，如图 2-13 所示，选择"没有盘片"选项，在"分配光驱（D）"下拉列表中选择一个虚拟光盘，即选择下载的 ubuntu 16.04 的 ISO 文件，如图 2-14 所示。注意：请勿在没有设置选项的情况下单击"启动"按钮，否

则有可能会导致安装操作中断。

图 2-13　存储设置界面

图 2-14　选择虚拟光盘界面

② 单击"启动"按钮启动虚拟机，弹出提示，如图 2-15 所示。在下拉列表中选择刚才选择的 ISO 文件（如果未出现提示，那么可以跳过此步）。

图 2-15　启动虚拟机后选择虚拟光盘界面

③ 启动后，可看到 Ubuntu 的安装欢迎界面，选择语言为"中文（简体）"，单击"安装 Ubuntu"按钮，如图 2-16 所示。

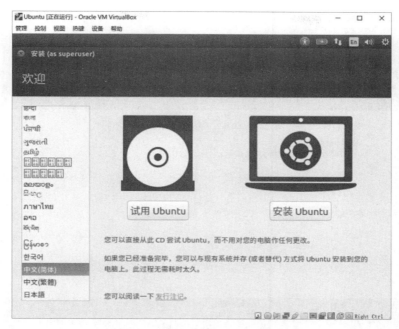

图 2-16　选择虚拟机语言界面

④ 检查是否连接网络及是否安装第三方软件，如图 2-17 所示，单击"继续"按钮。

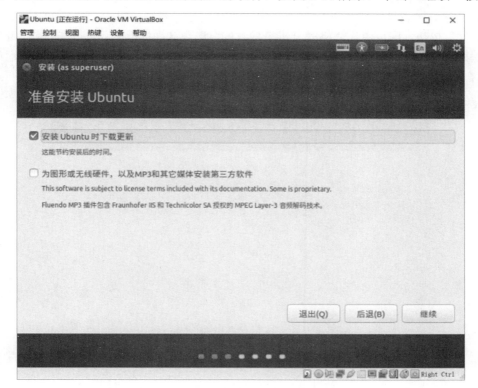

图 2-17　检查是否连接网络及是否安装第三方软件

⑤ 确认安装类型，选择"其他选项"单选按钮，单击"继续"按钮，如图 2-18 所示。

大数据分析原理和应用

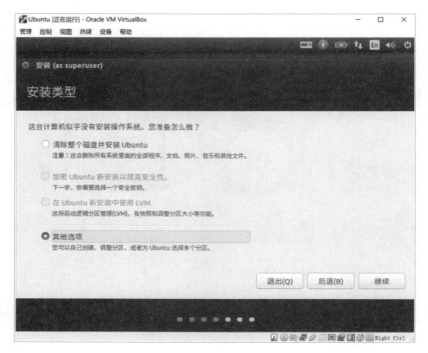

图 2-18　确认安装类型界面

⑥ 新建分区表界面如图 2-19 所示。单击"新建分区表"按钮。这时，在界面上可能无法看到"+"按钮，这是由计算机的分辨率导致的，遇到这种情况时，可以先按住 Alt 键，再把光标移动到安装界面上，按住鼠标左键不放，向上拖动界面，就可以看到其他被遮住的部分了。在后面在安装操作中，可以用这种方法处理类似情况。

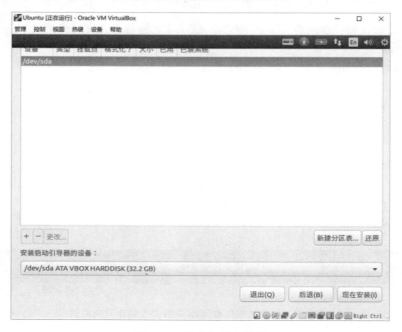

图 2-19　新建分区表界面

⑦ 添加交换空间和根目录。一般来说，用户可选择 512MB 到 1GB 大小的空间作为交换空间，剩余的空间全部用来作为根目录。添加交换空间时，在添加交换空间界面（见图 2-20）选择"空闲"选项，并单击"+"按钮，在打开的"创建分区"对话框的"大小"文本框中输入"512"，在"新分区的类型"选区选择"主分区"单选按钮，在"新分区的位置"选区选择"空间起始位置"单选按钮，在"用于"下拉列表中选择"交换空间"选项。同样在添加根目录界面（见图 2-21）选择"空闲"选项，并单击"+"按钮，打开"创建分区"对话框，该对话框中的大小设置不用改动，系统会自动设为剩余的空间，在"新分区的类型"选区选择"逻辑分区"单选按钮，在"新分区的位置"选区选择"空间起始位置"单选按钮，在"用于"下拉列表中选择"Ext4 日志文件系统"选项，在"挂载点"下拉列表中选择"/"选项。

图 2-20　添加交换空间界面

图 2-21　添加根目录界面

⑧ 全部设置完成后，单击"现在安装"按钮，确认将改动写入磁盘。先选择时区，在键

盘布局中将其设置为中文，然后设置用户名和密码（如果不需要考虑安全问题，建议使用较简单的一位数密码）。设置用户名和密码界面如图 2-22 所示。

图 2-22 设置用户名和密码界面

⑨ 单击"继续"按钮，开始安装。这个过程会消耗较长时间，请勿跳过。安装完毕后，单击"现在重启"按钮重启虚拟机，Ubuntu 虚拟机即安装完毕。

（4）用户及环境设置包括创建 hadoop 用户、ssh 登录权限设置、安装和配置 Java。

① 创建 hadoop 用户。

按 Ctrl+Alt+T 快捷键，或者在搜索栏中搜索终端，打开终端窗口（命令行界面），执行以下命令创建新用户。

```
$ sudo useradd -m hadoop -s /bin/bash
```

由此创建了名为"hadoop"的用户，同时指定使用 bash 作为 Shell 解析相关命令。

执行如下命令将登录密码设置为"hadoop"（也可设置其他密码，密码需按照提示输入两次）。

```
$ sudo passwd hadoop
```

执行如下命令可使 hadoop 用户增加管理员权限以方便后续部署。

```
$ sudo adduser hadoop sudo
```

此后的操作请登录 hadoop 用户来进行。

② ssh 登录权限设置。

ssh 协议是建立在应用层和传输层基础上的安全协议，可以提供安全的网络传输环境。Hadoop（名称节点）启动集群中的数据节点（DataNode）时，需要通过 ssh 登录来实现。ssh 包括客户端（Client）和服务器端（Server）。其中，Ubuntu 操作系统已自动安装 Client，故 Client 无须安装而 Server 需要安装。

用户可通过执行如下命令安装 Server。

```
$ sudo apt-get install openssh-server
```

如果 Sever 安装失败，那么用户可以先尝试执行"$ sudo apt-get update"命令进行更新。

安装以后，执行如下命令：

```
$ ssh localhost
```

用户在输入 yes 和密码后即可登录本机。

为了使名称节点能够顺利登录集群中的任何一个节点，用户可以通过执行如下命令将所有机器设置为无密码登录方式。

```
$ exit
$ cd ~/.ssh/
$ ssh-keygen -t rsa
```

此时系统会要求用户指定一个文件来保存密钥，用户可以按 Enter 键使用默认的文件。用户需执行如下命令继续完成所有机器的无密码登录设置。

```
$ cat ./id_rsa.pub >> ./authorized_keys
```

此时用户再次执行"$ ssh localhost"命令即可不需要密码登录了，ssh 登录权限设置结束。
③ 安装和配置 Java。

在 Ubuntu 中直接通过执行如下命令安装 jdk 1.8。

```
$ sudo apt-get install openjdk-8-jre openjdk-8-jdk
```

除此之外，用户还需配置 JAVA_HOME 环境变量以避免访问时反复写绝对路径，可以按照下列步骤进行。

进入文件~/.bashrc 编辑模式。

```
$ vim ~/.bashrc
```

如果报错"程序 vim 已包含在以下软件包中"，那么可以先执行如下命令。

```
$ sudo apt-get install vim
```

按 i 键开启编辑模式，添加如下语句。

```
export JAVA_HOME=/usr/lib/jvm/java-8-openjdk-amd64
export JRE_HOME=${JAVA_HOME}/jre
export CLASSPATH=.:${JAVA_HOME}/lib:${JRE_HOME}/lib
export PATH=${JAVA_HOME}/bin:$PATH
```

输入完毕后，按 Esc 键退出编辑模式，执行":wq"（w 保存，q 退出）命令，按 Enter 键后回到命令行界面。

执行如下命令使修改生效。

```
$ source ~/.bashrc
```

执行如下命令查看 Java 是否安装成功。

```
$ java -version
```

若返回图 2-23 所示内容，则表明 Java 安装成功。

```
openjdk version "1.8.0_292"
OpenJDK Runtime Environment (build 1.8.0_292-8u292-b10-0ubuntu1~16.04.1-b10)
OpenJDK Server VM (build 25.292-b10, mixed mode)
```

图 2-23　Java 安装成功

2）Hadoop 的下载安装

在此步骤中，需要在 Hadoop 官方网站下载安装包（最新的稳定版本），并进行单机或伪分布式模式的安装配置。

本书选择的是 Hadoop 3.1.3 版本，在官方网站中选择 hadoop-3.1.3.tar.gz 下载即可，下载后的文件会默认放置在"下载"文件夹中（用户也可更改存储的文件夹，但执行相关命令时需按实际存储文件夹输入）。

（1）单机模式的安装配置。用户可将 hadoop-3.1.3.tar.gz 安装至虚拟机的/usr/local/ 目录中，命令如下：

```
$ sudo tar -zvxf ~/下载/hadoop-3.1.3.tar.gz -C /usr/local
```

用户可以重命名并修改访问权限，以方便后续调用，命令如下：

```
$cd /usr/local/
$sudo mv ./hadoop-3.1.3/ ./hadoop #将文件夹名改为hadoop
$sudo chown -R hadoop:hadoop ./hadoop #修改文件权限
```

检查 Hadoop 是否可用，命令如下：

```
$ cd /usr/local/hadoop
$./bin/hadoop version
```

如果 Hadoop 可用，那么会显示图 2-24 所示的 Hadoop 版本信息，表示以单机模式安装的 Hadoop 成功。

```
Hadoop 3.1.3
Source code repository https://gitbox.apache.org/repos/asf/hadoop.git -r ba631c4
36b806728f8ec2f54ab1e289526c90579
Compiled by ztang on 2019-09-12T02:47Z
Compiled with protoc 2.5.0
From source with checksum ec785077c385118ac91aadde5ec9799
This command was run using /usr/local/hadoop/share/hadoop/common/hadoop-common-3
.1.3.jar
```

图 2-24　Hadoop 版本信息

（2）伪分布式模式的安装配置。Hadoop 的运行模式是由配置文件决定的，默认情况下为单机模式。如果需要将 Hadoop 的运行模式配置为伪分布式模式，那么需要修改相应的配置文件。配置步骤如下。

① 修改配置文件：core-site.xml 和 hdfs-site.xml。

先在目录/usr/local/hadoop/etc/hadoop/中打开 core-site.xml，命令如下：

```
$ sudo gedit ./etc/hadoop/core-site.xml
```

core-site.xml 的修改内容如下：

```
<configuration>
    <property>
        <name>hadoop.tmp.dir</name>
        <value>file:/usr/local/hadoop/tmp</value>
        <description>Abase for other temporary directories.</description>
    </property>
    <property>
        <name>fs.defaultFS</name>
        <value>hdfs://localhost:9000</value>
    </property>
</configuration>
```

其中，hadoop.tmp.dir 表示指定的存放临时数据的目录，既包括名称节点的数据，也包括数据节点的数据。fs.defaultFS 的值表示 hdfs 路径的逻辑名称。

然后在目录/usr/local/hadoop/etc/hadoop/ 中打开 hdfs-site.xml，命令如下：

```
$ sudo gedit ./etc/hadoop/hdfs-site.xml
```

hdfs-site.xml 的修改内容如下：

```
<configuration>
    <property>
        <name>dfs.replication</name>
        <value>1</value>
    </property>
    <property>
        <name>dfs.namenode.name.dir</name>
        <value>file:/usr/local/hadoop/tmp/dfs/name</value>
    </property>
    <property>
        <name>dfs.datanode.data.dir</name>
        <value>file:/usr/local/hadoop/tmp/dfs/data</value>
    </property>
</configuration>
```

其中，dfs.replication 表示副本的数量，在伪分布式模式安装时副本数量要设置为 1；dfs.namenode.name.dir 表示存储 fsimage 文件的本地磁盘目录；dfs.datanode.data.dir 表示 hdfs 数据存放的本地磁盘目录。

② 初始化文件系统，用户可执行如下命令。

```
$ hadoop namenode -format
```

如果报错"找不到 hadoop"，那么用户可通过执行如下命令行打开配置环境变量的界面。

```
$ vim ~/.bashrc
```

打开配置环境变量的界面后，用户可添加如下语句。

```
export PATH=$PATH:/usr/local/hadoop/sbin:/usr/local/hadoop/bin
```

同样执行":wq"（w 保存，q 退出）命令，退出编辑模式。

为使配置立即生效，用户可执行如下命令。

```
$source ~/.bashrc
```

检查是否配置成功，用户可执行如下命令。

```
$ hadoop -version
```

如果报错"mkdir:无法创建目录/usr/local/hadoop/logs:权限不够"，那么用户可通过执行如下命令行解决。

```
$ sudo chown -R hadoop /usr/local/hadoop #此处前一个 hadoop 为用户名
```

③ 启动所有进程，用户可执行如下命令。

```
$ start-all.sh
```

④ 使用浏览器访问 http://localhost:9870 查看 Hadoop 集群中名称节点和数据节点的信息。

（3）分布式模式的安装配置（和伪分布式模式的安装配置步骤一样，但无须创建 logs 等目录的操作）。

当 Hadoop 的运行模式采用分布式模式时，存储采用 HDFS，其名称节点和数据节点位于不同机器上。这时，数据就可以分布到多个节点上，不同数据节点上的数据计算可以并行执行，这时的 MapReduce 分布式计算能力才能真正发挥作用。

为了降低分布式模式的安装配置难度，本书将使用两台虚拟机来搭建集群环境，一台虚拟机作为 Master 节点，局域网 IP 地址为 192.168.1.121，另一台虚拟机作为 Slave 节点，局域网 IP 地址为 192.168.1.122。由三台以上虚拟机搭建的集群环境，也可以采用类似的方法完成安装配置。

与单机模式安装配置类似,用户要在 Master 节点和 Slave 节点上完成创建 hadoop 用户、安装 ssh 服务端、安装 Java 环境的步骤,并且在 Master 节点上安装 Hadoop,并完成配置。

完成上述步骤后,进行以下步骤的操作。

① 网络配置。

假设集群所用的两个节点都位于同一个局域网内。如果两个节点使用的是虚拟机安装的 Linux 操作系统,那么两个节点需要在虚拟机的网络配置中更改网络连接方式为"桥接网卡"模式,才能实现多个节点互连。此外,一定要确保各个节点的 MAC 地址不能相同,否则会出现 IP 地址冲突。如果用户采用导入虚拟机镜像文件的方式安装 Linux 操作系统,那么有可能出现两台虚拟机的 MAC 地址是相同的,因为一台虚拟机复制了另一台虚拟机的配置。因此,在虚拟机的网络配置中还需要改变它的 MAC 地址,可以单击界面右侧的"刷新"按钮随机生成 MAC 地址,这样就可以让两台虚拟机的 MAC 地址不同了。

网络配置完成以后,用户可以在终端使用"ifconfig"命令查看虚拟机的 IP 地址。

```
$ ifconfig
```

其中 inet 地址即用户需要查看的 IP 地址,本书中两台虚拟机的 IP 地址分别为 10.15.237.107 和 10.15.237.109。

为了便于区分 Master 节点和 Slave 节点,用户需修改各个节点的主机名,这样,在 Linux 操作系统中打开一个终端以后,在终端窗口的标题和命令行中都可以看到主机名,就比较容易区分当前是处于哪个节点了。在 Ubuntu 操作系统中,用户可在 Master 节点上执行如下命令修改主机名。

```
$ sudo vim /etc/hostname
```

这个文件里面记录了主机名,因此,打开这个文件以后,里面只有主机名内容,可以将其修改为"Master",保存后退出 vim 编辑器,这样就完成了主机名的修改,需要重启 Linux 操作系统才能看到主机名的变化。这样就很容易辨认出当前是处于哪个节点,不容易产生混淆。

在 Master 节点中执行如下命令打开并修改 Master 节点中的/etc/hosts 文件。

```
$ sudo vim /etc/hosts
```

在/etc/hosts 文件中增加如下两条 IP 地址和主机名映射关系。

10.15.237.107   Master

10.15.237.109   Slave1

需要注意的是,一般/etc/hosts 文件中只能有一个 127.0.0.1,其对应的主机名为 localhost,如果文件中有多余的 127.0.0.1,应删除,特别是不能存在"127.0.0.1 Master"这样的映射记录。修改后需要重启 Linux 操作系统。

完成 Master 节点的配置后,参照上面的方法,把 Slave 节点上/etc/hostname 文件中的主机名修改为"Slave1",同时,修改/etc/hosts 文件的内容,在/etc/hosts 文件中增加相同的 IP 地址和主机名映射关系。修改完成以后,重新启动 Slave 节点的 Linux 操作系统。

这样就完成了 Master 节点和 Slave 节点的配置。用户需要在各个节点上都执行如下命令测试各节点间是否可以互相连通。

```
$ ping Master -c 3
$ ping Slave1 -c 3
```

　　若 Master 节点和 Slave 节点不可以成功连通，则后面的配置就无法顺利进行；如果 Master 节点和 Slave 节点可以成功连通，那么输出内容如图 2-25 所示。

```
hadoop@Master:~$ ping Slave1 -c 3
PING Slave1 (10.15.237.109) 56(84) bytes of data.
64 bytes from Slave1 (10.15.237.109): icmp_seq=1 ttl=64 time=0.665 ms
64 bytes from Slave1 (10.15.237.109): icmp_seq=2 ttl=64 time=0.454 ms
64 bytes from Slave1 (10.15.237.109): icmp_seq=3 ttl=64 time=0.801 ms

--- Slave1 ping statistics ---
3 packets transmitted, 3 received, 0% packet loss, time 2049ms
rtt min/avg/max/mdev = 0.454/0.640/0.801/0.142 ms
```

图 2-25　Master 节点成功连通 Slave 节点

　　② 设置 ssh 无密码登录。

　　设置 ssh 无密码登录是为了让 Master 节点可以 ssh 无密码登录到各个 Slave 节点上，从而生成 Master 节点的公匙。如果之前已经生成过公钥，那么必须删除原来生成的公钥，重新生成一次。具体命令如下。

```
$ cd ~/.ssh
```

如果本步执行后显示没有该目录，可以先执行一次"$ ssh localhost"命令。

```
$ rm ./id_rsa*
```

如果以前没有设置过公钥，那么不需要执行此命令。

```
$ ssh-keygen -t rsa
```

为了让 Master 节点能够 ssh 无密码登录本机，需要在 Master 节点上执行如下命令。

```
$ cat ./id_rsa.pub >> ./authorized_keys
```

完成后可以执行如下命令来进行验证。

```
$ ssh Master
```

Master 节点可以 ssh 无密码登录本机截图如图 2-26 所示。

```
hadoop@Master:~$ ssh Master
Welcome to Ubuntu 16.04.6 LTS (GNU/Linux 4.15.0-45-generic i686)

 * Documentation:  https://help.ubuntu.com
 * Management:     https://landscape.canonical.com
 * Support:        https://ubuntu.com/advantage

443 个可升级软件包。
381 个安全更新。

有新版本"18.04.6 LTS"可供使用
运行"do-release-upgrade"来升级到新版本。

Last login: Mon Dec 13 06:06:49 2021 from 10.15.237.107
```

图 2-26　Master 节点可以 ssh 无密码登录本机截图

　　执行如下命令返回原来的终端。

```
$ exit
```

　　在 Master 节点上，可执行如下命令将公匙传输给 Slave1 节点。

```
$ scp ~/.ssh/id_rsa.pub hadoop@Slave1:/home/hadoop/
```

　　上述命令执行结束后会提示传输完毕，接着切换到 Slave1 节点上，执行如下命令将公匙加入授权。

```
$ mkdir ~/.ssh
$ cat ~/id_rsa.pub >> ~/.ssh/authorized_keys
```

```
$ rm ~/id_rsa.pub
```

这样，在 Master 节点上就可以 ssh 无密码登录到各个 Slave 节点了。切换到 Master 节点上执行如下命令进行检验。

```
$ ssh Slave1
```

运行成功的结果如图 2-27 所示，这意味着 Master 已经可以 ssh 无密码登录到各个 Slave 节点了。

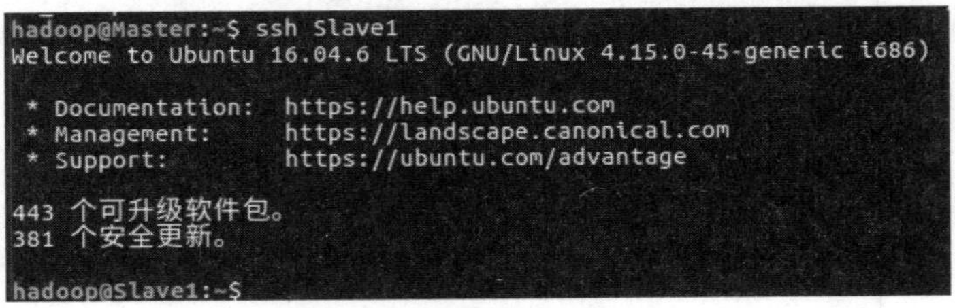

图 2-27　运行成功的结果

执行如下命令返回原来的终端。

```
$ exit
```

③ 配置 PATH 变量。

与伪分布式模式安装配置类似对 PATH 变量进行配置，这样用户就可以在任意目录中直接使用 hadoop、hdfs 等命令了。

在 Master 节点上执行如下命令。

```
$ vim ~/.bashrc
```

在文件中添加如下内容。

```
export PATH=$PATH:/usr/local/hadoop/bin:/usr/local/hadoop/sbin
```

保存文件后执行如下命令。

```
$ source ~/.bashrc
```

④ 配置集群/分布式模式。

在配置集群/分布式模式时，需要修改"/usr/local/hadoop/etc/hadoop"目录下的配置文件，这与在伪分布式模式中的修改方式是类似的，在此不再赘述。用户仅修改正常启动所必须的设置项，包括 workers、core-site.xml、hdfs-site.xml、mapred-site.xml、yarn-site.xml 文件，更多设置项可查看官方说明。

上述文件需要修改的内容如下。

workers 文件：将 workers 文件中原来的 localhost 删除，只添加"Slave1"。

core-site.xml 文件：修改为如下内容。

```
<configuration>
    <property>
        <name>fs.defaultFS</name>
        <value>hdfs://Master:9000</value>
    </property>
    <property>
        <name>hadoop.tmp.dir</name>
        <value>file:/usr/local/hadoop/tmp</value>
        <description>Abase for other temporary directories.</description>
    </property>
```

```
</configuration>
```

hdfs-site.xml 文件：对于 HDFS 而言，一般都是采用冗余存储，冗余因子通常为三，也就是说，一份数据保存三个副本。但是，本书中只有一个 Slave 节点作为 DataNode，即集群中只有一个 DataNode，数据只能保存一个副本，所以 dfs.replication 的值还是设置为 1。该文件修改的具体内容如下。

```
<configuration>
      <property>
            <name>dfs.namenode.secondary.http-address</name>
            <value>Master:50090</value>
      </property>
      <property>
            <name>dfs.replication</name>
            <value>1</value>
      </property>
      <property>
            <name>dfs.namenode.name.dir</name>
            <value>file:/usr/local/hadoop/tmp/dfs/name</value>
      </property>
      <property>
            <name>dfs.datanode.data.dir</name>
            <value>file:/usr/local/hadoop/tmp/dfs/data</value>
      </property>
</configuration>
```

mapred-site.xml 文件：修改为如下内容。

```
<configuration>
      <property>
            <name>mapreduce.framework.name</name>
            <value>yarn</value>
      </property>
      <property>
            <name>mapreduce.jobhistory.address</name>
            <value>Master:10020</value>
      </property>
      <property>
            <name>mapreduce.jobhistory.webapp.address</name>
            <value>Master:19888</value>
      </property>
      <property>
            <name>yarn.app.mapreduce.am.env</name>
            <value>HADOOP_MAPRED_HOME=/usr/local/hadoop</value>
      </property>
      <property>
            <name>mapreduce.map.env</name>
            <value>HADOOP_MAPRED_HOME=/usr/local/hadoop</value>
      </property>
      <property>
            <name>mapreduce.reduce.env</name>
            <value>HADOOP_MAPRED_HOME=/usr/local/hadoop</value>
      </property>
</configuration>
```

yarn-site.xml 文件：修改为如下内容。

```
<configuration>
```

```
        <property>
            <name>yarn.resourcemanager.hostname</name>
            <value>Master</value>
        </property>
        <property>
            <name>yarn.nodemanager.aux-services</name>
            <value>mapreduce_shuffle</value>
        </property>
</configuration>
```

上述文件全部配置完成以后，需要把 Master 节点上的/usr/local/hadoop 文件夹复制到各个节点上，命令如下。

```
$ cd /usr/local
$ tar -zcf ~/hadoop.master.tar.gz ./hadoop
$ cd ~
$ scp ./hadoop.master.tar.gz Slave1:/home/hadoop
```

切换到 Slave1 节点上执行如下命令。

```
$ sudo tar -zxf ~/hadoop.master.tar.gz -C /usr/local
$ sudo chown -R hadoop /usr/local/hadoop
```

在 Master 节点执行 NameNode 的格式化（只需要首次执行，后面再启动 Hadoop 时，不要再次格式化 NameNode），命令如下。

```
$ hdfs namenode -format
```

现在就可以启动 Hadoop 了，启动需要在 Master 节点上进行，执行如下命令。

```
$ start-dfs.sh
$ start-yarn.sh
$ mr-jobhistory-daemon.sh start historyserver
```

通过执行"jps"命令可以查看各个节点所启动的进程。如果已经正确启动，那么在 Master 节点上可以看到 NameNode、ResourceManager、SecondaryNameNode 和 JobHistoryServer 进程，如图 2-28 所示。

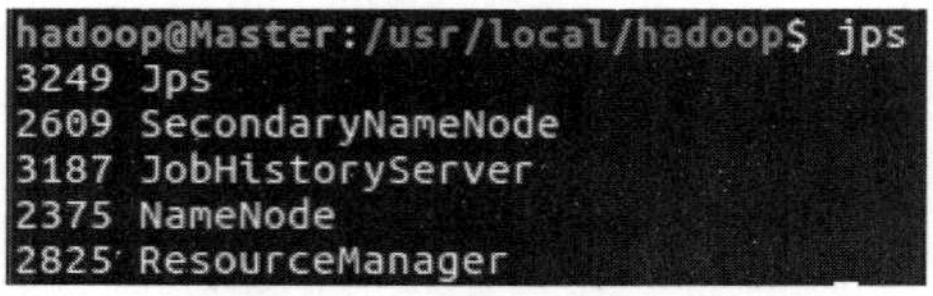

图 2-28　Master 节点上的进程

在 Slave 节点可以看到 DataNode 和 NodeManager 进程，如图 2-29 所示。

图 2-29　Slave 节点上的进程

在 Master 节点上执行如下命令。

```
$ hdfs dfsadmin -report
```

可以查看 DataNode 是否正常启动，如果屏幕信息中的"Live datanodes"不为 0，那么说明 DataNode 启动成功。DataNode 启动成功的结果如图 2-30 所示。

```
Live datanodes (1):

Name: 10.15.237.109:9866 (Slave1)
Hostname: Slave1
Decommission Status : Normal
Configured Capacity: 9928790016 (9.25 GB)
DFS Used: 24576 (24 KB)
Non DFS Used: 5915774976 (5.51 GB)
DFS Remaining: 3485032448 (3.25 GB)
DFS Used%: 0.00%
DFS Remaining%: 35.10%
Configured Cache Capacity: 0 (0 B)
Cache Used: 0 (0 B)
Cache Remaining: 0 (0 B)
Cache Used%: 100.00%
Cache Remaining%: 0.00%
Xceivers: 1
Last contact: Mon Dec 13 07:23:40 GFT 2021
Last Block Report: Mon Dec 13 07:18:23 GFT 2021
Num of Blocks: 0
```

图 2-30　DataNode 启动成功的结果

2.2　Spark 平台

2.2.1　Spark 的概述

1. Hadoop 的流程和缺陷

企业对于大数据处理往往会产生不同的需求，如复杂的批量数据处理需要分钟到小时级响应、基于历史数据的交互式查询需要秒级到分钟级响应、基于实时流数据的处理需要毫秒到秒级响应。

Hadoop 的执行流程如图 2-31 所示。在利用 Hadoop 处理大数据的过程中，一个 Hadoop 应用的多个 MapReduce 操作之间都是相互独立的，每个操作的结果一般都会存入磁盘（如 HDFS），后续操作需要从磁盘读取数据。这就导致了多次磁盘读/写，会对 Hadoop 计算造成巨大的时间开销。

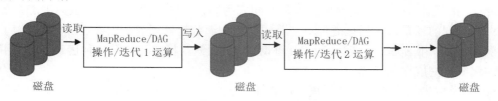

图 2-31　Hadoop 的执行流程

由 Hadoop 的执行流程不难看出，Hadoop 在对大数据进行处理计算时存在许多缺陷。首先，在此流程中磁盘 I/O 开销大，无法满足多阶段和交互式计算需求；然后，系统的表达能力有限，很多操作无法转化为 MapReduce 操作。而面对上述企业对于大数据处理的诸多需求，Hadoop 仅仅能满足复杂的批量数据处理需求，不能满足基于历史数据的交互式查询、基于实时流数据的处理需求。

因此，高效、低延迟的大数据处理架构——Spark 产生了。

2．Spark 的发展及应用

Spark 在 2009 年由美国加州大学伯克利分校的 AMP（Algorithms，Machines and People）Lab 最早进行研究开发，于 2010 年开源发布，2013 年加入 Apache 软件基金会。在 2014 年，Spark 打破 Hadoop 保持的排序纪录，使用 206 个节点在 23 分钟内完成了 100TB 数据的排序，而 Hadoop 完成 100TB 数据的排序需要使用 2000 个节点，花费 72 分钟。

Spark 作为运行速度快、使用简单的大数据计算平台，引起了各个领域的关注，并在国内外各大公司中得到了广泛应用，超 1000 家国内外企业和科研机构均有应用，如淘宝、百度、腾讯、亚马逊、eBay、日立、NASA JPL 等。

3．Spark 的执行流程

Spark 的执行流程如图 2-32 所示。Spark 借鉴了 Hadoop 的执行流程并继承了其优点，但相较于 Hadoop 而言，Spark 将数据从磁盘载入内存后，迭代计算等的中间结果会保留在内存中，从而避免出现反复从磁盘中读取数据的情况。

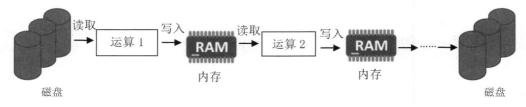

图 2-32　Spark 的执行流程

分析 Spark 相较于 MapReduce 的优点，可以发现 Spark 基于内存计算框架使得计算效率得以明显提高，同时 Spark 也特别适合基于实时流数据的处理。但 MapReduce 更适合执行数据量巨大的批处理操作。

2.2.2　Spark 的生态系统和体系结构

1．Spark 的生态系统

Spark 的设计理念为一个软件栈满足不同应用场景，这使得 Spark 提供的生态系统可以满足许多不同的场景，包括批处理、交互式查询和流数据处理等。因此，Spark 成为了一个通用引擎，可以用 Spark 完成包括 SQL 查询、文本处理、机器学习等各种运算，而不用通过其他的引擎来完成这些运算。

Spark 已成为伯克利数据分析栈（Berkeley Data Analytics Stack，BDAS）的重要组成部分。图 2-33 所示为 BDAS 的体系结构。由分析可知，Spark 主要是对 Hadoop 中 MapReduce 的数据处理分析功能进行了改进，而数据存储仍然主要依赖于 Hadoop 的 HDFS、S3 等。因此，Spark 和 Hadoop 的数据可以很容易地相互传输。

Spark 的生态系统包括 Spark Core、BlinkDB、Spark SQL、Spark Streaming、MLBase/MLlib、GraphX 等组件。下面对部分组件进行简单的介绍。

（1）Spark Core。Spark Core 提供 Spark 基础与核心的功能，包括存储体系、计算引擎、部署模式等，使其可以将不同的大数据处理模式规划为类似统一的模式。

（2）BlinkDB。BlinkDB 是一个用于在海量数据上运行交互式 SQL 查询的大规模并行查询引擎，它允许用户通过权衡数据精度缩短查询响应时间。

（3）Spark SQL。Spark SQL 允许开发人员直接操作 RDD（Resilient Distributed Dataset，弹性分布式数据集），同时也可以查询存放在 Hive 上的外部数据。因此，Spark SQL 不仅可以进行外部查询，还可以进行更复杂的数据分析。

（4）Spark Streaming。Spark Streaming 用于流计算，是一个对实时流数据进行高吞吐、高容错的流处理系统，支持多种数据输入源，并可以把结果保存在外部文件系统、数据库等。它最大的优势为可以同时进行批处理和流处理。

（5）MLBase/MLlib。MLBase 是 Spark 中负责机器学习的组件，而 MLlib 是 MLBase 的组成部分之一。它们为用户提供了许多机器学习算法，使得用户不需要明白这些算法是如何实现的就可以使用它们，降低了开发难度。

（6）GraphX。GraphX 是 Spark 中用于图和图并行计算的 API，可以在大规模数据上运行复杂的图算法。

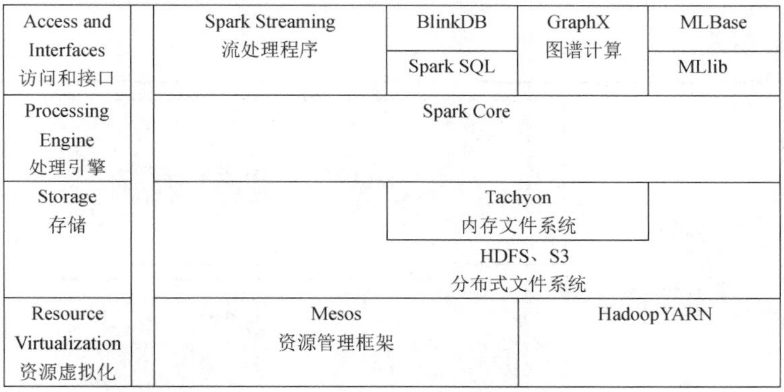

Access and Interfaces 访问和接口	Spark Streaming 流处理程序	BlinkDB	GraphX 图谱计算	MLBase
		Spark SQL		MLlib
Processing Engine 处理引擎	Spark Core			
Storage 存储		Tachyon 内存文件系统		
	HDFS、S3 分布式文件系统			
Resource Virtualization 资源虚拟化	Mesos 资源管理框架		HadoopYARN	

图 2-33　BDAS 的体系结构

Scala 语言是 Spark 应用的主要编程语言，Spark 本身由 Scala 语言开发。Scala 语言的优点有语法简洁，提供了优雅的 API 和 REPL（Read-Eval-Print Loop，交互式解释器），从而提高了应用开发效率。

另外，Spark 也支持 Java、Python、R 作为编程语言，保证了对已有的 Hadoop 生态系统的兼容性。所以 Spark 程序也可以用这些语言来编写。

2．Spark 的体系结构

Spark 的运行结构如图 2-34 所示，包括 ClusterManager（集群资源管理器）、Worker（工作节点）、Driver（任务控制节点）和 Executor（执行进程）。Spark 上的每个应用（Application）会被分解成若干相关的 Task（任务），分布在不同的 Worker 中执行。相较于 Hadoop 的 MapReduce，Executor 的优势体现在多线程执行，避免了 Task 的启动，而且中间数据存储在相应的存储模块中，避免了磁盘 I/O 开销，提高了数据读/写速度。

其中各部分功能如下。

（1）ClusterManager：负责管理调度所有 Spark Application 的计算资源；除了自带的 ClusterManager，也支持 Apache Mesos 或 Hadoop YARN。

（2）Worker：负责运行具体的 Task。在 Worker 上，对每个 Application 都对应有一个 Executor 负责该 Application 在该节点上所有 Task 的执行和数据的存储。

（3）Driver：为每个 Application 申请计算资源，并对各节点上的 Executor 进行分配和监控。

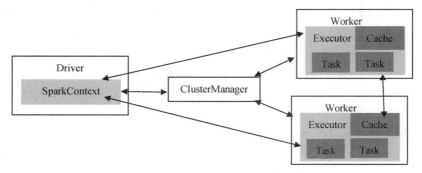

图 2-34　Spark 的运行结构

Spark Application 的构成如图 2-35 所示。一个 Spark Application 由一个 Driver 和若干个 Job（作业）构成，一个 Job 由多个 Stage（阶段）构成，一个 Stage 由多个彼此没有 Shuffle 依赖关系的 Task 组成。

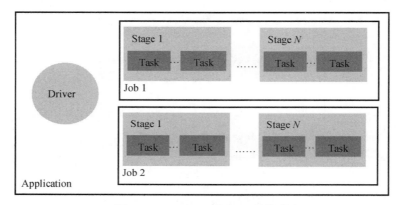

图 2-35　Spark Application 的构成

Spark Application 的运行流程如图 2-36 所示。

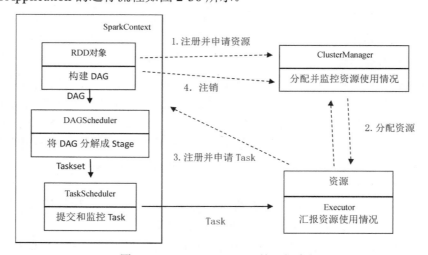

图 2-36　Spark Application 的运行流程

具体流程如下。

（1）由 Driver 创建一个 SparkContext 作为通向 Spark 集群的入口，为 Application 构建基本的运行环境，并向 ClusterManager 申请计算资源。

（2）ClusterManager 为 Application 分配相应的资源，并启动节点上的 Executor。

（3）首先 Executor 启动，并主动向 SparkContext 申请 Task；然后 SparkContext 会将 Task 分解成若干个 RDD，并按照这些 RDD 彼此之间的关联关系（DAG）将其分为不同的 Taskset（任务集合）；最后由 TaskScheduler（任务调度器）将 Task 发放给具体的 Executor。

（4）节点上的 Task 执行完成后，会通过 TaskScheduler 逐层反馈给 SparkContext，当所有 Task 都执行完成后，SparkContext 会向 ClusterManager 注销以释放计算资源。

2.2.3　RDD 的运行原理

1．RDD 的特点

Spark 的核心概念包括 RDD 和 DAG。

RDD：是指弹性分布式数据集，它提供了一种高度受限的共享内存模型，是 Spark 能够避免多次磁盘读/写最重要的设计。

DAG：是指有向无环图，反映 RDD 之间的依赖关系，可用于计算过程的优化以进一步节约计算资源。

RDD 本质上就是一个应用中要处理的数据集，它是一个只读的可容错的分区记录（数据集片段）的集合。RDD 具有以下特点。

（1）RDD 只能读取，不能进行直接修改，最初是由外部数据源创建的。

（2）RDD 可大可小，根据数据的物理分布会有多个分区。

（3）每个分区是一个物理节点上的数据集片段。

（4）一个 RDD 可以通过运算操作形成新的 RDD。

（5）每个 Spark 应用的计算过程表现为一组 RDD 的转换，构成 DAG 的拓扑序列，称为 Lineage。

2．RDD 支持的运算

RDD 支持的运算类型（转换运算和动作运算）及其应用的关系如图 2-37 所示。

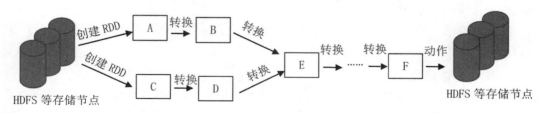

图 2-37　RDD 支持的运算类型（转换运算和动作运算）及其应用的关系

转换（Transformation）运算：发生在 DAG 的转换过程中，如 map、filter、groupByKey 等，而且只对中间 RDD 之间要做的转换做记录，并不执行具体计算，也不生成具体结果。

动作（Action）运算：发生在转换运算过程的最后，如 count、first、reduce 等，而且触发前序所有运算，生成最后结果，并将结果返回或保存到外部数据源。

RDD 支持的运算具有以下特点。

（1）惰性调用，即在进行动作运算时才真正执行所有运算，转换运算并不会真的触发运算。

（2）粗粒度运算，即运算是针对整个 RDD 的，不能对 RDD 中的单个数据项进行运算。

（3）运算支持多种编程模型，如 MapReduce、SQL、Pregel 等。

RDD 常用运算的编程接口如表 2-1 所示。

表 2-1　RDD 常用运算的编程接口

类　型	接　口	说　明
转换 API（部分）	filter(func)	筛选出满足函数 func 的元素，并返回一个新的数据集
	map(func)	将每个元素传递到函数 func 中，并将结果返回为一个新的数据集
	flatMap(func)	与 map() 相似，但每个输入元素都可以映射到 0 或多个输出结果
	groupByKey()	对 (K, V) 键值对的数据集返回一个新的 $(K,$ Iterable$)$ 形式的数据集
	reduceByKey(func)	应用于 (K,V) 键值对的数据集时，返回一个新的形式的数据集，其中的每个值是将每个 key 传递到函数 func 中进行聚合
动作 API（部分）	count()	返回数据集中的元素个数
	collect()	以数组的形式返回数据集中的所有元素
	first()	返回数据集中的第一个元素
	take(n)	以数组的形式返回数据集中的前 n 个元素
	reduce(func)	通过函数 func（输入两个参数并返回一个值）聚合数据集中的元素
	saveAsTextFile(path)	将数据集生成一个 Text 文件保存到指定目录下

3．RDD 的优势

RDD 的优势如下。

（1）高效容错。RDD 的运算模式通过限制计算粒度换取了高容错和高时效，即只记录粗粒度的转换操作，根据 Lineage 可以重新计算丢失或出错的 RDD，而无须从头重新计算，避免了数据冗余方式的高容错开销。

（2）避免多次磁盘读/写。多个 RDD 操作之间传递的数据一般都可以保存在内存中，而无须持久化到外部存储器。

（3）支持存放 Java 对象。可以避免不必要的对象序列化和反序列化，进一步降低了磁盘读/写开销。

4．RDD 的依赖关系

RDD 的操作决定了 RDD 分区之间的依赖关系，依据 DAG 中各 RDD 之间的依赖关系，可以将 RDD 构成的 DAG 划分成不同的阶段。RDD 的依赖关系分为窄依赖和宽依赖。划分方法为反向解析 DAG，此后遇到窄依赖就把当前的 RDD 加入当前阶段；遇到宽依赖就断开。

（1）窄依赖：一个或多个父 RDD 的分区对应子 RDD 的一个分区。

（2）宽依赖：父 RDD 的一个分区对应子 RDD 的多个分区。

窄依赖、宽依赖关系示意图如图 2-38 和图 2-39 所示。

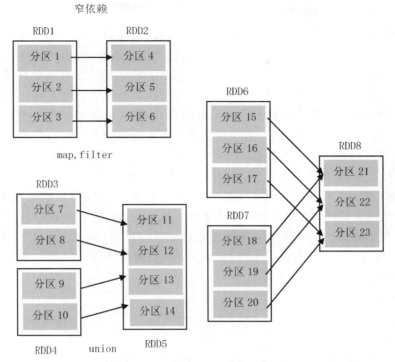

图 2-38 窄依赖关系示意图

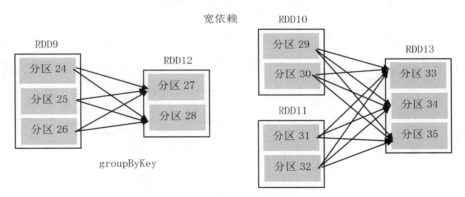

图 2-39 宽依赖关系示意图

　　对于窄依赖而言，一个父 RDD 的分区只可以被一个子 RDD 的分区所使用，但父 RDD 的分区和子 RDD 的分区之间可以是一对一或者多对一的关系。例如，在图 2-38 中，RDD1 是 RDD2 的父 RDD，RDD2 是 RDD1 的子 RDD，RDD1 的分区 1 对应 RDD2 的分区 4；RDD6 和 RDD7 都是 RDD8 的父 RDD，RDD6 的分区 15 和 RDD7 的分区 18 都对应 RDD8 的同一个分区 21。

　　而对于宽依赖而言，一个父 RDD 的分区会被多个子 RDD 的分区所使用，此时父 RDD 的分区和子 RDD 的分区可以是多对多的关系。例如，在图 2-39 中，RDD9 是 RDD12 的父 RDD，RDD9 的分区 24 可以对应 RDD12 中的分区 27 和分区 28；RDD10 和 RDD11 都是 RDD13 的父 RDD，RDD10 的分区 29 和 RDD11 的分区 31 都对应了 RDD13 的所有分区（分区 33、分区 34 和分区 35）。

Spark 的这种依赖关系的设计使得其具有较好的容错性，加快了 Spark 的运行速度。这是因为 RDD 通过这些依赖关系记录了每个 RDD 是如何从其他 RDD 中演变而来的，当这个 RDD 的某些分区丢失时，可以通过与它相关的依赖关系来重新运算并进行回复。同时，由窄依赖和宽依赖的对应关系也可以看出，相比于宽依赖，窄依赖的故障恢复开销更低，当某一分区丢失或出错时，只需要通过其对应父 RDD 的分区重新进行计算即可，不需要计算所有的分区；而宽依赖的重新计算过程会涉及多个父 RDD 分区，加大了计算难度。

了解了 RDD 划分阶段的原则、方法及宽依赖和窄依赖的定义后，图 2-40 所示为 Spark 划分阶段的最高效的方法。假设从 HDFS 中读入数据，生成了 3 个父 RDD（A、C 和 E），通过图 2-40 所述过程计算并得到结果，将结果存储在 HDFS 中。当 Spark 划分阶段时，依据 DAG 中各 RDD 间的依赖关系反向解析 DAG，因为从 A 到 B 的转换和 B 到 G 的转换均为宽依赖，所以从这 2 处断开，可以得到 3 个阶段。在阶段 2 中，作业执行的进度不用受制于最慢节点的速度。例如，从分区 7 到分区 9 完成 map 操作后，不必等待分区 8 到分区 10 完成 map 操作，只需继续完成分区 9 到分区 13 的 union 操作即可。这样一来作业执行的时间开销便大幅度降低了。

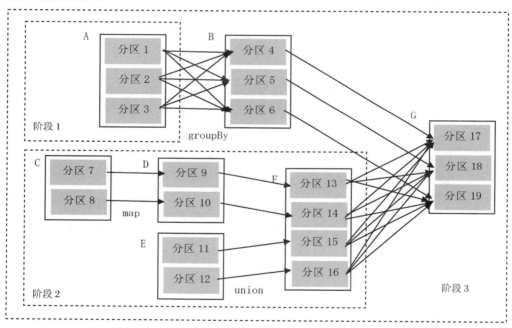

图 2-40　Spark 划分阶段的最高效的方法

5．RDD 的运行过程

通过上述对 RDD 基础知识的相关介绍，下面将对 RDD 在 Spark 中的运行过程做一个总结。RDD 的运行过程如图 2-41 所示。RDD 运行过程的详细图示如图 2-42 所示。

RDD 运行过程的解读如下。

（1）SparkContext 从外部数据源创建 RDD 对象，并根据它们的依赖关系构建 DAG。

（2）DAGScheduler 负责把 DAG 分解成多个阶段，每个阶段中又包含了多个任务，构成任务集合。

（3）TaskScheduler 把阶段中的各个任务分发给各 Worker 上的各 Executor 执行。

基于 RDD 的 Spark 架构具有以下特点。

（1）每个 Spark 应用有一个专属的 Executor，以多线程的方式运行任务。

（2）Spark 运行过程与 ClusterManager 无关。

（3）任务采用"数据本地性""推测执行"等优化机制，尽量使"计算向数据靠拢"。

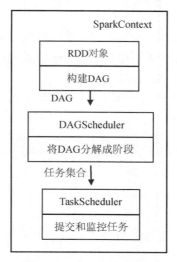

图 2-41　RDD 的运行过程

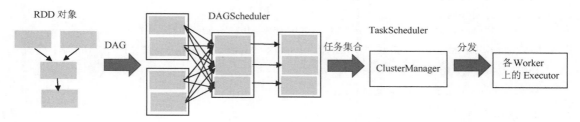

图 2-42　RDD 运行过程的详细图示

这种 Spark 架构的优势体现在计算高效、可靠，易于使用、兼容性高，统一架构、通用性好。缺点体现在不太适合需要异步计算且细粒度的数据更新应用，而且对集群节点内存的要求较高。

2.2.4　Spark 的安装和使用

Spark 支持多种不同类型的安装方式，包括 Standalone（独立安装方式，其他安装方式都属于分布式安装方式）、Spark on Apache Mesos（官方推荐的安装方式）、Spark on Hadoop YARN（基于 YARN，容易与已有的 Hadoop 融合）、Spark on Kubernetes（新增的安装方式）。

其中，Spark on Hadoop YARN 是目前常用的安装方式。首先，Spark 仍无法取代 Hadoop 生态系统中的所有组件（如 Storm）。然后，将应用从 Hadoop 平台转移至 Spark 平台需考虑迁移成本。而且 YARN 统一调度有助提高不同计算框架的运算效率和资源利用率。

1．安装准备

首先，需要选择合适的安装方式，本书将介绍 Spark on Hadoop YARN 安装方式。然后，需要准备运行所需的 Java 环境和 Hadoop 环境，这些工作可以参考 2.1 节的相关内容。注意在本实践操作中，安装 Hadoop 时，需要按照伪分布式模式进行安装。在单台机器上按照 "Hadoop（伪分布式模式）+Spark（Local 模式）" 方式进行 Hadoop 和 Spark 组合环境的搭建，可以较好满足入门级用户的 Spark 学习需求。

2．下载安装

在官方网站中下载 Spark，其中 release 版本更新较快，可选择最新的稳定版本（本书选择的是 Spark 3.0.3 版本）；package 类型建议选择 Pre-build with user-provided Apache Hadoop。

解压安装包后存放至路径/usr/local。

```
$ sudo tar -zxf ~/下载/spark-3.0.3-bin-without-hadoop.tgz -C /usr/local/
```

重命名为 spark 以便于后续引用。

```
$ cd /usr/local
$ sudo mv ./spark-3.0.3-bin-without-hadoop/ ./spark #更改文件夹名
```

将 Spark 的目录权限赋予 hadoop 用户，命令如下。

```
$ sudo chown -R hadoop ./spark #此处的 hadoop 为系统用户名
```

3．环境变量配置

与 Hadoop 类似，Spark 同样支持单机模式、伪分布式模式和分布式模式的运行模式。本书仅介绍单机模式的安装。

复制 Spark 的配置文件模板，命令如下。

```
$ cd /usr/local/spark
$ cp ./conf/spark-env.sh.template ./conf/spark-env.sh #复制配置文件
```

编辑 spark-env.sh 文件（执行 "$ vim ./conf/spark-env.sh" 命令），在该文件中添加如下内容。

```
export SPARK_DIST_CLASSPATH=$(/usr/local/hadoop/bin/hadoop classpath)
```

保存文件后即可完成环境变量配置。

4．测试和使用

Spark 应用开发简便，官方网站上提供了多个应用实例。Spark 支持多种应用开发方式，包括交互式和独立式。其中交互式使用 spark-shell 开发环境（支持 Scala 和 Python 编程语言），独立式使用 Java、Python 等编程语言。

下面以交互式开发为例进行简要介绍。

1）spark-shell 开发环境

首先进入 Spark 安装目录启动 spark-shell，命令如下。

```
$ bin/spark-shell
```

如果启动成功，将看到 "scala>" 的命令提示符。此时各种交互式分析可直接进行，例如：

```
scala> 3+2
```

spark-shell 简单实例如图 2-43 所示。

图 2-43　spark-shell 简单实例

退出 spark-shell 开发环境，命令如下。

```
scala>:quit
```

2）交互式开发

（1）创建 SparkContext 对象作为 Spark 应用的入口（在 spark-shell 启动后会自动创建，名称为 sc）。

（2）由 sc 加载数据文件创建初始的 RDD，这里用 Spark 自带的本地文件 README.md 文件测试。

```
scala > val textFile = sc.textFile("file:///usr/local/spark/README.md")
```

前缀 file 表示指定读取本地文件。

（3）对生成 RDD 进行转换运算和动作运算。

【例 2-1】用户可对 textFile 使用动作 API count()统计该文本文件的行数，代码如下。

```
scala > textFile.count()
```

【例 2-2】用户可同时使用多个 API 进行连续转换，即用如下代码连续进行过滤 filter()和统计 count()的运算。

```
scala>val linesCountWithSpark = textFile.filter(line => line.contains("Spark")).
count()
```

spark-shell 交互式开发实例如图 2-44 所示。

```
scala> val textFile=sc.textFile("file:///usr/local/spark/README.md")
2021-12-13 19:26:08,662 WARN util.SizeEstimator: Failed to check whether UseComp
ressedOops is set; assuming yes
textFile: org.apache.spark.rdd.RDD[String] = file:///usr/local/spark/README.md M
apPartitionsRDD[1] at textFile at <console>:24

scala> textFile.count()
res1: Long = 108

scala> val linesCountWithSpark=textFile.filter(line=>line.contains("Spark")).cou
nt()
linesCountWithSpark: Long = 19
```

图 2-44　spark-shell 交互式开发实例

3）应用的打包和运行

交互式开发可得到实时运行结果。如果需要在生产环境中部署应用，还要对应用进行编译打包。对于 Scala 代码，编译打包工具为 SBT；对于 Java 代码，编译打包工具为 Maven；对于 Python 代码，无须打包。

编译生成的 jar 包可提交至 Spark 运行。

2.3　本章小结

本章介绍了 Hadoop 和 Spark 两个常用开源大数据平台，分别介绍了两者的概况、体系结构和生态系统及两种平台的安装和使用。

Hadoop 作为能够可靠、高效、可伸缩地对海量数据进行分布式处理的分布式计算平台，在许多领域与国内外各个公司都得到了广泛应用，其核心组件为 HDFS 和 MapReduce。但 Hadoop 存在仅仅能满足复杂的批量数据处理需求的缺陷，不能满足基于历史数据的交互式查询、基于实时流数据的处理需求。

Spark 在 Hadoop 原有的基础上进行改动，由于 Spark 基于内存计算框架的特点，使得计算效率得以明显提高，同时也特别适合基于实时流数据的处理。RDD 是 Spark 的核心，是 Spark 能够避免多次磁盘读/写最重要的设计，从而赋予了 Spark 相较于 Hadoop 的优势。

2.4　习题

一、单选题

1．下列关于 Hadoop 的描述，错误的是（　　　）。

　　A．Hadoop 是基于 Java 语言开发的，但应用开发支持 C、C++、Python 等多种编程语言

　　B．Hadoop 中分布式存储和计算都采用 Master/Slave 架构，这种架构最突出的问题是单点故障问题

　　C．在二代 Hadoop 中对 HDFS 架构进行了优化，形成 HDFS HA 和 HDFS Federation

　　D．在二代 Hadoop 中，MapReduce 既负责计算任务，又负责资源管理调度任务

2．下列 Hadoop 生态系统的组件中，用来为各个组件提供分布式协调一致性服务的是（　　　）。

　　A．Pig

　　B．ZooKeeper

　　C．Tez

　　D．HBase

3．集群最主要的瓶颈是（　　　）。

　　A．CPU

　　B．磁盘 I/O

　　C．网络

　　D．内存

二、多选题

1．下列关于 Hadoop 特性的描述，正确的是（　　　）。

　　A．可扩展　　　　B．高可靠　　　　C．高容错

　　D．高成本　　　　E．高效率

2．下列应用场景中适合用 Hadoop 实现的是（　　　），适合用 Spark 实现的是（　　　）。

　　A．个性化产品推荐

　　B．精准广告投放

　　C．银行交易信息存储

　　D．社交网络分析

三、填空题

1．Hadoop 的核心组件包括_____和_____，分别解决大数据的_____和_____两大核心问题。

2．在 HDFS 中，计算机节点分为_____和_____。前者用于存储分割

成块的数据文件，后者用于存储反映数据和存储节点映射关系的元数据。

3．Spark 运行架构包括_____、Driver、_____和 Executor。

4．用户在开发 Spark 应用时，需要编写两部分功能代码，其中一个是实现_____功能的代码，还有一部分是运行在集群中多个 Worker 上的_____代码。

5．Spark 的核心是 RDD，分为两种，分别是_____RDD 和_____RDD。

第3章

HDFS

学习目标

掌握分布式文件系统和 HDFS 的基本原理、HDFS 1.0 的体系结构及存在的问题、HDFS 2.0 的体系结构、HDFS 中冗余数据的保存方式、数据存取策略、文件读/写过程、数据错误与恢复的方式、HDFS 的常用命令，并能对 HDFS 的优缺点进行分析。

学习要点

➙ 分布式文件系统和 HDFS 的基本原理

➙ HDFS 的体系结构及 HDFS 1.0 存在的问题

➙ HDFS 的存储原理

➙ HDFS 的优缺点分析

➙ HDFS 的常用命令

3.1　HDFS 的概述

3.1.1　分布式文件系统

1．分布式文件系统的定义

HDFS 是 Hadoop 中非常重要的组件，它本质上是一个分布式文件系统。要学习 HDFS，首先需要了解分布式文件系统。

分布式文件系统是将文件存储在物理上分布的多个节点上，对这些节点的存储资源进行统一管理和分配，并向用户提供对文件系统目录树进行操作和对文件进行读/写的接口。相对于传统本地文件系统，分布式文件系统最大的特点是通过网络来实现文件在多台主机上的分布式存储。分布式文件系统的设计一般使用"客户端/服务器"模式，由客户端以特定的通信协议通过网络与服务器建立连接，提出文件访问请求。这个过程具体表现为，分布式文件系统提供了文件名到文件存储节点的映射，而对磁盘的定位和读/写则是由传统本地文件系统完成的。传统本地文件系统管理本地的磁盘存储资源，并提供文件到磁盘存储位置的映射，同时抽象出一套文件访问接口供用户使用。

2．分布式文件系统的优点

分布式文件系统解决了许多传统本地文件系统的问题，相较于传统本地文件系统而言，分布式文件系统具有以下优势。

1）解决传统本地文件系统存在的问题

一方面，随着互联网企业的高速发展，这些企业对数据存储的应用需求越来越高，而且应用模式各不相同。例如：淘宝网站后台存储着大量大小较小，但数量巨大的商品图片文件；而类似于 YouTube 和爱奇艺这样的视频服务网站，其后台存储着大量大小很大的视频文件。由于传统本地文件系统在文件数量和文件大小等方面的限制，因而其不能满足互联网企业存储大量小文件和大量大文件的应用需求。尽管存在存储区域网络（Storage Area Network，SAN）能解决大规模数据的存储问题，但价格高昂，而分布式文件系统不仅解决了传统本地文件系统在存储大量小文件和大量大文件方面的限制问题，同时也解决了 SAN 的高成本问题。

另一方面，由于传统本地文件系统在打开文件数量和吞吐量等方面的限制，因而其不能支持多用户、多应用对文件的并行读/写，但分布式文件系统能支持对文件的并行读/写。

2）扩充存储空间的成本低

与之前使用多个处理器和专用高级硬件的并行化处理装置不同的是，当前的分布式文件系统所采用的计算机集群都是由普通硬件构成的，因而其扩充存储空间的成本低。

3）可提供冗余备份

分布式文件系统通过数据的冗余备份使得一个文件可以拥有在不同位置的多个副本，从而提高了数据的容错性和可靠性，保证文件服务在存储文件的某个节点出现问题时能够正常使用。

4）为分布式计算提供基础

分布式文件系统为分布式计算提供了底层的存储设施。分布式计算是研究如何把一个需要大量计算才能解决的问题分成许多小的部分并分配给多台计算机同时处理，并将计算结果综合起来得到最终的结果。常见的分布式计算通常使用世界各地上千万台志愿者计算机的闲置计算能力，通过互联网进行数据传输，可以花费较小的成本来达到计算目标。

3．分布式文件系统的架构

图 3-1 所示为分布式文件系统的架构。

分布式文件系统在物理结构上是由计算机集群中的多个节点构成的，包括名称节点和数据节点。名称节点又称主节点或元数据节点；数据节点又称存储节点。名称节点负责文件和目录的创建、删除、重命名等。文件以文件块的形式存储在多个数据节点上，文件块以本地文件的形式存储在数据节点的本地文件系统中。

客户端可以是各种应用服务器，也可以是终端用户。在存储数据时，客户端将数据写入由名称节点分配的数据节点；而在读取数据时，客户端只有访问名称节点，得到名称节点中存储的数据节点和文件块位置的映射关系，才能够找到文件对应的文件块位置并进行访问。

具体来说，当客户端要读/写文件时，分布式文件系统需要完成以下内容。

（1）向名称节点发送文件的读/写请求。

（2）名称节点返给客户端存储文件块数据节点的位置信息。

（3）客户端从相应的数据节点读取文件块或者向相应的数据节点写入文件块。

（4）数据节点之间通过复制来完成文件块的冗余存储。

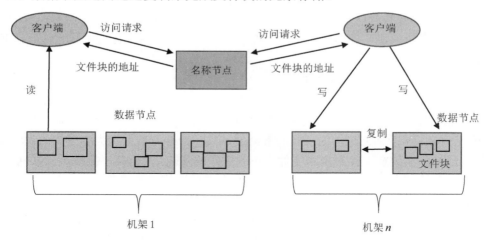

图 3-1　分布式文件系统的架构

4．分布式文件系统体系结构的探讨

1）名称节点的单点故障问题

当名称节点的负载较大时，会出现单点故障问题。通常的解决方案是配置备用名称节点，以便在名称节点发生故障时接管服务。如果有需要，名称节点和备用名称节点之间需要进行数据的同步。

2）去除名称节点的可能性探讨

理论上来说，分布式文件系统可以只由客户端和多个数据节点构成。客户端根据文件名来决定将文件存储在哪个数据节点。但是一旦有数据节点失效时，问题就变得复杂了。客户端并不知道数据节点宕机的消息，故其仍然连接数据节点进行数据的存取，这样就会导致整个系统的可靠性极大地降低，而且完全由客户端来决定文件的分配也是非常不灵活的，它不能根据文件的特性制定不同的分配策略。因而，用户需要知道每个数据节点的状态。

数据节点状态的管理方式可分为分散式和集中式。分散式管理方式是让多个数据节点相互管理。例如，每个数据节点向其他所有数据节点发送"心跳"信息（Heartbeat）。但是这种管理方式的通信开销较大，控制不好容易影响到正常的数据服务，而且实现起来较为复杂。集中式管理方式是通过一个独立的服务器（图 3-1 中的名称节点）来管理数据节点，通过每个数据节点向名称节点汇报状态来达到集中管理的目的，这种管理方式简单而且容易实现。因而，分布式文件系统架构中的名称节点是必不可少的。目前很多分布式文件系统都采用了集中式管理方式，如 Hadoop 的文件系统（HDFS）、Google 的文件系统（GFS）、淘宝的文件系统（TFS）等。

5．分布式文件系统的总结

总的来说，分布式文件系统对大规模数据进行存储的解决方案是将大问题划分为小问题。如果需要存储的文件数量很多，那么可以将大量文件均匀分布到多个数据节点上，每个数据节点上存储的文件数量就变少了。另外，还可通过将多个小文件存储为一个大文件，直至把单个数据节点上存储的文件数量降低到单机能够存储的规模，从而解决了传统文件系统不能存储大量小文件的问题；对于很大的文件，可将大文件划分成多个相对较小的本地文件块，并将文件块分别存储在多个数据节点上，就能解决传统本地文件系统不能存储大量大文件的问题。

3.1.2　HDFS 的简介

本节将从整体上对 HDFS 进行介绍。HDFS 是 Hadoop 的分布式文件系统，并且是 Hadoop 的核心组件之一。HDFS 是使用 Java 实现的、分布式的、可横向扩展的文件系统。

为了实现可靠性，HDFS 将文件划分成多个文件块，并且将文件块复制到多个数据节点上。HDFS 的原理如图 3-2 所示。文件被划分成文件块 1、文件块 2 和文件块 3，并且每个文件块有 3 个备份，分别存储在多个数据节点上。Map 在它们所在的数据节点上处理这些文件块。Map 的输出结果作为 Reduce 的输入，Reduce 对这些输入进行处理，生成以 HDFS 形式存储的最终结果。有关 MapReduce 的内容将在下一章进行讲解。

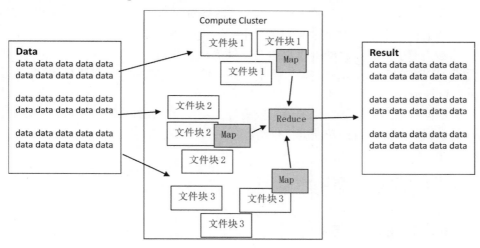

图 3-2　HDFS 的原理

HDFS 被设计成适合运行在通用硬件上的分布式文件系统。它和现有的分布式文件系统有很多共同点，但同时它和分布式文件系统的区别也是很明显的，最根本的区别在于：HDFS 有着高容错的特点，并且被用来部署在廉价的硬件上。这是由于 HDFS 在设计之初就考虑到了实际应用的问题，即在普通服务器集群中硬件出错是一种常态，而非异常情况，因此 HDFS 设计了多种机制以保证在硬件出错时数据仍然能够可用。它提供高吞吐量来访问应用中的数据，适用于那些有着超大数据集的应用。

总的来说，HDFS 具备以下特点。

（1）适用于大数据的存储。

HDFS 的一个典型文件大小一般都在 GB 级甚至 TB 级。HDFS 能够存储大量的大文件，总的存储容量可以达到 PB 级甚至 EB 级。同时，HDFS 能够提供整体较高的数据传输带宽以支持大文件的传输。HDFS 会将一个完整的大文件划分成文件块，并存储到物理位置分布的多个节点上，这样做的好处在于：读取某个文件时可以同时从多个节点读取这个文件的不同文件块，比从单个节点上读取的效率要高得多。

（2）基于廉价的硬件，并能容忍节点出错。

HDFS 可由成千上万的节点组成，每个节点都是廉价通用的硬件。对 HDFS 而言，硬件出错是常态，而非异常情况，因此，错误检测和快速恢复是 HDFS 的核心设计目标。HDFS 能够通过自身持续的状态监控，来快速检测并且恢复失效节点。

（3）能提供简单的一致性模型。

HDFS 的应用适合一次写入、多次读取的访问模式。这种访问模式和传统的文件访问模式不同的地方在于：它不能支持动态改变文件内容，而是要求对文件一次写入后就不能再对文件进行修改，要对文件进行修改也只能在文件末尾添加内容，这简化了数据一致性问题，并且使高吞吐量的数据访问成为可能。MapReduce 应用和网络爬虫应用都非常适合这种模型。

（4）批量读取数据，不适合随机读/写。

HDFS 是为批量读取数据设计的，以流式方式读取数据，具有很高的数据吞吐量，只允许对文件执行追加操作，不能执行随机写操作。

（5）高吞吐量的数据访问并能容忍数据访问的高延迟。

HDFS 能提供高吞吐量的数据访问。相比于数据访问的低延迟，HDFS 的应用要求能够大批量地处理数据，很少有 HDFS 的应用对单一的读/写操作有严格的响应时间要求。

（6）能够为把"计算"移动到"数据"提供基础和便利。

当处理 HDFS 的应用请求时，离它操作的数据越近就越高效，这在数据达到海量级别时更是如此，这样消除了网络的拥堵，并且提高了系统的整体吞吐量。移动计算到离数据更近的位置比将数据移动到离计算更近的位置要更好。实际上，HDFS 提供了接口，以使计算移动到离存储数据的节点更近的位置。

3.2 HDFS 的体系结构

3.2.1 HDFS 1.0 的体系结构

总体而言，HDFS 1.0 的体系结构和前面介绍的分布式文件系统的架构相同，也是采用了主从结构模型来构建分布式存储服务，这种结构的好处在于：提高了 HDFS 的可扩展性并且简化了结构设计。HDFS 将文件分块存储，优化了存储的粒度。名称节点负责统一管理所有数据节点；数据节点以块为单位存储实际的数据；读/写文件时，客户端直接和数据节点进行交互。

图 3-3 所示为 HDFS 1.0 的体系结构。

一个 HDFS 1.0 集群包括：一个名称节点和若干个数据节点。HDFS 将文件进行分块，并将文件块存储在多个数据节点上。名称节点作为中心服务器，它负责管理文件系统的命名空间及客户端对文件的访问。HDFS 的命名空间包括目录、文件和块。HDFS 使用的是传统的分级文件结构，因此，用户可以像使用普通文件系统一样创建、删除目录和文件，在目录间移动文件，重命名文件等。在 HDFS 1.0 的体系结构中只有一个命名空间，并且只有唯一的名称节点，由名称节点负责对这个唯一的命名空间进行管理。

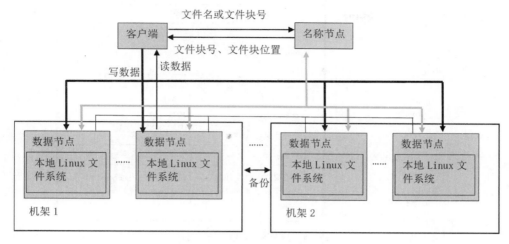

图 3-3　HDFS 1.0 的体系结构

对于 HDFS 1.0 集群中的数据节点而言，一般是一个节点运行一个数据节点进程。它负责处理客户端的读/写请求，并且在名称节点的统一调度下进行文件块的创建、删除和复制等操作。每个数据节点上存储的文件块实际上是以本地文件的形式保存在本地文件系统中的。

客户端要读取或写入某个文件或文件块时，会向名称节点发送要访问文件的文件名或要访问文件块的文件块号。名称节点将文件名或文件块号的位置信息返给客户端。客户端直接从相应的数据节点上读取或写入文件或文件块。

客户端是用户操作 HDFS 最常用的方式。HDFS 在部署时都提供了客户端。HDFS 的客户端是一个库，它提供了 HDFS 的接口，这些接口隐藏了 HDFS 实现中的复杂细节。客户端可以进行打开、读取、写入等常见的操作，并且提供了类似 Shell 的命令行方式来访问 HDFS 中的数据。此外，HDFS 也提供了 Java API，作为应用访问文件系统的客户端编程接口。

1. 客户端、名称节点和数据节点的通信方式

HDFS 是一个部署在集群上的分布式文件系统，因此，很多数据需要通过网络进行传输。

实际上，所有的 HDFS 通信协议都是构建在 TCP/IP 协议基础之上的。客户端通过一个可配置的端口向名称节点主动发起 TCP 连接，并且使用客户端协议和名称节点进行交互；名称节点和数据节点之间使用数据节点协议进行交互；客户端和数据节点通过远程过程调用（Remote Procedure Call，RPC）请求进行交互。名称节点不会主动发起 RPC 请求，而是响应来自客户端和数据节点的 RPC 请求。

2. HDFS 1.0 的主要组件

HDFS 1.0 的主要组件如图 3-4 所示。HDFS 1.0 的主要组件包括：文件块、文件、名称节点、数据节点。名称节点在内存中存储元数据。元数据主要用来保存文件名、文件块号和数据节点之间的映射关系。例如，文件 File 包含文件块 Blk A、文件块 Blk B 和文件块 Blk C。其中，文件块 Blk A 存储在数据节点 DN1、DN5 和 DN6 上，文件块 Blk B 存储在数据节点 DN7、DN1 和 DN2 上，文件块 Blk C 存储在数据节点 DN5、DN8 和 DN9 上。数据节点在本地磁盘上存储文件内容，并且维护了文件块号和本地文件之间的映射关系。

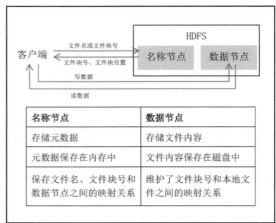

图 3-4　HDFS 1.0 的主要组件

1）文件块

HDFS 中一个文件被划分成多个块，以块作为存储单位。对于 Hadoop 1.0 而言，每个文件块的默认大小为 64MB，而对于 Hadoop 2.0 而言，每个文件块的默认大小为 128MB。相对于普通文件系统中的文件块，HDFS 中的文件块要更大，其好处为可以降低文件的寻址开销。

HDFS 采用块存储的好处有以下几点。

（1）能支持大文件存储。文件以块为单位进行存储，一个大文件可以被拆分成若干个文件块，不同的文件块可以被分发到不同的数据节点上。因此，一个文件的大小不会受到单个数据节点存储容量的限制，它可以远远大于集群中任意数据节点的存储容量。

（2）简化了系统设计。首先，简化了存储管理，因为文件块的大小是固定的，这样就可以很容易地计算出一个数据节点可以存储多少文件块；然后，将管理文件块和管理文件的功能分开，HDFS 只负责对文件块进行管理，而管理文件的功能由本地文件系统来完成；最后，方便了元数据的管理，元数据不需要和文件块一起存储，而是由名称节点对其进行管理。

（3）有利于数据复制，方便容错。每个文件块在不同节点上复制（一般副本数量为三，保存在三个不同的节点上），大大提高了系统的容错性和可用性。

2）文件

文件的元数据、每个文件块的列表、文件块所在的数据节点等信息存储在名称节点上。文件块数据、文件块数据的校验和存储在数据节点的本地文件系统上。用户可以创建、删除、移动或重命名文件。当文件创建、写入和关闭之后不能再修改文件的内容，并且严格限制任意时刻都只能有一个写用户。

3）名称节点

名称节点负责管理文件系统的命名空间，并维护文件系统树及整棵树中所有文件和目录的元数据，这些信息以两种文件形式保存在本地磁盘上，即命名空间镜像（FsImage）和操作日志（EditLog）。

FsImage 存储文件系统的命名空间。命名空间即文件系统树中所有文件和目录的元数据。其中，文件的元数据包括：文件包含哪些块、文件的每个块保存在哪些数据节点上（在数据节点启动时上报）、文件的修改时间、文件的访问时间、文件的所有者和权限等。目录的元数据包括：目录的修改时间、目录的访问权限控制信息等。元数据在名称节点启动后会加载到内存。因而，名称节点需要较大的内存，而且创建大量小文件会快速消耗名称节点的内存，所以这也是 HDFS 不适合存储大量小文件的原因。FsImage 是元数据的一个永久性检查点，它将元数据序列化后保存在本地磁盘上，但并不是每次对内存中元数据的更新都会更新本地磁盘上的文件，这是因为 FsImage 是一个大文件，频繁的磁盘 I/O 会使系统运行变得极为缓慢。

EditLog 中记录了对文件系统树中目录和文件的更新操作，如创建、删除、移动目录或文件等操作。

4）数据节点

数据节点负责处理 HDFS 中客户端的读/写请求，它在名称节点的统一调度下完成文件块的创建、删除和复制。文件块在数据节点上是以本地文件系统的文件形式存储在磁盘上的，它包括两个文件：一个是数据本身，另外一个是元数据（文件块的长度、文件块数据的校验和、时间戳）。数据节点启动后会向名称节点注册，注册成功后，它会向名称节点定期发送所存储块的列表。数据节点通过向名称节点定期发送"心跳"信息与其保持通信（如每 3s 一次）。如果名称节点在一段时间内（如 10min）没有收到数据节点发送的"心跳"信息，它会认为这个数据节点已经不可用了，这时，它会复制它所存储的文件块到其他数据节点上。在名称节点向数据节点发送的"心跳"信息返回结果中包含了名称节点发送给该数据节点的命令，如复制文件块到另外一个数据节点，或者删除某个文件块。

3.2.2　HDFS 2.0 的体系结构

1. HDFS 1.0 体系结构存在的问题

通过上一节的介绍可以发现，HDFS 1.0 的体系结构存在以下问题。

（1）单一名称节点存在单点故障问题。

（2）名称节点维护的单一命名空间无法实现资源隔离的问题。

2. HDFS 2.0 体系结构的新特征

相比于 HDFS 1.0 的体系结构，HDFS 2.0 的体系结构实现的性能有 HDFS HA，即 HDFS 的高可用性；HDFS Federation，即 HDFS 联邦。HDFS HA 可以解决单一名称节点存在的单点故障问题，而 HDFS Federation 可以解决名称节点维护的单一命名空间无法实现资源隔离的问题。

1）HDFS HA

HDFS HA 的体系结构如图 3-5 所示。HDFS HA 的集群中设置了活跃名称节点和待命名称节点。这两个名称节点之间的状态同步可以借助于共享存储系统来实现。一旦活跃名称节点出现故障，可以立即切换到待命名称节点。ZooKeeper 确保了任何时刻有一个名称节点在对外提供服务。名称节点维护了文件、文件块和数据节点之间的映射关系，数据节点同时向两个名称节点汇报自己保存的文件块信息。

HDFS HA 是热备份，它提供了高可用性，并且解决了 HDFS 1.0 中存在的单点故障问题，但是它不能解决 HDFS 1.0 中存在的不能水平扩展、系统整体性能受限于单个名称节点的吞吐量、单个名称节点难以提供不同应用之间隔离性的问题，而 HDFS Federation 能解决这些问题。

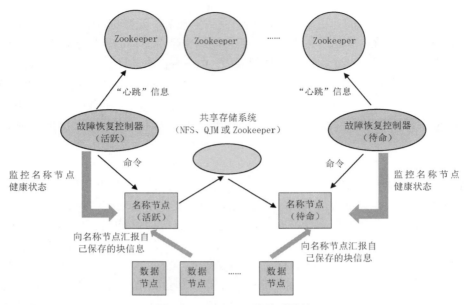

图 3-5　HDFS HA 的体系结构

2）HDFS Federation

HDFS Federation 的体系结构如图 3-6 所示。在 HDFS Federation 中，设计了多个相互独立的名称节点，这种设计使得 HDFS 的命名服务能够水平扩展。这些名称节点分别对各自的命名空间和文件块进行管理，它们之间是联盟关系，彼此之间不需要协调，并且向后兼容。在 HDFS Federation 中，所有名称节点共享底层数据节点的存储资源，数据节点向所有名称节点汇报自己保存的文件块信息。属于同一命名空间的文件块构成一个"块池"。由图 3-6 可知，属于命名空间 1 的文件块构成块池 1，属于命名空间 k 的文件块构成块池 k，属于命名空间 n 的文件块构成块池 n，这 n 个名称节点共享底层的 m 个数据节点的存储资源。

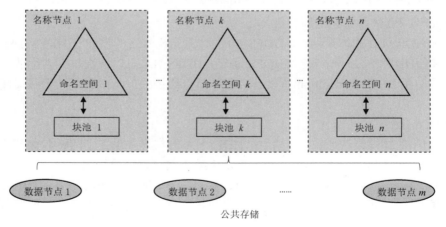

图 3-6　HDFS Federation 的体系结构

HDFS Federation 的访问方式如图 3-7 所示。对于 HDFS Federation 中的多个命名空间，可以采用客户端挂载表的方式进行数据的共享和访问。用户可以通过访问不同的挂载表来访问不同的命名空间。每个命名空间通过挂载到全局挂载表中，实现数据的全局共享。而将命名空间挂载到个人挂载表中，就成为应用可见的命名空间。

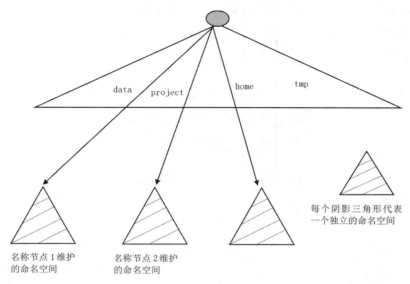

图 3-7　HDFS Federation 的访问方式

总的来说，HDFS Federation 具有以下优点。

（1）它具有水平可扩展性。多个名称节点各自分管一部分元数据，这样，使得 HDFS 存储的文件数量更多，不再像 HDFS 1.0 那样，由于单一名称节点的内存限制了其存储的文件数量。

（2）它的性能更高效。多个名称节点各自管理不同的数据，并且同时对外提供服务，可以为用户提供更高的读/写吞吐量。

（3）它具有良好的隔离性。用户可以根据需要将不同的业务数据交给不同的名称节点进行管理，这样，不同业务之间的影响很小。需要注意的是，HDFS Federation 中的每个名称节点都存在单点故障问题，因而，需要为每一个名称节点都部署一个备用名称节点，以降低名称节点不可用后对业务产生的影响。

3.3　HDFS 的存储原理

本节将从冗余数据保存、数据存取策略、文件读/写过程、数据错误与恢复方面探讨 HDFS 的存储原理。

3.3.1　冗余数据保存

作为一个分布式文件系统，为了保证系统的容错性和可用性，HDFS 采用了多副本方式对数据进行冗余保存。通常一个文件块的多个副本会被分布到不同的数据节点上。冗余数据保存如图 3-8 所示。文件 foo 被划分成 3 个文件块：文件块 1、文件块 2 和文件块 4。其中，文件块 1 被存储在数据节点 A 和数据节点 C 上，文件块 2 被存储在数据节点 A 和数据节点

B 上，文件块 4 被存储在数据节点 A 和数据节点 C 上。文件 bar 被划分成 2 个文件块：文件块 3 和文件块 5。其中，文件块 3 被存储在数据节点 B 和数据节点 C 上，文件块 5 被存储在数据节点 A 和数据节点 B 上。这种多副本方式存储的优点在于：提高了数据的传输速度，并且容易检查数据的错误，同时保证了数据的可靠性。

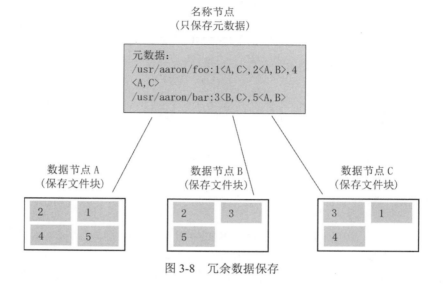

图 3-8　冗余数据保存

3.3.2　数据存取策略

1.　数据存储

文件块的副本放置策略如图 3-9 所示。假设某个文件块有 3 个副本：块 1、块 2 和块 3，数据节点 1、2、3 在机架 1 上，数据节点 4、5、6 在机架 2 上。块 1 放在上传文件的数据节点上，如果是在集群外提交任务，那么可将其放置在随机选择的磁盘不太满、并且 CPU 不太忙的数据节点上。在图 3-9 中，块 1 放在了数据节点 1 上；块 2 放在和块 1 不同机架的数据节点上，在图 3-9 中，它放在了数据节点 4 上；块 3 放在和块 1 相同机架的其他数据节点上，在图 3-9 中，它放在了数据节点 2 上。如果有更多的副本，那么就随机选择集群中的某个数据节点进行存储。

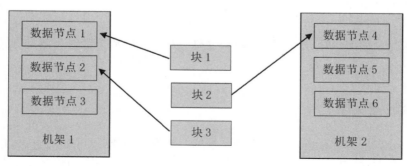

图 3-9　文件块的副本放置策略

2．数据读取

HDFS 提供了一个 API 可以确定某个数据节点所属的机架 ID。当客户端读取数据时，它可从名称节点获得文件块不同副本存放位置的列表，列表中包含了副本所在数据节点的位置信息。客户端可以通过调用 API 来确定它和这些数据节点所属的机架 ID，当机架 ID 不同但某个文件块副本所在数据节点对应的机架 ID 和客户端对应的机架 ID 相同时，客户端就优先选择从该副本所在的数据节点上读取数据；否则就随机选择一个副本所在的数据节点读取数据。

3.3.3　文件读/写过程

1．读文件的过程

读文件的过程如图 3-10 所示。

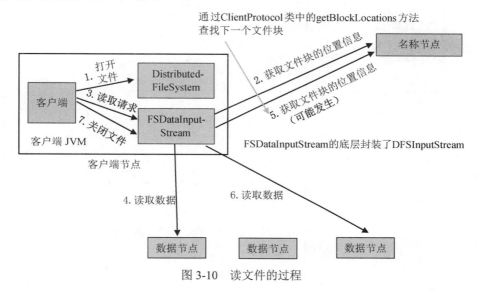

图 3-10　读文件的过程

（1）打开文件。客户端会先调用 DistributedFileSystem 类中的 open 方法来打开文件，这个方法会调用底层的 ClientProtocol 类中的 open 方法，以返回用于读取文件块的输入流 FSDataInputStream。

（2）从名称节点获取数据节点的地址。通过调用 ClientProtocol 类中的 getBlockLocations 方法从名称节点获取该文件起始文件块的位置信息。对于这个文件块，名称节点会返回保存该文件块所有数据节点的位置信息，并且根据距离客户端的远近进行排序。

（3）连接数据节点读取数据。客户端发送读取请求，在获得 FSDataInputStream 后通过调用 read 函数来读取数据。当 FSDataInputStream 的底层封装了 DFSInputStream，并根据前面的排序结果选择距离客户端最近的数据节点建立连接时，客户端开始读取数据。

（4）当达到一个文件块末尾时，先调用 ClientProtocol 类中的 getBlockLocations 方法从名称节点获取下一个文件块的位置信息，并建立和存储这个文件块的数据节点中最邻近数据节点之间的连接，然后，继续读取数据，将文件块从数据节点读到客户端。当数据读取完成时，FSDataInputStream 会关闭和这个数据节点的连接。

（5）当客户端读取数据时，保存该文件块数据的数据节点很有可能出现异常，也就是无法读取数据，这时，DFSInputStream 会切换到另一个保存了该文件块副本的数据节点，并从这个数据节点上读取数据。文件块的应答包不仅包含了文件块，还包含了校验值。客户端在收到文件块的应答包时，会对数据进行校验。如果校验错误，即数据节点上这个文件块副本出现了损坏，那么客户端会通过 ClientProtocol 类中的 reportBadBlocks 方法向名称节点汇报这个损坏的文件块副本，同时 DFSInputStream 会尝试从其他数据节点上读取这个文件块的数据。

（6）当文件的所有文件块数据读取完成后，客户端会关闭该文件。

2. 写文件的过程

写文件的过程如图 3-11 所示。

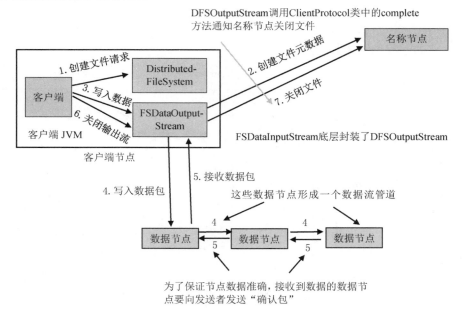

图 3-11　写文件的过程

（1）客户端通过调用 DistributedFileSystem 类中的 create 方法发送创建文件的请求。

（2）在名称节点的文件系统树中创建新文件，并且创建文件的元数据。名称节点会执行一些检查（如文件是否存在、客户端的权限）。此外，将创建新文件的操作记录到 EditLog 中，同时返回一个 FSDataOutputStream。FSDataOutputStream 底层对 DFSOutputStream 进行了封装。

（3）客户端会根据返回的 FSDataOutputStream 输出流对象，调用 write 方法写入数据。

（4）数据被拆分成一个个的分包，分包被放入 DFSOutputStream 的内部队列。DFSOutput-Stream 向名称节点申请保存文件块的若干数据节点，这些数据节点形成一个数据流管道。DFSOutputStream 内部队列中的分包被打包成数据包发送到数据流管道中的第一个数据节点，第一个数据节点将数据包发送到第二个数据节点，以此类推，形成"流水线复制"。每当数据节点成功接收一个文件块时，数据节点会向名称节点汇报，名称节点会由此更新内存中文件块和数据节点的对应关系。

（5）为了保证数据的准确性，接收到数据包的数据节点要向发送者发送"确认包"。"确认包"沿着数据流管道逆流而上，经过各个数据节点最终到达客户端。客户端在确认所有数据节点已经被写入了这个数据包后，就会从对应的缓存队列中删除这个数据包。

（6）写操作完成后，客户端会关闭输出流。

（7）DFSOutputStream 调用 ClientProtocol 类中的 complete 方法，并通知名称节点关闭文件。

3.3.4　数据错误与恢复

HDFS 具有很好的容错性，并且可以兼容廉价的硬件，它把硬件出错视为一种常态，而不是异常，并且设计了相应的机制来检测数据的错误，同时能进行自动恢复。HDFS 需要处理的出错情况主要包括名称节点出错、数据节点出错和数据出错。

1. 名称节点出错

当名称节点出错时，名称节点的两个核心文件（FsImage 和 Editlog）如果发生损坏，那么整个 HDFS 将失效。因此，HDFS 设置了备份机制，将这些核心文件同步复制到第二名称节点上。当名称节点出错时，系统会根据第二名称节点中 FsImage 和 Editlog 的内容进行恢复。

2. 数据节点出错

每个数据节点会通过定期向名称节点发送"心跳"消息，向名称节点报告自己的状态。当数据节点发生故障或者网络发生断网时，名称节点就无法收到来自某些数据节点发送的"心跳"消息，此时，这些数据节点就会被名称节点标记为"宕机"，节点上的所有数据都会被标记为"不可读"，名称节点不会给它们发送任何 I/O 请求。这时，有可能出现由于某些数据节点的不可用，导致一些文件块的副本数量小于冗余因子的情况。名称节点会定期检查这种情况，一旦发现某个文件块的副本数量小于冗余因子，就会启动数据的冗余复制，为这个文件块生成新的副本。可以说，HDFS 和其他分布式文件系统的最大区别就在于可以调整冗余数据的位置。

3. 数据出错

网络传输和磁盘错误等因素都会造成数据出错。客户端在读取到数据后，会采用 MD5 算法和 SHA1 算法对文件块进行校验，以确认读取到正确的数据。在文件被创建时，客户端就会对每个文件块进行信息摘要，并且把这些信息摘要写入同一个路径的隐藏文件中。当客户端读取文件块数据时，会先读取信息摘要文件，然后，基于信息摘要文件对读取数据进行校验。如果校验出错，客户端就会请求到另一个数据节点上读取这个文件块副本上的数据，并且向名称节点汇报这个文件块有错误，名称节点会定期检查并且重新复制该文件块。

3.4　HDFS 的优缺点分析

1. HDFS 的优点

HDFS 的优点如下。

（1）HDFS 可构建在廉价的硬件上，它的硬件成本低。

（2）HDFS 提供了高容错性。通过多副本提高可靠性，数据自动保存为多个副本；并且提供了容错机制和恢复机制，当副本丢失后，可自动恢复。

（3）HDFS 适合批处理应用。

（4）HDFS 适合大规模数据的存储。能支持 GB、TB 级甚至 PB 级的数据、百万级别以上的文件数量。

2．HDFS 的缺点

HDFS 的缺点如下。

（1）不适合低延迟的数据访问。这是因为 HDFS 的寻址时间长，从而导致访问延迟长。

（2）HDFS 无法高效存储大量小文件。这是因为名称节点的内存存储了元数据，文件的数量会受到名称节点内存容量的限制，并且对小文件而言，寻址时间超过了读取时间。

（3）不支持多用户并发写入和任意修改文件，即不支持多用户对同一文件进行写操作。写操作只能在文件末尾完成，也就是追加操作，但不能支持对文件的随机修改。

3.5 HDFS 的常用命令

本节将介绍 Linux 操作系统中一些与 HDFS 文件操作相关的常用命令，并介绍 HDFS 的 Web 网页查看与管理及使用 Hadoop 提供的 Java API 如何进行与文件相关的操作。

1．HDFS 的 Shell 命令

HDFS 的 Shell 命令可以在 HDFS 中完成一些对文件的常规操作，如上传、下载、复制和查看文件信息等。

HDFS 的 Shell 命令方式有以下几种。

（1）hadoop fs [genericOptions] [commandOptions]。

（2）hadoop dfs [genericOptions] [commandOptions]。

（3）hdfs dfs [genericOptions] [commandOptions]。

fs 命令是 HDFS 最常用、最基本的命令，这是一个高度类似 Linux 操作系统的命令。hadoop fs 适用于操作任何不同的文件系统，如本地文件系统和 HDFS。而 hadoop dfs、hdfs dfs 都只适用于 HDFS。

hadoop fs 部分命令如下。

```
hadoop fs -ls <path> //显示目标路径当前目录下的所有文件
hadoop fs -ls -R <path> //上一命令的递归显示（深度优先）
hadoop fs -cat <path> //内容标准输出
hadoop fs -du <path> //显示所有文件的大小
hadoop fs -mv <src> <dst> //将文件或目录移动到目标目录
hadoop fs -cp <src> <dst> //将文件或目录复制到目标目录
hadoop fs -rm <path> //删除指定文件（不能删除文件夹）
hadoop fs -rm -R <path> //删除指定文件夹及内部所有文件
hadoop fs -expunge //清空回收站
hadoop fs -put <localsrc> <dst> //从本地文件系统中上传到 HDFS 中
hadoop fs -moveFromLocal < localsrc> <dst> //和上一命令类似，但是本地文件系统中的文件会被
删除
hadoop fs -get [-ignorecrc] [-crc] <src> <localdst> //将文件复制到本地文件系统
hadoop fs -getmerge [-nl] <src> <localdst> //将目录中的文件排序合并写入，文件之间以换行符
分隔
```

```
hadoop fs -text <path> //将指定文件输出为文本格式
hadoop fs -mkdir [-p] <paths> //创建文件夹
hadoop fs -setrep [-R] <path> //改变指定文件的副本数量
hadoop fs -touchz <path> //创建指定空文件夹
hadoop fs -test -[ezd] <path> //检查文件或文件夹的相关信息
hadoop fs -stat [format] <path> //以指定格式返回路径相关信息
hadoop fs -tail [-f] <path> //在终端上标准输出指定文件最后1KB内容
hadoop fs -chgrp [-R] group <path> //改变指定文件所属的组
hadoop fs -chown [-R] [owner] [:[group]] <path> //改变指定文件所有者
hadoop fs -chmod [-R] <mode> <path> //改变指定文件权限为<mode>
hadoop fs -help [cmd] //查看帮助信息
```

hadoop dfs、hdfs dfs 的命令与 hadoop fs 类似，下面以 hdfs dfs 为例介绍一些常用的命令。

```
hdfs dfs -ls [-d] [-h] [-R] <path> //列出HDFS下载的文件
hdfs dfs -put [-f] [-p] < localsrc> <dst> //上传文件
hdfs dfs -get [-p] [-ignoreCrc] [-crc] < src> <localdst> //复制文件到本地文件系统中
hdfs dfs -rm [-f] [-r|-R] [-skipTrash]<src> //删除文件
hdfs dfs -cat [-ignoreCrc] <src> //查看文件
hdfs dfs -mkdir [-p] <path> //建立目录
hdfs dfs -copyFromLocal [-f] [-p] //复制文件
hdfs dfsadmin -report [-live] [-dead][-decommissioning] //查看HDFS基本统计信息
hdfs dfsadmin -safemode leave //退出安全模式
hdfs namenode -format //格式化HDFS
```

此外，启动 HDFS 和关闭 HDFS 的命令如下。

```
start-dfs.sh //启动HDFS
stop-dfs.sh //关闭HDFS
```

2. HDFS 的 Web 网页

配置好 Hadoop 集群后，可以通过 Web 网页来完成各种指令功能。具体表现为，用浏览器登录 http://[NameNodeIP]:9870 来访问 HDFS。例如，当完成本地机器上 Hadoop 集群的伪分布式模式安装后，可以登录 http://localhost:9870 查看文件系统相关信息。HDFS 的 Web 网页如图 3-12 所示。

通过这个 Web 网页，用户可以查看当前文件系统中各个节点的分布信息，浏览名称节点上的存储、登录等日志，下载某个数据节点上的某个文件。而 Web 网页提供的功能可以等价于 Hadoop 提供的 Shell 命令或者 Java API。例如，$ hadoop fs -ls 命令意为查看目录，此命令可以通过 Web 网页的 Utilities-Browse the filesystem 来实现。而用户使用 Web 网页访问 HDFS 不仅可以查看当前 HDFS 的目录列表、每个目录的相关信息，包括访问权限、最后修改时间、目录大小等，还可以查看文件的信息、该文件每个文件块所在的数据节点。HDFS 的存储方式使查看其文件信息不如传统本地文件系统那么方便，但 Web 网页给用户提供了一种更加方便、直观地查看 HDFS 文件信息的方法。

3. HDFS 与 Java API

Hadoop 是基于 Java 语言开发的，提供了 Java API 与 HDFS 进行交互。上面介绍的 Shell 命令，本质上就是 Java API 的运用，在执行此命令时实际上会被系统转换成 Java API 调用。

用户可以登录 Hadoop 官方网站，查看官方提供的完整的 Hadoop API 文档。

HDFS 主要使用的 Java API 如表 3-1 所示。

图 3-12　HDFS 的 Web 网页

表 3-1　HDFS 主要使用的 Java API

名　　称	作　　用
org.apache.hadoop.fs.FileSystem	一个文件系统对象，可以用该对象的一些方法来对文件进行操作，所有可能使用 Hadoop 文件系统的代码都要用到这个类
org.apache.hadoop.fsFileStatus	向客户端展示系统中文件和目录的元数据，具体包括文件大小、文件块大小、副本信息、所有者、修改时间等
org.apache.hadoop.fs.FSDataInputStream	文件输入流，读取 Hadoop 文件
org.apache.hadoop.fs.FileDataOutputStream	文件输出流，写 Hadoop 文件
org.apache.hadoop.conf.Configuration	访问配置项，封装了客户端或者服务器的配置
org.apache.hadoop.fs.Path	表示 Hadoop 文件系统中的文件或者目录的路径
org.apache.hadoop.fs.PathFilter	判断是否接收路径 path 表示的文件或目录

在实践中，常常使用 Eclipse 来编写程序。在 Linux 操作系统中安装 Eclipse，只需要在 Eclipse 官方网站下载对应的安装包，通过命令行解压后存放到/usr/local/下即可。

使用 Java API 可以访问 HDFS 并对文件进行操作，接下来将通过实例来介绍如何对文件进行操作。

（1）使用 Java API 完成创建文件夹、显示文件列表、上传文件和下载文件的操作。

使用的 Java API 包括：org.apache.hadoop.fs.FileSystem、org.apache.hadoop.fsFileStatus、org.apache.hadoop.conf.Configuration、org.apache.hadoop.fs.Path。

① 创建文件夹，代码如下。

```
public static void createFolder(){
        //定义一个配置对象
            Configuration conf=new Configuration();
try{
                //通过配置信息得到文件系统的对象
                FileSystem fs=FileSystem.get(conf);
                //在指定的路径下创建文件夹
                Path path=new Path("/yunpan");
                fs.mkdirs(path);
}catch(IOException e){
                e.printStackTrace();
}
}
```

② 显示文件列表，代码如下。

```
public static void listFile(Path path){
        Configuration conf=new Configuration();
            try{
                FileSystem fs=FileSystem.get(conf);
                //将指定路径下的所有文件元数据放到一个 FileStatus 数组中
                FileStatus[] fileStatusArray=fs.listStatus(path);
                for(int=0;i<fileStatusArray.length;i++){
                    FileStatus fileStatus=fileStatusArray[i];
                    if(fileStatus.isDirectory()){
                        System.out.println("当前路径是："+fileStatus.getPath());
                        listFile(fileStatus.getPath());
                    }else{
                        System.out.println("当前路径是："+fileStatus.getPath());
                    }
                }catch(IOException e){
                    e.printStackTrace();
                }
}
```

③ 上传文件，代码如下。

```
public static void uploadFile (){
                Configuration conf=new Configuration();
                try{
                    FileSystem fs=FileSystem.get(conf);
                    //定义文件的路径和上传路径
                    Path src=new Path("e://upload.doc");
                    Path dest=new Path("/yunpan/upload.doc");
                    //从本地上传文件到服务器上
                    fs.copyFromLocalFile(src,dest);
                }catch(IOException e){
                    e.printStackTrace();
                }
}
```

④ 下载文件，代码如下。

```
public static void downloadFile (){
            Configuration conf=new Configuration();
            try{
                FileSystem fs=FileSystem.get(conf);
                //定义文件的路径和下载路径
                Path src=new Path("/yunpan/upload.doc");
                Path dest=new Path("e://upload.doc");
                //从服务器下载文件到本地
                fs.copyFromLocalFile(src,dest);
            }catch(IOException e){
                e.printStackTrace();
            }
}
```

（2）使用 HDFS 常用 Java API 的综合实例。

使用的 Java API 包括：org.apache.hadoop.conf.Configuration 和 org.apache.hadoop.fs.*。

假设在目录"hdfs://localhost:9000/user/hadoop"下有几个文件，分别是 file1.txt、file2.txt、file3.txt、file4.abc 和 file5.abc，这里需要从该目录中过滤出所有后缀名不是".abc"的文件，对过滤之后的文件进行读取，并将这些文件的内容合并到 hdfs://localhost:9000/user/hadoop/merge.txt 文件中。

首先，用户需要启动 Hadoop。执行如下命令。

```
$ cd /usr/local/hadoop
$ ./sbin/start-dfs.sh  #启动 Hadoop
```

其次，用户需要建立/user/hadoop 文件夹，并且建立需要的文件。使用命令行界面进行操作，具体内容如下。

首次使用 HDFS 时，在 HDFS 中为 hadoop 用户创建一个用户目录，命令如下。

```
$ ./bin/hdfs dfs -mkdir -p /user/hadoop
```

如果本步出现报错，只需要编辑/usr/local/hadoop/etc/hadoop 下的 hadoop-env.sh 文件、yarn-env.sh 文件即可，加入以下内容。

```
export HADOOP_COMMON_LIB_NATIVE_DIR=${HADOOP_PREFIX}/lib/native
export HADOOP_OPTS="-Djava.library.path=$HADOOP_PREFIX/lib"
```

用户可使用从本地文件系统向 HDFS 中上传文件的方法来添加建立的文件。

使用 vim 编辑器，在本地 Linux 操作系统的"/home/hadoop/"目录下创建一个文件 file1.txt，在文件中输入以下内容。

```
This is file1.
```

再次，用户可以使用如下命令把本地文件系统的"/home/hadoop/file1.txt"上传到 HDFS 中的当前用户目录下，也就是上传到 HDFS 的"/user/hadoop/"目录下。

```
$ hdfs dfs -put /home/hadoop/file1.txt hdfs://localhost:9000/user/hadoop
```

最后，使用 ls 命令查看文件是否成功上传到 HDFS 中，具体如下。

```
$ hdfs dfs -ls hdfs://localhost:9000/user/hadoop
```

用户可以用同样方法添加剩余文件，注意实例中要求的文件后缀。

完成上述步骤后，用户就可以使用 Eclipse 来进行编程了，执行如下命令启动 Eclipse。

```
$ cd /usr/local/eclipse-installer
$ ./eclipse-inst
```

新建一个 Java 工程，按照提示进行设置，添加以下要使用的 jar 包。

①　"/usr/local/hadoop/share/hadoop/common"目录下的所有 jar 包，包括 hadoop-common-3.1.3.jar、hadoop-common-3.1.3-tests.jar、haoop-nfs-3.1.3.jar 和 haoop-kms-3.1.3.jar，注意，不包括目录 jdiff、lib、sources 和 webapps。

②　"/usr/local/hadoop/share/hadoop/common/lib"目录下的所有 jar 包。

③　"/usr/local/hadoop/share/hadoop/hdfs"目录下的所有 jar 包，注意，不包括目录 jdiff、lib、sources 和 webapps。

④　"/usr/local/hadoop/share/hadoop/hdfs/lib"目录下的所有 jar 包。

在 Eclipse 工作界面左侧的"Package Explorer"面板中右击刚才创建好的"HDFSExample"，选择"New-Class"选项，在"Name"文本框中输入"MergeFile"，其他参数采用默认设置，单击"Finish"按钮。

Eclipse 会自动创建一个名为"MergeFile.java"的源代码文件，在该文件中输入以下代码。

```
import java.io.IOException;
import java.io.PrintStream;
import java.net.URI;
import org.apache.hadoop.conf.Configuration;
import org.apache.hadoop.fs.*;

/**
 * 过滤掉文件名满足特定条件的文件
 */
class MyPathFilter implements PathFilter {
    String reg = null;
    MyPathFilter(String reg) {
        this.reg = reg;
    }
    public boolean accept(Path path) {
       if (!(path.toString().matches(reg)))
          return true;
       return false;
    }
}
/***
 * 利用 FSDataOutputStream 和 FSDataInputStream 合并 HDFS 中的文件
 */
public class MergeFile {
    Path inputPath = null; //待合并的文件所在目录的路径
    Path outputPath = null; //输出文件的路径
    public MergeFile(String input, String output) {
       this.inputPath = new Path(input);
       this.outputPath = new Path(output);
    }
    public void doMerge() throws IOException {
       Configuration conf = new Configuration();
       conf.set("fs.defaultFS","hdfs://localhost:9000");
       conf.set("fs.hdfs.impl","org.apache.hadoop.hdfs.DistributedFileSystem");
       FileSystem fsSource = FileSystem.get(URI.create(inputPath.toString()), conf);
       FileSystem fsDst = FileSystem.get(URI.create(outputPath.toString()), conf);
            //过滤掉输入目录中后缀为 .abc 的文件
       FileStatus[] sourceStatus = fsSource.listStatus(inputPath,
            new MyPathFilter(".*\\.abc"));
       FSDataOutputStream fsdos = fsDst.create(outputPath);
```

```
        PrintStream ps = new PrintStream(System.out);
        //分别读取过滤之后的每个文件的内容,并输出到同一个文件中
        for (FileStatus sta : sourceStatus) {
            //打印后缀不为.abc 的文件的路径、文件大小
            System.out.print("路径: " + sta.getPath() + "    文件大小: " + sta.getLen()
                    + "  权限: " + sta.getPermission() + "  内容:");
            FSDataInputStream fsdis = fsSource.open(sta.getPath());
            byte[] data = new byte[1024];
            int read = -1;

            while ((read = fsdis.read(data)) > 0) {
                ps.write(data, 0, read);
                fsdos.write(data, 0, read);
            }
            fsdis.close();
        }
        ps.close();
        fsdos.close();
    }
    public static void main(String[] args) throws IOException {
        MergeFile merge = new MergeFile(
                "hdfs://localhost:9000/user/hadoop/",
                "hdfs://localhost:9000/user/hadoop/merge.txt");
        merge.doMerge();
    }
}
```

输入完成后,如果没有启动 HDFS,那么打开一个 Linux 终端,用户可通过执行如下命令启动 HDFS。

```
$ cd /usr/local/hadoop
$ ./sbin/start-dfs.sh
```

运行程序,在快捷按钮处单击"Run As- Java Application"按钮,编译运行上述代码。
用户返回 HDFS 查看生成的 merge.txt 文件,并在 Linux 终端中执行如下命令。

```
$ cd /usr/local/hadoop
$ ./bin/hdfs dfs -ls /user/hadoop
$ ./bin/hdfs dfs -cat /user/hadoop/merge.txt
```

HDFS 的 Java API 实例运行结果如图 3-13 所示。

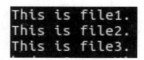

图 3-13　HDFS 的 Java API 实例运行结果

3.6　本章小结

本章介绍了分布式文件系统和 HDFS 的基本原理、体系结构、存储原理、优缺点及常用命令。

HDFS 是 Hadoop 中非常重要的组件,本质上是一个分布式文件系统,是使用 Java 实现的、分布式的、可横向扩展的文件系统。HDFS 2.0 通过 HDFS HA 和 HDFS Federation 解决

了 HDFS 1.0 中存在的单一名称节点存在单点故障和名称节点维护的单一命名空间无法实现资源隔离的问题。HDFS 的存储原理包括冗余数据保存、数据存取策略、文件读/写过程、数据错误与恢复。

尽管 HDFS 具有成本低、高容错、适合批处理和大规模数据的优势，但仍然存在不适合低延迟的数据访问和无法高效存储大量小文件的缺陷，同时也不支持用户并发写入、修改数据。

3.7　习题

一、单选题

1. 以下关于 HDFS 的特点描述错误的是（　　）。
   - A．提供了统一的访问接口
   - B．只能有一个名称节点
   - C．分块存储增强了数据访问的并行性
   - D．实现了数据的冗余存储
2. 采用客户端读取 HDFS 存储的数据时，以下描述正确的是（　　）。
   - A．读取的数据需来自同一个数据节点，以避免数据的不一致性
   - B．编程接口提供了隔离性，使用户无须深入了解 HDFS 便可以进行文件数据读/写
   - C．客户端需要详细了解 HDFS 的文件组织结构
   - D．在访问前需要了解具体文件存储在哪个数据节点上
3. 以下不是分布式文件系统的是（　　）。
   - A．FAT
   - B．GFS
   - C．HDFS
   - D．NFS
4. 以下负责 HDFS 数据存储的是（　　）。
   - A．名称节点
   - B．JobTracker
   - C．数据节点
   - D．第二名称节点
5. HDFS 中每个文件块的副本数量默认是（　　）。
   - A．3
   - B．2
   - C．1
   - D．不确定
6. Hadoop 2.0 中每个文件块的默认大小是（　　）。
   - A．16MB
   - B．32MB
   - C．64MB
   - D．128MB
7. 以下关于第二名称节点的描述，正确的是（　　）。
   - A．它是名称节点的热备份
   - B．它对内存没有要求
   - C．它的目的是帮助名称节点合并编辑日志，缩短名称节点的启动时间
   - D．第二名称节点应和名称节点部署到一个节点上
8. 以下不属于名称节点功能的是（　　）。
   - A．提供文件块定位服务
   - B．保存文件块并汇报文件块信息
   - C．保存元数据
   - D．元数据在启动后会加载到内存

二、多选题

1. 在 HDFS 的名称节点中，存储的有关核心数据包括（　　）。
   - A．注册表
   - B．EditLog
   - C．文件系统树
   - D．所有数据备份

2．以下关于客户端上传文件的描述正确的是（　　　）。

    A．数据经过名称节点传递给数据节点

    B．客户端将文件以块为单位，以管道方式依次传到数据节点

    C．客户端只上传数据到一个数据节点，并由名称节点负责文件块的复制工作

    D．当某个数据节点失败时，客户端会将数据传给其他数据节点

三、判断题

1．如果名称节点意外终止，第二名称节点会接替它使集群继续工作。　　　　（　　　）

2．名称节点负责管理元数据，客户端每次发送读/写请求，名称节点都会从磁盘中读取或者写入元数据并反馈给客户端。　　　　（　　　）

3．名称节点的本地磁盘保存了文件块的位置信息。　　　　（　　　）

4．因为数据节点要存储数据，所以它的磁盘越大越好。　　　　（　　　）

5．因为 HDFS 有多个副本，所以名称节点是不存在单点故障问题的。　　　　（　　　）

6．HDFS 中的文件块大小是不可修改的。　　　　（　　　）

7．HDFS 适合低延迟的数据访问。　　　　（　　　）

8．Hadoop 1.0 和 Hadoop 2.0 都具备完善的 HDFS HA 策略。　　　　（　　　）

第 4 章
MapReduce 并行编程模型

 **学习目标**

掌握分布式并行编程和 MapReduce 的基本原理、MapReduce 的体系结构、MapReduce 的工作流程，并通过 MapReduce 的实例分析，掌握 MapReduce 的设计思路和实现方法，同时能对 MapReduce 的优缺点进行分析。

学习要点

↘ 分布式并行编程的基本原理

↘ MapReduce 的基本原理

↘ MapReduce 的体系结构

↘ MapReduce 的工作流程

↘ MapReduce 的实例分析

↘ MapReduce 的编程实践

↘ MapReduce 的优缺点分析

4.1 MapReduce 的概述

4.1.1 分布式并行编程

1. 数据处理性能瓶颈与分布式并行编程的提出

1）大规模数据处理性能瓶颈

由于内存容量相对于磁盘容量而言很小，因此大规模的数据只能存储在磁盘上，在读写数据时，需要进行磁盘的读写操作。当进行大规模数据处理时，大量读写操作会占用大量的时间。因此，磁盘读写的速度就成为大规模数据处理的性能瓶颈。

2）分布式并行编程

对于如何解决磁盘读写速度慢的问题，一个很简单的提高读取速度的方法是同时从多个磁盘上读取数据。试想一下，当用户拥有 100 个磁盘，每个磁盘存储 1%的数据。如果对它们并行读取，那么用户读完所有数据的时间不超过 2 分钟。写入的过程也同样可以应用并行处理来提高处理效率。

分布式并行编程的提出就是为了解决大规模数据处理的性能瓶颈。分布式程序运行在大规模计算机集群上，充分利用集群的并行处理能力，通过大量廉价服务器并行执行大规模数据处理任务，以获得海量的计算能力。

2．MapReduce 相对传统 HPC 并行计算框架的优势

MapReduce 是 Google 研究提出的一种面向大规模数据处理的并行计算模型和方法，其相对于传统 HPC（High Performance Computing，高性能计算）并行计算框架有如下优势。

（1）在集群架构和容错性方面，传统 HPC 并行计算框架基本采用共享式集群架构（共享内存/共享存储），会导致数据集中存储，从而造成 I/O 传输瓶颈。此外，由于集群中各个组成部分紧耦合，依赖关系较紧密，因而集群的容错性较差。而 MapReduce 的非共享式集群架构避免了大量数据的传输，提高了处理效率，同时，MapReduce 通过采用复制策略保证了较好的容错性。

（2）在硬件、价格和可扩展性方面，传统 HPC 并行计算框架采用刀片服务器、高速网、SAN 等价格昂贵的设备，若想提高框架的性能，通常采取纵向扩展的方式，即采用更快的CPU、增加刀片、增加内存、扩充磁盘等，但受硬件本身的限制，这种扩展方式不能支撑长期的计算扩展并且升级费用也很昂贵。而 MapReduce 只需要普通的 PC（Personal Computer，个人计算机）就可以进行计算，价格相对便宜，并且有更好的横向可扩展性。

（3）在编程和学习的难度方面，传统 HPC 并行计算框架是 what-how 模式，编程时不仅需要考虑要做的事情"what to do"，还需要考虑程序执行的细节"how to do"，因此编程和学习难度较高；而 MapReduce 是 what 模式，不需要考虑程序执行的细节，编程和学习难度较低。

（4）在适用场合方面，传统 HPC 并行计算框架适用于进行实时、细粒度和计算密集型的计算；而 MapReduce 适用于进行批处理、非实时、数据密集型的计算。

MapReduce 与传统 HPC 并行计算框架的对比如表 4-1 所示。

表 4-1　MapReduce 与传统 HPC 并行计算框架的对比

项　　目	传统 HPC 并行计算框架	MapReduce
集群架构/容错性	共享式（共享内存/共享存储）、容错性较差	非共享式、容错性较好
硬件/价格/可扩展性	刀片服务器、高速网、SAN、价格贵、可扩展性差	普通 PC、便宜、可扩展性好
编程/学习难度	what-how、学习难度较高	what、学习难度较低
适用场合	实时、细粒度、计算密集型	批处理、非实时、数据密集型

4.1.2　MapReduce 的简介

1．"分而治之"的策略

MapReduce 采用的是"分而治之"的策略。一个存储在分布式文件系统中的大规模数据集，会被切分成很多独立的分片（Split），这些分片可以被多个 Map 任务并行处理。MapReduce

会为每个 Map 任务输入一个分片，并将 Map 任务的结果输入 Reduce 任务，由 Reduce 任务输出最后的结果并进行写入。因此，MapReduce 所处理的数据集应当满足可以被切分为分片，且每个分片可以完全并行处理。

2．"计算向数据靠拢"的设计思想

MapReduce 设计的重要思想就是"计算向数据靠拢"，而不是"数据向计算靠拢"。这是因为移动数据需要大量的网络传输开销，当数据量非常大时这种开销就更为高昂，移动计算比移动数据更加经济。在这一设计思想的基础上，MapReduce 会尽量将 Map 程序（计算节点）和存储节点放在一起或就近运行，以降低数据移动产生的开销。

3．良好特性与大规模数据离线处理优势

MapReduce 具有易于编程的特点，what 模式的计算框架使开发人员不需要掌握分布式并行编程的细节，就可以很容易把自己的程序运行在集群上，以完成海量数据的计算，并且 MapReduce 具有良好的可扩展性和高容错性，适合 PB 级以上规模海量数据的离线处理。

4．MapReduce 与关系型数据库的比较

不使用关系型数据库进行批量分析的原因是寻址速度的提高远远慢于传输速度的提高。寻址是将磁头移动到特定的磁盘位置，以便进行读写操作的过程，它是导致磁盘操作延迟的主要原因。而传输速度取决于磁盘的带宽。如果数据的访问模式中包含大量的磁盘寻址，那么相对于流数据访问模式，读取大量数据所花的时间会更长，这是因为流数据读取所需时间主要取决于传输速度。

另外，如果数据库系统只更新一小部分数据，那么传统的 B 树更有优势，但当数据库系统更新大量数据时，B 树的效率要比 MapReduce 低得多，因为需要使用"排序和合并"操作来维护 B 树。

实际上，用户可将 MapReduce 视为关系型数据库的补充。下面，将从数据规模、访问方式、更新方式、结构、完整性和横向可扩展性方面对关系型数据库和 MapReduce 进行比较。

1）数据规模

关系型数据库所能支持的数据规模通常为 GB 级，而 MapReduce 所能支持的数据规模可达到 PB 级，即 MapReduce 可以支持更大体量的数据处理。

2）访问方式

MapReduce 适合于批处理的访问方式，而关系型数据库适合于交互式和批处理的访问方式。

3）更新方式

MapReduce 适合一次写入、多次读取数据的应用；而当数据集被索引后，关系型数据库能够提供低延迟的数据检索和快速少量数据的更新。因而，关系型数据库更适合多次读写的应用。

4）结构

结构即它们所操作数据的结构化程度。数据按结构分类可分为结构化数据、半结构化数据和非结构化数据。结构化数据是具有指定格式的实体化数据，如满足特定预定义格式的数据表，这是关系型数据库包含的内容；而半结构化数据比较松散，虽然可能有格式，但经常被忽略，其格式取决于对数据具体的解释方式，如 XML、JSON；非结构化数据没有什么特

别的内部结构，如纯文本或图像数据。

MapReduce 更适合处理非结构化或半结构化数据，因为 MapReduce 输入的键和值并不是数据固有的属性，在处理数据时由数据分析人员对数据进行选择和解释，因而其结构是动态模式；而关系型数据库需要事先定义数据的结构，因而其结构是静态模式。

5）完整性

关系型数据库的数据通过主键、外键、用户定义的约束条件等来保证数据的高完整性；而 MapReduce 的数据没有结构，因而完整性较低。

6）横向可扩展性

MapReduce 是一种线性可伸缩的编程模型，开发人员只需编写 Map 函数和 Reduce 函数（这些函数无须关注数据集和集群的规模）就可以将其原封不动地应用到小规模或大规模数据集上。如果输入的数据量是原来的两倍，那么程序的运行时间也需要两倍，但是如果集群规模是原来的两倍，程序的运行速度仍然和原来一样快，即 MapReduce 有着较高的线性可扩展性；而关系型数据库不具备这样的线性可扩展性。

MapReduce 与关系型数据库的对比如表 4-2 所示。

表 4-2 MapReduce 与关系型数据库的对比

项　　目	关系型数据库	MapReduce
数据规模	GB 级	PB 级
访问方式	交互式和批处理	批处理
更新方式	多次读写	一次写入多次读取
结构	静态模式	动态模式
完整性	高	低
横向可扩展性	非线性	线性

4.1.3 Map 函数和 Reduce 函数

Map 函数和 Reduce 函数是 MapReduce 的核心。用户只需要关注如何实现 Map 函数和 Reduce 函数就能处理各种并行编程中的问题。Map 函数和 Reduce 函数都是以<key, value>（键值对）作为输入，按照一定的映射关系将输入的<key, value>转化成另一个或多个<key, value>并进行输出的函数。

1. Map 函数

Map 函数输入<$k1, v1$>，输出 List(<$k2, v2$>)。

对于输入的元素（分片），Map 函数会将其转换成<key, value>。

Map 函数输入/输出的例子如下。

输入：<行号，"$a\ b\ c$">。

输出：<"a", 1>、<"b", 1>、<"c", 1>。

即对于输入的<行号，"$a\ b\ c$">，Map 函数将其转换成由三个<key, value>构成的集合<"a", 1>、<"b", 1>、<"c", 1>。其中，Map 函数输出的结果称为计算的中间结果。

2. Reduce 函数

Reduce 函数输入<$k2$, List($v2$)>，输出<$k3, v3$>。

Reduce 函数将输入的一组有相同 key 的<key, value>以某种方式组合起来，并输出处理后的<key, value>。

Reduce 函数输入/输出的例子如下。

输入：<"*a*",<1,1,1>>。

输出：<"*a*", 3>。

可以看出，Reduce 函数将集合<1,1,1>中的 3 个 1 进行了相加。

4.2　MapReduce 的体系结构

4.2.1　MapReduce 1.0 体系结构的总体框架

MapReduce 1.0 采用了主/从架构，包括一个主节点和若干个从节点。主节点上运行 JobTracker，从节点上运行 TaskTracker（任务跟踪器）。图 4-1 所示为 MapReduce 1.0 体系结构的总体框架。它由 Client、JobTracker、TaskTracker 和 Task 组成。其中，JobTracker 和 TaskTracker 分别对应于 HDFS 中的名称节点和数据节点。

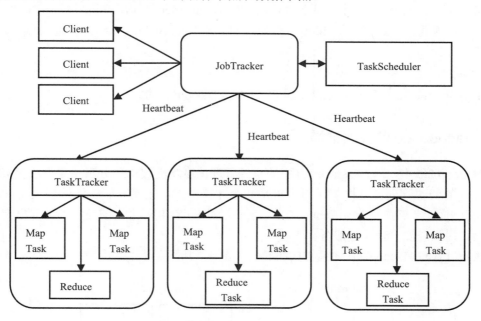

图 4-1　MapReduce 1.0 体系结构的总体框架

1. Client

用户通过 Client 将编写的 MapReduce 程序提交到 JobTracker，并通过 Client 提供的接口查视 Job 的运行状态。

2. JobTracker

JobTracker 的作用主要包括资源监控、资源分配、状态监控、作业调度。

（1）JobTracker 会监控所有 TaskTracker、Job 和 Task 的状态。当 JobTracker 发现某个 TaskTracker 出现故障，就将其上的所有 Task 调度到其他节点上运行；当 JobTracker 发现某

个 Task 失败，就将这个 Task 转移到其他节点上运行。

（2）JobTracker 会跟踪 Task 的运行进度和资源使用量等信息，并将这些信息告诉 TaskScheduler。TaskScheduler 会在资源出现空闲时，选择合适的 Task 去使用这些资源。

（3）JobTracker 会给 TaskTracker 下达命令，如启动 Task、提交 Task、终止 Task、终止 Job、重新初始化。如果 JobTracker 出现故障，那么整个集群将变得不可用。

3．TaskTracker

TaskTracker 是 JobTracker 和 Task 之间的桥梁，采用 RPC 协议在 TaskTracker 与 JobTracker、Task 之间进行通信。

（1）TaskTracker 会接收 JobTracker 发送过来的命令并执行相应的操作，如提交 Task、启动新 Task、运行 Task、终止 Task 等。

（2）TaskTracker 会将本地节点上的状态信息通过 Heartbeat 周期性地发送给 JobTracker。这些状态信息包括机器级别信息（如节点健康情况、资源使用情况）和 Task 级别信息（如 Task 的运行进度、Task 的运行状态）。

（3）TaskTracker 还会使用 Slot（任务槽）等量划分节点上的资源量（如 CPU、内存等）。一个 Task 获取到一个 Slot 后才有机会运行，而 TaskScheduler 的作用就是将每个 TaskTracker 上的空闲 Slot 分配给 Task 使用。Slot 分为 Map Slot 和 Reduce Slot，分别提供给 Map Task 和 Reduce Task 使用。

4．Task

Task 分为 Map Task 和 Reduce Task，均由 TaskTracker 启动。

4.2.2　Hadoop 2.0 的体系结构

在 Hadoop 2.0 中，MapReduce 1.0 中的资源管理调度功能被单独分离出来形成 YARN，成为了纯粹的资源管理调度框架，而不再是一个计算框架。被剥离了资源管理调度功能的 MapReduce 框架就变成了 MapReduce 2.0，它是运行在 YARN 之上的纯粹的计算框架，由 YARN 为其提供资源管理调度服务。

Hadoop 1.0 与 Hadoop 2.0 体系结构的对比如图 4-2 所示。

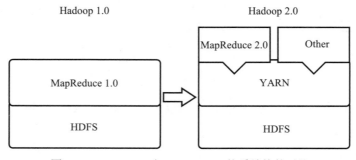

图 4-2　Hadoop 1.0 与 Hadoop 2.0 体系结构的对比

4.2.3　MapReduce 的容错性

MapReduce 具有很好的容错性，即使集群中的一个或多个节点失效，MapReduce 都可以正常运行，完成作业或者应用。那么，MapReduce 是通过怎样的机制保证其容错性的呢？本章将通过以下故障情况阐述 MapReduce 的容错机制。

1．JobTracker 故障

在 MapReduce 1.0 中，由于只有一个节点是 JobTracker，因此会存在 JobTracker 单点故障问题，即一旦单一的 JobTracker 出现故障，整个集群将变得不可用。

MapReduce 作为一个计算框架，由于其计算过程是可以重现的，所以即使某次计算中出现了 JobTracker 故障情况，只需要进行重启并重新提交作业，就可以继续进行计算过程。此外，JobTracker 出现故障的概率较低，不会影响到应用的运行。

在 MapReduce 2.0 中，单点故障问题已经得到了解决。MapReduce 1.0 中的 JobTracker 和 TaskTracker 被 ResourceManager（资源管理器）、ApplicationMaster（任务调度器）和 NodeManager（节点管理器）取代。JobTracker 的主要功能（资源管理和任务调度/监控）被分配到单独的组件 ResourceManager、ApplicationMaster 上。新的 ResourceManager 会管理所有应用计算资源的分配，而每个应用的 ApplicationMaster 会负责相应的调度和协调，以解决因为存在集中处理点而导致的 JobTracker 单点故障问题。

2．TaskTracker 故障

TaskTracker 会周期性地向 JobTracker 发送"心跳"信息。如果 TaskTracker 在一定的时间内没有向 JobTracker 发送"心跳"信息，JobTracker 就会认为该 TaskTracker 失效，并把这个 TaskTracker 上面所有的任务调度到其他 TaskTracker 上运行。因此即使一个甚至多个 TaskTracker 失效，也可由 JobTracker 调度任务到其他 TaskTracker 上进行处理，不会影响应用的运行。

3．任务故障

Map 任务和 Reduce 任务在运行时可能会出现故障（如发生内存超出或磁盘问题）。但因为 TaskTracker 会把每个 Map 任务和每个 Reduce 任务的运行状态汇报给 JobTracker，而 JobTracker 一旦发现某个任务出现故障，就会通过 TaskTracker 把该任务调度到其他节点上运行，所以某个任务出现故障不会影响应用的运行。

4.3　MapReduce 的工作流程

4.3.1　MapReduce 工作流程的概述

MapReduce 的工作流程如图 4-3 所示。

在图 4-3 中，文件首先被划分成 5 个大小相等的分片：分片 0 到分片 4。一个 Map 任务会对应处理一个分片，其输出结果经过 Shuffle 后会成为 Reduce 任务的输入。Reduce 任务生成输出并保存在 HDFS 文件中。

需要指出的是，所有的底层通信都是通过 MapReduce 自身去完成的。不同的 Map 任

务并行执行，它们之间不会发生任何的信息交换；不同的 Reduce 任务也是并行执行，它们之间也不会发生任何的信息交换。因此，用户基于 MapReduce 编写程序时，无须自己处理底层的信息交换。

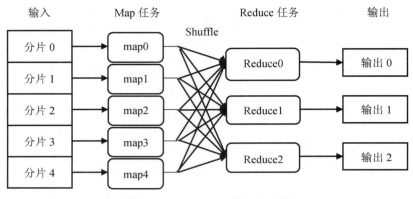

图 4-3　MapReduce 的工作流程

4.3.2　MapReduce 的执行过程

1．MapReduce 执行过程的概述

图 4-4 所示为 MapReduce 的执行过程。

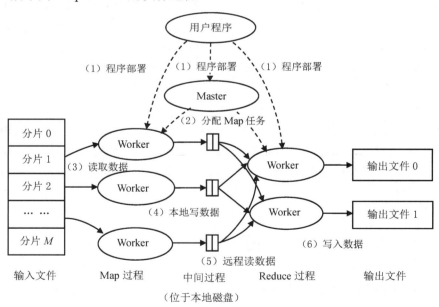

图 4-4　MapReduce 的执行过程

（1）用户编写的 MapReduce 程序会被系统分发部署到集群中的若干节点上，其中一个节点作为 Master（主控）节点，其余节点作为 Worker（工作）节点。

（2）用户将作业提交给主控进程 Master 节点，Master 节点负责分配系统中空闲的 Worker 节点分别处理 Map/Reduce 任务，并监控各个 Worker 节点的工作状态。

（3）数据分片被分配给处理 Map 任务的 Worker 节点后，Worker 节点开始读取数据并进行处理。在这一过程中，Worker 节点尽可能读取本地或者同一机架上的数据，以实现"计算向数据靠拢"的设计思想，减少集群中数据的通信量及降低移动开销。

（4）每个处理 Map 任务的 Worker 节点对读取的数据进行处理，根据一定的映射关系生成一批新的<key, value>作为中间结果，并且将中间结果写在本地磁盘而非 HDFS 文件中。同时，处理完 Map 任务的 Worker 节点通知 Master 节点该 Map 任务处理完成，并告知 Master 节点中间结果的存储位置。

（5）Master 节点等待所有处理 Map 任务的 Worker 节点完成任务后，开始启动处理 Reduce 任务的 Worker 节点运行。处理 Reduce 任务的 Worker 节点根据 Master 节点记录的中间结果的各个分区的存储位置，远程读取它所负责分区中的中间结果。

（6）Reduce 任务读取来自各个 Map 任务输出的中间结果后执行归并操作，通过调用 Reduce 函数产生输出并存储到 HDFS 文件中，即获得整个 MapReduce 的运行结果。

2．MapReduce 各执行过程的具体解析

MapReduce 各执行过程示意图如图 4-5 所示。

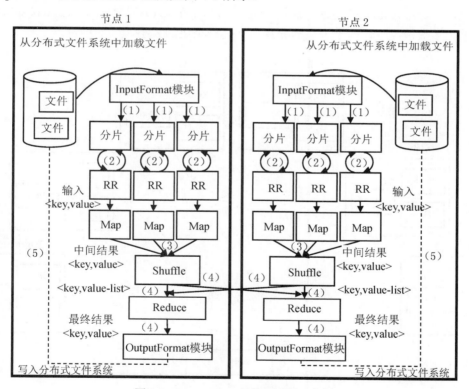

图 4-5　MapReduce 各执行过程示意图

（1）MapReduce 使用 InputFormat 模块进行输入文件的预处理，如验证输入格式是否符合输入定义等，验证完成后将输入文件划分为逻辑上的多个分片。

（2）因为分片是逻辑切分而不是物理切分，所以需要通过 RR（RecordReader）根据分片中的信息来处理分片中的具体记录，加载数据并转换为适合 Map 任务读取的<key, value>，并输入给 Map 任务。

（3）每个 Map 任务会根据用户自定义的映射关系，输出一系列的<key, value>作为中间结果。为了让 Reduce 任务可以并行处理 Map 任务的输出结果，需要对 Map 任务的输出结果执行分区、排序、合并（Combine）、归并等操作，得到<key, value-list>形式的中间结果，并交给对应的 Reduce 任务进行处理。从无序的<key, value>到有序的<key, value-list>，这个过程称为 Shuffle。

（4）Reduce 任务以一系列中间结果作为输入，执行用户定义的逻辑，并且将输出结果输入给 OutputFormat 模块。

（5）OutputFormat 模块会验证输出结果是否已经存在及输出结果类型是否符合配置文件中的配置类型，如果两项验证都满足，那么输出 Reduce 任务的结果到 HDFS 文件。

对分片的说明如下。

HDFS 以固定大小的块为基本单位存储数据，而对于 MapReduce 而言，其处理的基本数据单位是分片。分片是一个逻辑概念，它并没有对文件进行实际切割，只包含一些元数据信息，如数据的起始位置、数据长度、数据所在节点等。用户可以自己决定分片的划分方法。分片概括示意图如图 4-6 所示。在图 4-6 中一个分片的大小为 1.5 个块的大小。分片大小的范围可以在 mapred-site.xml 中通过属性 mapred.min.split.size 和属性 mapred.max.split.size 进行设置。大多数情况下，一个理想的分片大小是一个块的大小。

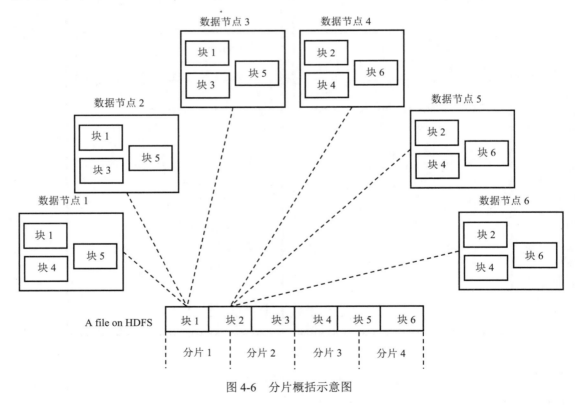

图 4-6　分片概括示意图

对任务个数的说明如下。

Hadoop 为每个分片创建一个 Map 任务，分片的个数决定了 Map 任务的个数，而最优 Reduce 任务的个数取决于集群中可用的 Reduce 任务槽的个数。通常设置比任务槽个数稍微少一些的 Reduce 任务，这样可以预留出一些系统资源以处理可能发生的错误，如当某个 Reduce 任务槽发生错误，可以将分配给该任务槽的 Reduce 任务分配给其他 Reduce 任务槽处理。

4.3.3　Shuffle 过程详解

Shuffle 的本意是洗牌、混洗，即把一组有规则的数据尽量打乱成无规则的数据。在 MapReduce 中，Shuffle 是指将 Map 端的无规则输出按指定的规则"打乱"成具有一定规则的数据，以便 Reduce 端接收和处理。

Shuffle 过程所处位置是从 Map 任务输出后到 Reduce 任务接收前，具体可以分为 Map 端和 Reduce 端。在 Shuffle 过程开始之前，也就是在 Map 过程，MapReduce 对要处理的数据执行分片操作，并为每个分片分配一个 Map 任务，Map 函数会对每个分片中的每一行数据进行处理以得到中间结果，该中间结果将被输入 Shuffle 过程。因此，Shuffle 过程的作用是处理 Map 过程得到的中间结果。

1．Shuffle 过程的介绍与实例分析

Shuffle 过程示意图如图 4-7 所示。

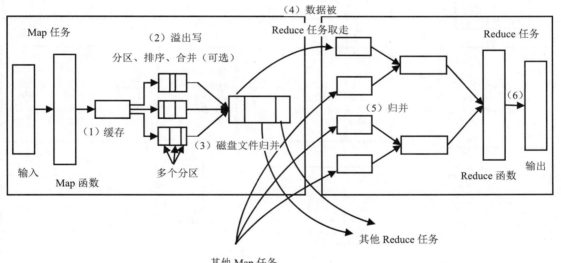

图 4-7　Shuffle 过程示意图

（1）Map 任务输出的中间结果被序列化成字节数组，写入 Map 任务所在节点（以下简称 Map 节点）的环形内存缓冲区（默认大小为 100MB）。中间结果写入环形内存缓冲区而不是直接写入磁盘是因为频繁的磁盘 I/O 操作会大大降低系统的效率。

（2）当写入的数据量比例达到预先设置的阈值后（该阈值默认为 0.80/80%，可通过属性 mapreduce.map.io.sort.spill.percent 进行设置），就会启动溢出写线程，即将环形内存缓冲区中的数据按轮询方式溢出写到磁盘的临时文件中。在写入磁盘之前，要先执行分区操作，然后在分区内按照 key 进行排序，并执行可选的合并操作。

（3）当整个 Map 任务完成溢出写后，对磁盘中该 Map 任务产生的所有临时溢出写文件

执行归并操作，以生成最终的正式输出文件。此时的归并是将所有临时溢出写文件中的相同分区合并到一起，并对每个分区中的数据进行一次排序，生成 key 和对应的 value 列表。文件归并时，如果临时溢出写文件数量超过预先设置的阈值（默认为 3）时，可以再次执行合并操作。这一操作完成后，Map 端的 Shuffle 过程结束。

（4）等待 Reduce 过程来拉取数据。对于 Reduce 端的 Shuffle 过程来说，在 Reduce 任务执行之前要从当前 MapReduce 作业中每个 Map 任务的输出结果中，不断拉取它所负责分区的中间结果。

（5）对从不同 Map 任务输出结果中拉取过来的数据做归并处理，最后归并成一个分区相同的大文件，对这个文件中的<key, value>按照 key 进行排序，排好序之后进行分组，并将分组完成后的文件交给 Reduce 任务处理。

（6）Reduce 过程生成最终的输出结果。

图 4-8 所示为 Shuffle 过程实例。图中<k, v>为<key, value>的简写。

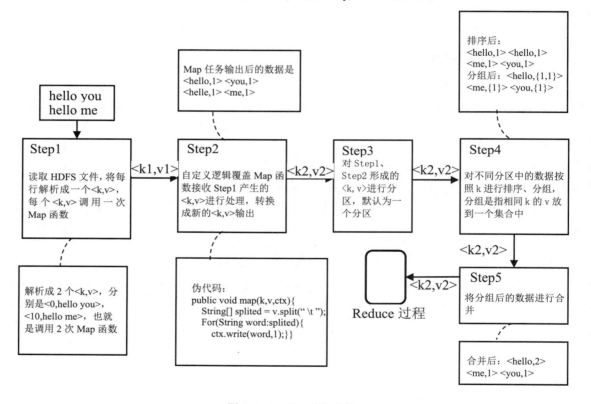

图 4-8 Shuffle 过程实例

（1）读取 HDFS 文件的分片，将每行解析成一个<k, v>，并对每个<k, v>调用一次 Map 函数。在图 4-8 中，某分片的内容如下。

"hello you
hello me "

将以上内容解析成<0, hello you>和<10, hello me>，其中，0 和 10 代表这行的首字母相对于该分片起始处的偏移。

（2）调用自定义 Map 函数分别对输入的\<k, v\>进行处理，并转换为新的\<k, v\>进行输出。在图 4-8 中，调用 2 次自定义的 Map 函数分别处理\<0, hello you\>和\<10, hello me\>，得到输出的中间结果有\<hello,1\>、\<you,1\>、\<hello,1\>、\<me,1\>。

（3）对第（2）步输出的\<k, v\>集合进行分区。假设图 4-8 只有一个分区，因此不执行分区操作。

（4）对不同分区中的数据按照 k 进行排序和分组，这里的分组是指将有相同 k 的 v 放到一个集合中。在图 4-8 中，按照 3 个 key（hello、me、you）进行排序得到的排序结果依次是\<hello,1\>、\<hello,1\>、\<me,1\>、\<you,1\>，对其进行分组后得到\<hello,{1,1}\>、\<me,{1}\>、\<you,{1}\>。

（5）（可选步骤）将分组的数据进行合并，得到\<hello,2\>、\<me,1\>、\<you, 1\>。

（6）将第（4）或（5）步的输出结果输入 Reduce 过程。

2．Map 端的 Shuffle 过程详解

Map 端的 Shuffle 过程如图 4-9 所示。

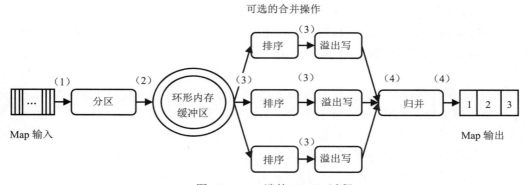

图 4-9　Map 端的 Shuffle 过程

Map 端的 Shuffle 过程可分为以下几步。

（1）分区。

（2）写入环形内存缓冲区。

（3）执行溢出写：包括排序、可选的合并操作、生成溢出写文件。

（4）归并。

下面分步介绍 Map 端的 Shuffle 过程。

1）分区

在将用 Map 函数处理后输出的\<key, value\>集合写入环形内存缓冲区之前，首先需要执行分区操作，将输出的\<key, value\>集合划分成 R 份。这里的 R 是 Reduce 任务的个数，即每一分区会对应一个 Reduce 任务，这样 Map 任务的处理结果就会被发送给指定的 Reduce 任务去执行，从而达到负载均衡，避免数据倾斜的目的。在默认情况下，分区值是通过计算 key 的哈希值后对 Reduce 任务的个数求余获得的。

2）写入环形内存缓冲区

因为频繁的磁盘 I/O 操作会大大降低系统的效率。因此，Map 任务输出的中间结果<key, value>集合不会马上被写入磁盘，而是先被序列化成字节数组并存储到 Map 节点的环形内存缓冲区中，以进行预排序提高效率。每个 Map 任务都会分配一个环形内存缓冲区，用于存储 Map 任务输出的<key, value>和对应的分区，当写入的数据量达到预先设置的阈值后便会执行一次 I/O 操作将数据写入磁盘。环形内存缓冲区的默认大小为 100MB，可通过属性 mapreduce.task.io.sort.mb 进行设置。

3）执行溢出写

当环形内存缓冲区内容的比例达到阈值（默认阈值为 0.80/80%）时，这 80%的内存就会被锁定，并对每个分区的<key, value>按照 key 进行排序。环形内存缓冲区内数据的排序结果以分区为单位，同一个分区中的数据按照 key 进行排序。

数据排序完成后会创建一个溢出写文件，并启动一个后台线程把这部分数据以临时文件的形式溢出写到本地磁盘中。如果客户端自定义了 Combiner 组件，那么数据就会在从分区排序后到溢出写之前自动调用 Combiner 组件，将相同 key 的值相加，这样的好处就是减少溢出写到磁盘的数据量，这个过程叫"合并"。在此期间，可继续向剩余的 20%的内存中写入 Map 任务输出的<key, value>。溢出写过程按轮询方式将环形内存缓冲区中的内容写到由属性 mapreduce.cluster.local.dir 指定的目录中。

4）归并

当一个 Map 任务输出中间结果的数据很大，以至于超过环形内存缓冲区内存时，就会生成多个溢出写文件。为了生成一个已分区并且排序的最终文件，需要对同一个 Map 任务生成的多个溢出写文件进行归并。对溢出写文件完成归并后，Map 节点将删除所有临时的溢出写文件。只要其中一个 Map 任务完成，Reduce 任务就开始复制它的输出。

用户可通过以下示例了解合并与归并的区别。

假设有<"a",1>和<"a",1>，如果对其进行合并，会得到<"a",2>；而如果对其进行归并，会得到<"a",<1,1>>。也就是说，合并会将<key,value>的值进行加和，而归并只是将<key,value>的值放在了一个列表中。

用户可结合以下实例理解 Map 端 Shuffle 过程中的文件归并操作。

【例 4-1】在图 4-10 所示的归并实例中，共有 3 个溢出写文件：溢出写文件 1、溢出写文件 2 和溢出写文件 3，每个溢出写文件有 3 个分区，并假设不执行合并操作。

对这 3 个溢出写文件进行归并，就是将同一个分区中的<key, value>按照 key 进行排序并归并，最终形成有 3 个分区的文件。其中，分区 1 的内容为 "<Am, 1>、<Byte, 1>、<China, 1>、<I,{1,1}>、<Java,1>"，分区 2 的内容为"<Hadoop, {1,1}>、<Hello, {1,1}>、<Hi,1>、<Why,{1,1}>、<World,1>"，分区 3 的内容为"<Me, {1,1}>、<Mine,1>、<Motherland, 1>、<My,{1,1}>、<You,1>、<Your,{1,1,1}>"。

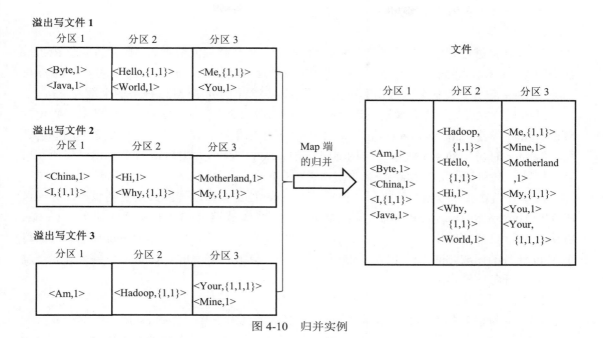

图 4-10　归并实例

3．Reduce 端的 Shuffle 过程详解

Reduce 端的 Shuffle 过程如图 4-11 所示。

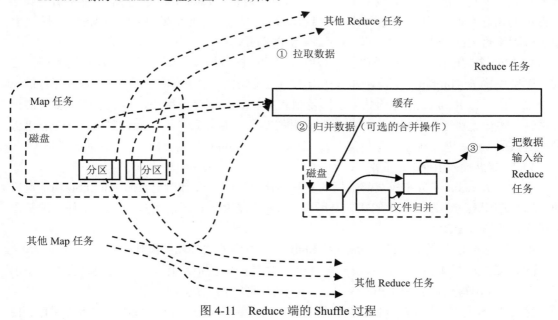

图 4-11　Reduce 端的 Shuffle 过程

Reduce 端的 Shuffle 过程可分为如下几步。

（1）拉取数据。

（2）归并数据。

（3）将数据输入 Reduce 任务。

下面分步介绍 Reduce 端的 Shuffle 过程。

1）拉取数据

在 Map 端进行分区时，就指定了每个 Reduce 任务要处理的数据。因此，当某个 Reduce 任务的 Worker 节点接收到 Master 节点的通知，就会通过 RPC 将 m 个 Map 任务产生的 m 份由该 Reduce 任务负责的分区数据远程拉取到本地（这里的 m 是 Map 任务的个数）。

Map 任务完成后，它会通过发送"心跳"信息通知对应的 JobTracker，因此对于指定的 MapReduce 作业，JobTracker 知道 Map 任务的输出结果和存储它的节点位置之间的映射关系。Reduce 任务中的某个线程会定期询问 JobTracker，以便获取 Map 任务输出结果所在节点的位置，直到获得所有 Map 任务输出结果所在节点的位置。

已知应当处理的数据与数据所在位置，Reduce 任务会启动一些数据复制线程，并通过 HTTP（HyperText Transfer Protocd，超文本传输协议）方式请求 Map 任务所在的 TaskTracker 以获取 Map 任务的输出文件。因为 Map 任务已经结束，这些文件归 TaskTracker 管理，而每个 Map 任务的完成时间可能不同，因此只要有一个 Map 任务完成，Reduce 任务就开始复制这个 Map 任务的输出文件。

2）归并数据

Reduce 拉取到的数据会先放入 Reduce 端的内存缓冲区中。Reduce 端的内存缓冲区大小设置要比 Map 端的环形内存缓冲区的大小设置更为灵活，因为它基于 JVM（Java Virtual Machine，Java 虚拟机）堆的大小进行设置。如果内存缓冲区能容纳这部分数据，就直接把数据写到内存中，即内存到内存的归并；或者，当内存缓冲区中存储的 Map 任务输出数据所占用的内存空间达到一定比例时，就会启动归并过程，将内存缓冲区的数据进行归并，并溢出写到磁盘上的一个文件中，即内存到磁盘的归并。

和 Map 端的溢出写过程类似，在对内存缓冲区的数据执行归并操作并溢出写到磁盘之前，如果设置了 Combiner 组件，那么在溢出写之前先执行合并操作。当所有 Map 任务的输出结果中属于该 Reduce 任务的数据全部复制完成，Reduce 任务所在节点上会生成多个溢出写文件，并开始执行归并操作，即磁盘到磁盘的归并，将属于同一个 key 的<key, value>进行聚集后按照 value 进行排序，并将同一个 key 的<key, value>分发到同一个 Reduce 任务。

3）将数据输入 Reduce 任务

当一个 Reduce 任务完成全部数据的复制和排序后，就会针对已排好序的 key 构造对应的 value 迭代器。Reduce 函数的输入是所有的 key 和它的 value 迭代器，Reduce 任务的输出结果将直接写入 HDFS 文件。

用户可结合以下实例理解 Reduce 端 Shuffle 过程中的文件归并操作。

【例 4-2】在图 4-12 所示 Reduce 端 Shuffle 过程的实例中，共有 3 个溢出写文件：溢出写文件 1、溢出写文件 2 和溢出写文件 3，并假设不执行合并操作。

对这 3 个溢出写文件进行归并，就是将 3 个文件中的<key, value>按照 key 进行排序，使其最终生成一个文件。

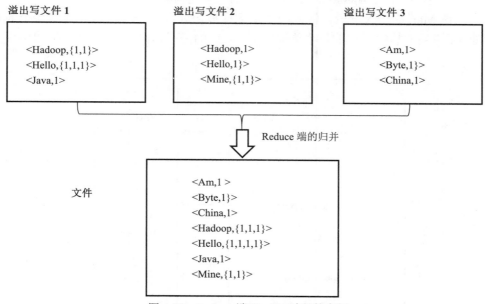

图 4-12　Reduce 端 Shuffle 过程的实例

4.4　MapReduce 的实例分析

4.4.1　WordCount

　　WordCount 的任务是对于输入的一个包含大量单词的文本文件，输出该文件中的每个单词及其出现次数（每个单词及其出现次数占一行，单词及其出现次数之间有间隔），并按照单词的首字母顺序进行排序。WordCount 的任务要求如表 4-3 所示。

表 4-3　WordCount 的任务要求

项　　目	要　　求
输入	一个包含大量单词的文本文件
输出	文件中每个单词及其出现次数，并按照单词首字母顺序排序，每个单词及其出现次数占一行，单词及其出现次数之间有间隔

　　表 4-4 所示为 WordCount 的 MapReduce 输入/输出实例。

表 4-4　WordCount 的 MapReduce 输入/输出实例

项　　目	输　　入	输　　出
结果	Hello World Hello Hadoop Hello MapReduce	Hadoop 1 Hello 3 MapReduce 1 World 1

　　为了实现上述任务，得到形如表 4-4 中所示结果，WordCount 的思路是先用 Map 任务对其中的每个分片进行词频统计，然后用 Reduce 任务对多个 Map 任务的输出结果进行归并和

合并。本节将通过如下实例对 MapReduce 的执行过程进行设计和分析。

首先，在 Map 端输入阶段，输入的文本文件被切分为 3 个分片，分别由 3 个 Map 任务进行处理，并将对应分片中的每个单词以<单词,1>的形式输出。Map 端处理实例如图 4-13 所示。

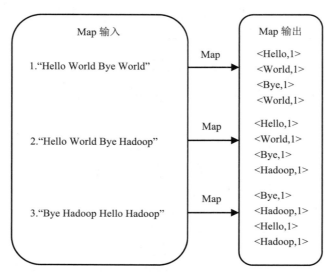

图 4-13　Map 端处理实例

然后，Map 任务输出的结果经过 Shuffle 过程成为 Reduce 任务的输入，在 Shuffle 过程中，WorkConut 可分为以下情况。

（1）Shuffle 过程没有定义 Combiner 组件。

（2）Shuffle 过程定义了 Combiner 组件。

经过不同的 Shuffle 过程会产生不同的 Reduce 任务输入。Shuffle 过程没有定义 Combiner 组件如图 4-14 所示。Shuffle 过程定义了 Combiner 组件如图 4-15 所示。

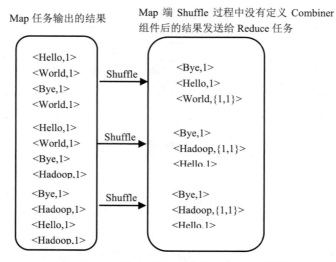

图 4-14　Shuffle 过程没有定义 Combiner 组件

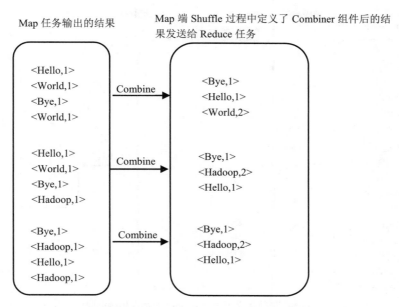

图 4-15　Shuffle 过程定义了 Combiner 组件

上述 2 种输入经过 Reduce 任务处理后会得到相同的 Reduce 任务输出。Shuffle 过程没有定义 Combiner 组件的 Reduce 任务输出如图 4-16 所示。Shuffle 过程定义了 Combiner 组件的 Reduce 任务输出如图 4-17 所示。

也就是说，Shuffle 过程是否定义 Combiner 组件并不会影响 MapReduce 的最终输出，只会对 Reduce 过程的输入产生影响。因此，WorkCount 既可以选择定义 Combiner 组件，也可以选择不定义 Combiner 组件。

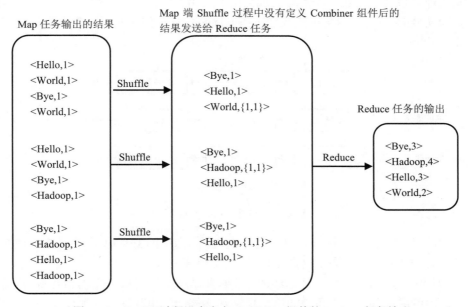

图 4-16　Shuffle 过程没有定义 Combiner 组件的 Reduce 任务输出

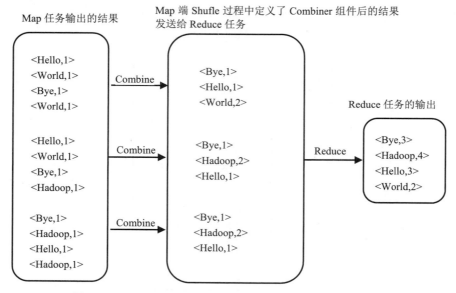

图 4-17　Shuffle 过程定义了 Combiner 组件的 Reduce 任务输出

4.4.2　倒排索引

倒排索引是文档检索系统中最常用的数据结构，被广泛地应用于全文搜索引擎。它主要用来存储某个单词（或词组）和它所在文档之间的映射关系，也就是提供了一种根据文档内容查找文档的方式。由于这种方式不是根据文档来确定文档所包含的内容，而是进行相反的操作，因而称其为倒排索引。

通常情况下，倒排索引由一个单词（或词组）及相关的文档列表组成。文档列表中的文档可以是标识文档的 ID 号，也可以是文档所在位置的 URL。倒排索引示意图如图 4-18 所示。

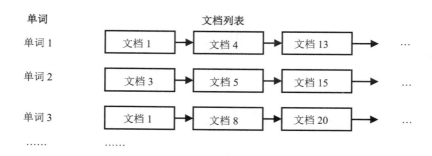

图 4-18　倒排索引示意图

从图 4-18 可以看出，单词 1 出现在｛文档 1,文档 4,文档 13,…｝中，单词 2 出现在｛文档 3,文档 5,文档 15,…｝中，而单词 3 出现在｛文档 1,文档 8,文档 20,…｝中。

在实际应用中，还需要给每个文档添加一个权重，用来标明每个文档和搜索内容的相关度。其中，最常使用词频作为权重，即记录单词在文档中的出现次数。加权倒排索引示意图如图 4-19 所示。

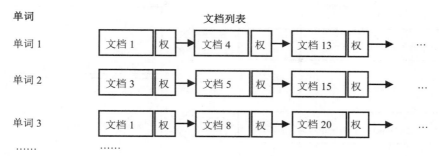

图 4-19　加权倒排索引示意图

倒排索引的思路是先通过 Map 任务对每个分片构建倒排索引，再通过 Combiner 组件对 Map 任务的输出结果进行合并，最后通过 Reduce 任务对多个 Combiner 组件的输出结果进行归并。

用户可通过以下实例来了解倒排索引的运行过程和输出结果。

倒排索引实例如图 4-20 所示。倒序索引的输入为被索引文件，输出为索引文件。索引文件中的 "'MapReduce':{(T0,1);(T1,1);(T2,2)}" 表示 "MapReduce" 这个单词在文档 T0 中出现过 1 次，在文档 T1 中出现过 1 次，在文档 T2 中出现过 2 次。当搜索条件为 "MapReduce" "is" "simple" 时，对应的集合为{T0,T1,T2}、{T0,T1}和{T0,T1}的交集{T0,T1}，即文档 T0 和文档 T1 包含了所要索引的单词 "MapReduce" "is" "simple"。

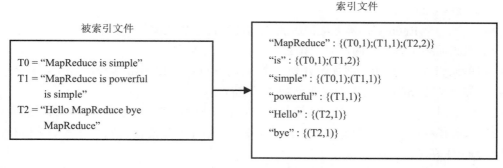

图 4-20　倒排索引实例

为了探究如何得到上述输出结果，本节将倒排索引的运行过程分为 Map 过程、Combine 过程和 Reduce 过程并结合实例对这 3 个过程进行具体介绍和分析。

1．Map 过程

在 Map 过程中，首先使用默认的 TextInputFormat 类对输入文档进行处理，以得到文本中每行的偏移量及其内容。根据程序要求，Map 过程必须先分析输入的<key,value>，以得到倒排索引所需要的信息：单词、文档的 URL 地址和词频。

图 4-21 所示为倒序索引 Map 过程实例。

从图 4-21 中可以看出，第 1 行 Map 过程后的结果为{"MapReduce" file1.txt 1, "is" file1.txt 1, "simple" file1.txt 1}，其余 2 行类似可得。

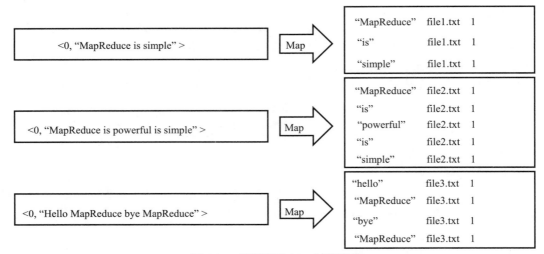

图 4-21　倒排索引 Map 过程实例

在 Map 过程中会存在以下问题。

（1）<key,value>只能有 2 个值，而倒排索引所需要的信息有 3 个。

为了解决这一问题，在不使用 Hadoop 自定义数据类型的情况下，用户需要根据情况将其中 2 个值合并成一个值，作为 key 或 value。从图 4-21 的实例可以看出，实例选择了将单词和文档的 URL 地址合并为一个值作为 key，从而得到了形如<单词和文档的 URL 地址,词频>的若干<key,value>。

（2）通过一个 Reduce 过程无法同时完成词频统计和生成文档的列表。

为了完成词频统计的目的，对倒排索引进行了以下设计。

● 将单词和文档的 URL 地址合并为一个值作为<key,value>中的 key。

● 增加一个 Combine 过程来完成词频统计。

在第 1 个问题中，图 4-21 中的实例是将单词和文档的 URL 地址合并，大家可能会有疑问，为什么选择将单词和文档的 URL 地址合并在一起而不是进行其他合并（如单词和词频合并作为 key）呢？

将单词和文档的 URL 地址合并作为 key（如"MapReduce: file1.txt"），将词频作为 value，这样做的好处是可以利用 MapReduce 自带的 Map 端排序，将同一文档中相同单词的词频组成列表。例如，将第 2 个 Map 过程输出结果中文件 2 的单词 is 的词频组成列表，以得到<"is:file2.txt",list(1,1)>，其中，key 为"is:file2.txt"，value 为"list(1,1)"。

这样，当增加 Combine 过程时，传递给 Combiner 组件的就是形如<"is:file2.txt",list(1,1)>的<key,value>，Combiner 组件可以直接对列表进行合并以达到词频统计的目的。

2．Combine 过程

经过 Map 过程处理后，Combine 过程将 key 相同的 value 累加，以得到一个单词在文档中的词频。仍延续 Map 过程中"is:file2.txt"的实例，对于 Combine 过程，它的输入为<"is:file2.txt","list(1,1)">，经过 Combine 过程后，list 列表中对数字进行了求和，得到<"is:file2.txt","2">。同样，在第 3 个 Combine 过程中，输入为<"MapReduce:file3.txt","list(1,1)">，经过 Combine 过程后输出为<"MapReduce:file3.txt","2">。

倒排索引 Combine 过程实例如图 4-22 所示。

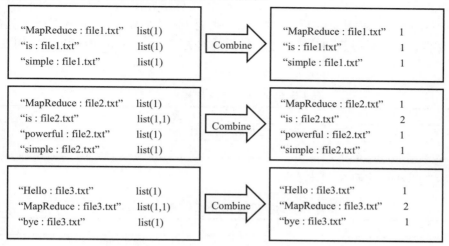

图 4-22　倒排索引 Combine 过程实例

但是，如果直接将图 4-22 中的输出作为 Reduce 过程的输入，Reduce 端的 Shuffle 过程将面临一个问题：所有具有相同单词的记录（由单词、文档的 URL 地址和词频组成）应该交由同一个 Reduce 任务处理，而当前的 key（单词和文档的 URL 地址）只能将有相同 URL 的同一单词交由同一个 Reduce 任务处理。

因此，必须修改 key 和 value，将单词作为 key，而文档的 URL 地址和词频组成 value（如"file1.txt:1"）。这样做的好处是可以使用 MapReduce 默认的 HashPartitioner 类来完成 Shuffle 过程，即将相同单词的所有<key,value>发送给同一个 Reduce 任务进行处理。

3．Reduce 过程

经过 Map 过程和 Combine 过程后，Reduce 过程只需将有相同 key 的 value 组合成倒排索引文件所需的格式即可。倒序索引 Reduce 过程实例如图 4-23 所示。

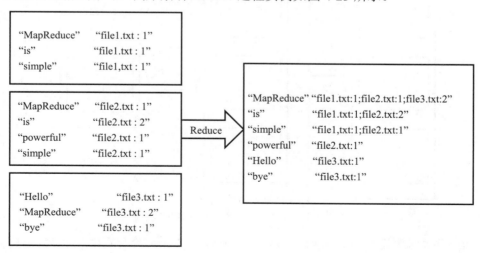

图 4-23　倒排索引 Reduce 过程实例

4.4.3 Top-K

Top-K 是指从海量数据中找到按照某种排序规则得到前 K 个数。它的输入是一个包含大量数据的文本文件，输出是按照某种排序规则得到的前 K 个数。Top-K 的任务要求如表 4-5 所示。

表 4-5　Top-K 的任务要求

项　　目	要　　求
输入	一个包含大量数据的文本文件
输出	按照某种排序规则得到的前 K 个数

表 4-6 所示为 Top-K 的输入/输出实例。

表 4-6　Top-K 的输入/输出实例

项　　目	输　　入	输　　出
结果	10 3 8 7 6 5 1 2 9 4 11 12 17 14 15 20 3 19 18 13 16	（最大的前 3 个） 20 19 18

设计基于 MapReduce 的 Top K 来找出前 K 个数，最关键的地方是 Reduce 任务个数一定只能有一个。这是因为一个 Map 任务对应一个进程，有几个 Map 任务就有几个中间文件，而有几个 Reduce 任务就会有几个最终的输出文件。而 Top K 是全局的前 K 个，不论中间有几个 Map 任务，最终只能由一个 Reduce 任务来汇总数据，这样才能输出全局的 Top K。

图 4-24 所示为 Top-K MapReduce 过程实例。

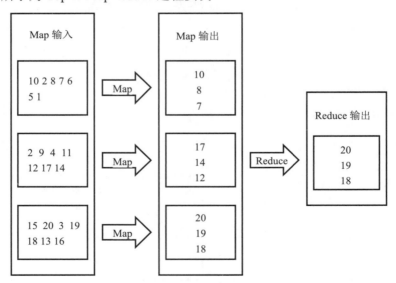

图 4-24　Top-K MapReduce 过程实例

在 Map 过程，假设数据文件被划分成 3 个分片，这 3 个分片分别由 3 个 Map 任务处理。第 1 个 Map 任务的输入为"10、2、8、7、6、5、1"，输出为这个分片中最大的前 3 个数据："10、8、7"，第 2 个 Map 任务的输入为"2、9、4、11、12、17、14"，输出为这个分片中最大的前 3 个数据："17、14、12"，第 3 个 Map 任务的输入为"15、20、3、19、18、13、16"，输出为这个分片中最大的前 3 个数据："20、19、18"。这 3 个 Map 任务的输出结果作为 Reduce 任务的输入，Reduce 任务最后输出整个文件中最大的前 3 个数据："20、19、18"。

4.5　MapReduce 的编程实践

4.5.1　任务要求

本节以 4.4.1 节中的 WordCount 为例介绍如何编写 MapReduce 程序。

文件 A 的内容如下。

```
" China is my motherland
  I love China          "
```

文件 B 的内容如下。

```
" I am from China "
```

期望输出的结果如下。

```
"I                2
 is               1
 China            3
 my        1
 love             1
 am        1
 from             1
 motherland       1"
```

本节将按照 Map 处理逻辑、Reduce 处理逻辑、main 方法的顺序进行程序编写，使用 Java 作为本节的编程语言。

4.5.2　编写 Map 处理逻辑

Map 过程的输入类型为键值对，期望的输出类型为<单词,出现次数>。在程序中，用户定义并实现了 Mapper 类的子类——MyMapper 类，并选择适当的数据类型以实现 Map 函数，最终确定的输入类型为<Object, text>，输出类型为<Text, IntWritable>。

Map 过程的程序如下。

```
public static class MyMapper extends Mapper<Object,Text,Text,IntWritable>{
            private static final IntWritable one = new IntWritable(1);
            private Text word = new Text();
            public void map(Object key,Text value,Mapper<Object,Text,
Text,IntWritable>.Context context)throws IOException,InterruptedException{
                StringTokenizer itr = new StringTokenizer(value.toString());
                while(itr.hasMoreTokens()){
                    this.word.set(itr.nextToken());
                    context.write(this.word,one);
                }
            }
    }
```

程序中，Map 函数首先提取出输入文本中的每个单词，然后将每个单词的出现次数置为 1。对 WordCount 来说，Map 函数的输出结果如下。

```
< "I", 1>
< "I", 1>
< "is",1>
< "my",1>
< "love",1>
< "am",1>
< "from",1>
< "motherland",1>
< "China",1>
< "China",1>
< "China",1>
```

4.5.3 编写 Reduce 处理逻辑

Map 任务的输出结果需要先经过 Shuffle 过程进行整理再输入 Reduce 任务中，由 4.4.1 节可知，对于 WordCount，Shuffle 过程是否定义 Combiner 组件只影响了 Reduce 任务的输入，而不会影响 Reduce 任务的输出结果。本节不额外定义 Combiner 组件，则 Reduce 过程的输入如下。

```
< "I",<1,1>>
< "is",1>
< "my",1>
< "love",1>
< "am",1>
< "from",1>
< "motherland",1>
< "China",<1,1,1>>
```

为了获得期望的输出结果，用户定义并实现了 Reducer 类的子类——MyReducer 类，并选择与 Map 函数输出相匹配的数据类型<Text, IntWritable>作为 Reduce 函数的输入类型和输出类型，其中，Text 为 key 的数据类型，IntWritable 为 values 的数据类型，存储数字序列。

Reduce 过程的程序如下。

```
public static class MyReducer extends Reducer<Text,IntWritable,Text,IntWritable>{
        private IntWritable result = new IntWritable();
        public void reduce(Text key,Iterable<IntWritable> values,Reducer<Text,
IntWritable, Text,IntWritable >.Context context)throws IOException,InterruptedException{
                int sum = 0;
                for(IntWritable val:values){
                    sum += val.get();
                }
                this.result.set(sum);
                context.write(key,this.result);
                }
        }
```

程序中，Reduce 函数对输入的数字序列 values 中的每个值进行求和。对 WordCount 来说，Reduce 函数的输出结果如下。

```
< "I",2>
< "is" ,1>
```

```
< "my",1>
< "love",1>
< "am",1>
< "from",1>
< "motherland",1>
< "China",3>
```

4.5.4　编写 main 方法

　　main 方法的实现代码首先设置了环境参数，并设置整个程序的类名；其次添加 MyMapper 类和 MyReducer 类；再次设置输出的 key 类型和 value 类型；最后设置输入文件和输出文件。

　　main 方法如下。

```
public static void main(String[] args) throws Exception{
                Configuration conf = new Configuration();        //程序运行时参数
                String[] otherArgs = (new GenericOptionsParser(conf,args)).
getRemainingArgs();

                if(otherArgs.length != 2){
                    System.err.println("Usage:wordcount<in><out>");
                    System.exit(2);
        }

                Job job = Job.getInstance(conf, "word count");   //设置环境参数
                job.setJarByClass(WordCount.class);              //设置整个程序的类名
                job.setMapperClass(MyMapper.class);              //添加 MyMapper 类
                job.setReducerClass(MyReducer.class);            //添加 MyReducer 类
                job.setOutputKeyClass(Text.class);               //设置输出的 key 类型
                job.setOutputValueClass(IntWritable.class);      //设置输出的 value 类型
                FileInputFormat.addInputPath(job,new Path(otherArgs[0]));        //设
置输入文件
    FileOutputFormat.setOutputPath(job,new Path(otherArgs[1]));          //设置输出文件
    System.exit(job.waitForCompletion(true)?0:1);
    }
```

4.5.5　实验过程

1. 导入 jar 包

　　在 Eclipse 中建好 Project，并新建一个 WordCount Class，开始导入 jar 包。

　　（1）首先在 Eclipse 中选择"Project"→"Properties"选项，如图 4-25 所示，在弹出的窗口中，选择"Java Build Path"→"Libraries"选项，如图 4-26 所示。

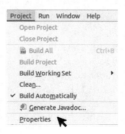

图 4-25　导入 jar 包 1

图 4-26　导入 jar 包 2

（2）导入 jar 包 3，如图 4-27 所示。首先选中已经事先放在指定文件夹（为了方便，用户可直接放入 Desktop 文件夹中）中的 jar 包，如图 4-28 所示，并单击右上角的"Open"按钮，然后单击右下角的"Apply and Close"按钮即可完成 jar 包的导入。

图 4-27　导入 jar 包 3

图 4-28　选中 jar 包

同理导入以下 jar 包。

..../share/hadoop/common 目录下的所有 jar 包。

.../share/hadoop/common/lib 目录下的所有 jar 包。

.../share/hadoop/mapreduce 目录下的所有 jar 包。

.../share/hadoop/mapreduce/lib 目录下的所有 jar 包。

2. 编写 Java 程序

将 4.5.2～4.5.4 节的 main 方法及 MyMapper 类、MyReducer 类的代码粘入 WordCount.java 文件，并导入需要的包，可以得到最终的 WordCount.java 程序如下。

```java
import java.io.IOException;
import java.util.StringTokenizer;
import org.apache.hadoop.conf.Configuration;
import org.apache.hadoop.fs.Path;
import org.apache.hadoop.io.IntWritable;
import org.apache.hadoop.io.Text;
import org.apache.hadoop.mapreduce.Job;
import org.apache.hadoop.mapreduce.Mapper;
import org.apache.hadoop.mapreduce.Reducer;
import org.apache.hadoop.mapreduce.lib.input.FileInputFormat;
import org.apache.hadoop.mapreduce.lib.output.FileOutputFormat;
import org.apache.hadoop.util.GenericOptionsParser;


public class WordCount {
```

```
public static void main(String[] args) throws Exception{
    Configuration conf = new Configuration();
    String[] otherArgs = (new GenericOptionsParser(conf,args)).getRemainingArgs();
    if(otherArgs.length != 2){
        System.err.println("Usage:wordcount<in><out>");
        System.exit(2);
    }
    Job job = Job.getInstance(conf, "word count");
    job.setJarByClass(WordCount.class);
    job.setMapperClass(MyMapper.class);
    job.setReducerClass(MyReducer.class);
    job.setOutputKeyClass(Text.class);
    job.setOutputValueClass(IntWritable.class);
    FileInputFormat.addInputPath(job,new Path(otherArgs[0]));
    FileOutputFormat.setOutputPath(job,new Path(otherArgs[1]));

    System.exit(job.waitForCompletion(true)?0:1);
}

public static class MyMapper extends Mapper<Object,Text,Text,IntWritable>{
    private static final IntWritable one = new IntWritable(1);
    private Text word = new Text();
    public void map(Object key,Text value,Mapper<Object,Text,Text,IntWritable>.
Context context)throws IOException,InterruptedException{
    StringTokenizer itr = new StringTokenizer(value.toString());
            while(itr.hasMoreTokens()){
                this.word.set(itr.nextToken());
                context.write(this.word,one);
            }
        }
    }

public static class MyReducer extends Reducer<Text,IntWritable,Text,IntWritable>{
    private IntWritable result = new IntWritable();
    public void reduce(Text key,Iterable<IntWritable> values,Reducer<Text,
IntWritable, Text,IntWritable >.Context context)throws IOException,InterruptedException{
        int sum = 0;
        for(IntWritable val:values){
            sum += val.get();
        }
        this.result.set(sum);
        context.write(key,this.result);
        }
    }
}
```

3. 编译打包 java 文件

（1）编译方法 1：单击"运行"按钮进行编译，如图 4-29 所示。

（2）编译方法 2：通过终端进行编译。

首先，在终端中执行"su root"命令并按照提示输入 root 的密码，切换到 root 用户；然后，使用"cd"命令并设置 export CLASSPATH，将当前工作路径设为 Hadoop 的安装目录；最后，使用"javac WordCount.java"命令进行编译。

编译后会生成 3 个后缀为.class 的文件，如图 4-30 所示。

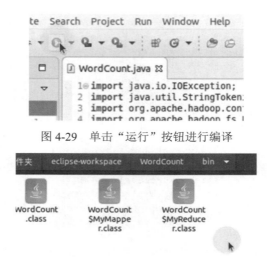

te Search Project Run Window Help
WordCount.java
1 import java.io.IOException;
2 import java.util.StringToken
3 import org.apache.hadoop.con

图 4-29　单击“运行”按钮进行编译

件夹 eclipse-workspace WordCount bin
WordCount.class
WordCount$MyMapper.class
WordCount$MyReducer.class

图 4-30　后缀为.class 的文件

使用“jar -cvf WordCount.jar ./WordCount*.class”命令将这 3 个文件打包并命名为 WordCount.jar。

4. 在 Hadoop 中运行

（1）首先，进入 Hadoop 工作目录，用户可使用“start-all.sh”命令启动 Hadoop，并执行“jps”命令检查节点启动情况，如图 4-31 所示。

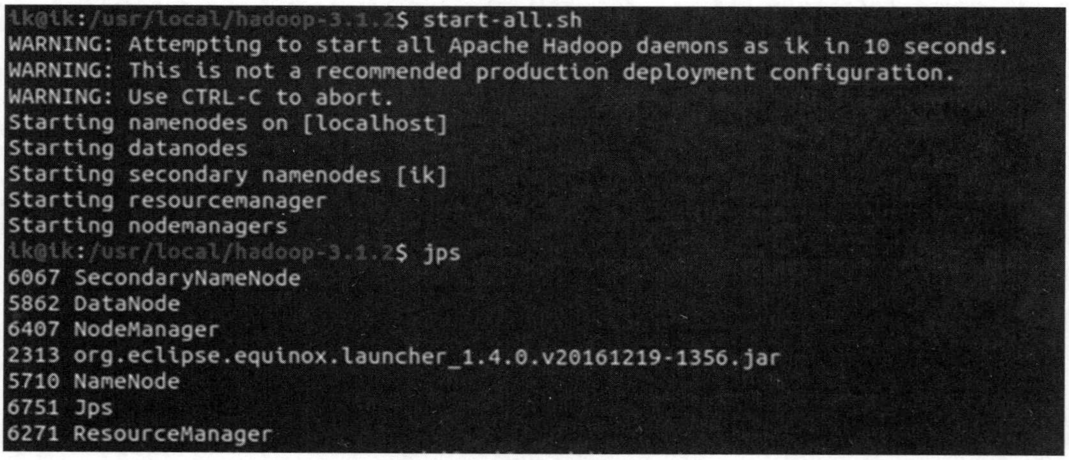

ik@ik:/usr/local/hadoop-3.1.2$ start-all.sh
WARNING: Attempting to start all Apache Hadoop daemons as ik in 10 seconds.
WARNING: This is not a recommended production deployment configuration.
WARNING: Use CTRL-C to abort.
Starting namenodes on [localhost]
Starting datanodes
Starting secondary namenodes [ik]
Starting resourcemanager
Starting nodemanagers
ik@ik:/usr/local/hadoop-3.1.2$ jps
6067 SecondaryNameNode
5862 DataNode
6407 NodeManager
2313 org.eclipse.equinox.launcher_1.4.0.v20161219-1356.jar
5710 NameNode
6751 Jps
6271 ResourceManager

图 4-31　启动 Hadoop

（2）其次，用户可使用“hdfs dfs -mkdir -p input”命令创建 input 目录，如果创建不成功，那么使用“hdfs dfs -rm -r -f /user/root”命令删除目录，再次尝试创建。

（3）目录创建成功后，用户可使用“hdfs dfs -put /opt/text.txt input”命令复制文件，并使用“hdfs dfs -ls -R /”命令查看所有目录（text.txt 的位置以实际位置为准）。

（4）再次，用户可进入 hadoop3.1.2/bin 目录调用以下命令运行 WordCount。

```
hadoop jar WordCount.jar WordCount input output
```

（5）最后，用户可通过执行“hdfs dfs -ls output”命令和“hdfs dfs -cat output/part-r-00000”

命令查看运行结果。

　　词频统计原文件如图 4-32 所示。词频统计输出如图 4-33 所示。

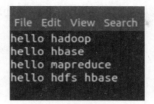

图 4-32　词频统计原文件

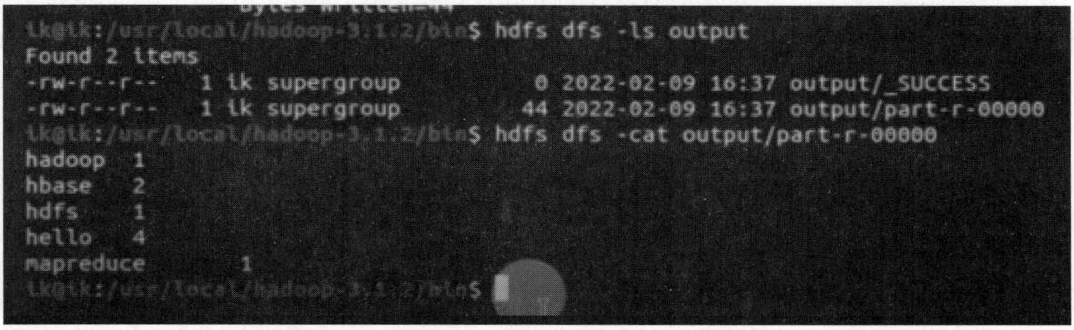

图 4-33　词频统计输出

4.6　MapReduce 的优缺点分析

4.6.1　MapReduce 的优点

　　基于前面的学习，MapReduce 的优点可分为以下方面。

1. 易于编程

　　基于 MapReduce 编写并行程序，开发人员只需简单地实现 Map 函数和 Reduce 函数，而无须自己实现底层的通信和负载均衡，就可以编写一个分布式程序并分布到大量普通的 PC 上运行，以完成大规模数据的并行处理；而基于 MPI（Message Passing Interface，消息传递接口）编写并行程序时，开发人员需要考虑数据存储、划分、分发、结果收集、错误恢复等很多底层的细节。所以，相对于 MPI，基于 MapReduce 编写并行程序非常简单。

2. 具有好的可扩展性

　　当集群资源不能满足计算需求时，可以通过增加机器的方式达到线性扩展集群的目的，以扩展集群的计算能力。

3. 高容错性

　　MapReduce 设计的初衷就是使程序能够部署在普通的 PC 上，这要求它具有很高的容错性。如果一个机器宕机，那么该机器上的计算任务会被迁移到另一个正常的节点上运行，直到任务完成。这样就使得这个任务不会运行失败，而且整个迁移过程不需要人工参与，完全是由系统自动完成的。

113

4．适合 PB 级以上海量数据的离线处理

关系型数据库所能支持的数据规模通常为 GB 级，而 MapReduce 所能支持的数据规模可达到 PB 级，即 MapReduce 可以支持更大体量的数据处理。

4.6.2 MapReduce 的缺点

1．不适合实时计算

MapReduce 无法做到像 MySQL 那样达到毫秒或者秒级的返回结果。普通的 MapReduce 作业几分钟就能完成，数据量大的 MapReduce 作业可能需要几个小时甚至一天的时间完成。此外，MapReduce 的启动时间也比较长，虽然对于批处理的任务，这个缺点并不明显，但是对于实时性要求比较高的任务，这个缺点就很明显了。因而，MapReduce 不适合实时计算。

2．不适合流计算

流计算的输入数据是动态的，而 MapReduce 的输入数据是静态的，不能动态变化。这是由 MapReduce 自身的特点决定了数据源必须是静态的。因而，MapReduce 不适合流计算。

3．不适合 DAG 计算

当多个应用之间存在依赖关系，即后一个应用的输入为前一个应用的输出，对于这种 DAG 计算，MapReduce 并不适合，这是因为每个 MapReduce 作业的中间结果和输出结果都会写入磁盘，如果基于 MapReduce 实现 DAG 的计算，会导致大量的磁盘 I/O 操作，从而导致系统性能非常低。

4．不适合迭代计算

迭代计算（如某些机器学习的算法、梯度和较大期望等、图计算）需要频繁读取中间结果，而由于每个 MapReduce 作业的中间结果都会写入磁盘，因此如果基于 MapReduce 实现迭代计算，会导致大量的磁盘 I/O 操作，也会导致系统性能非常低。

4.7 本章小结

4.1 节通过提出大规模数据处理的性能瓶颈，提出了分布式并行编程的概念，并对比传统 HPC 并行计算框架和 MapReduce 以说明 MapReduce 的特点与优势。通过对比关系型数据库和 MapReduce，说明选择 MapReduce 的原因，并对 Map 函数和 Reduce 函数的输入/输出进行了介绍。

4.2 节主要介绍了 MapReduce 的体系结构，并给出了 Client、JobTracker、TaskTracker、Task 等基本概念，通过分析故障情况展现 MapReduce 良好的容错机制。

4.3 节主要介绍了 MapReduce 的工作流程，分别详细介绍了分片、Map 过程、Shuffle 过程、Reduce 过程，并着重介绍了 Shuffle 过程在 Map 端和 Reduce 端的具体过程和对文件的归并作用。此外，本节还讲述了 Combine 过程的作用，并区分归并和合并的不同作用结果。

4.4 节通过 3 个实例（WordCount、倒排索引、Top-K）对 MapReduce 的运作进行了分析。其中，WordCount 对输入文件的词频进行了统计；倒排索引实现了根据文档内容（单词/词组）对该内容所在文档的检索；Top-K 对一个包含大量数据的文件进行处理并返回了文件中

最大的前 K 个数。用户可通过对 3 个实例的分析学习，了解 MapReduce 程序中 Map、Combine、Reduce 过程的设计思路。

4.5 节主要介绍了 MapReduce 的编程实践。基于词频统计的实例展示了 MapReduce 程序中 Map 过程、Reduce 过程和 main 方法的设计思路和程序代码。

4.6 节总结归纳了 MapReduce 的优缺点，主要分析了 MapReduce 的优点：易于编程、具有好的可扩展性、高容错性及适合 PB 级以上海量数据的离线处理，MapReduce 的缺点：不适合实时计算、不适合流计算、不适合 DAG 计算及不适合迭代计算。

4.8　本章习题

一、单选题

1. 以下（　　）和名称节点在同一个节点启动。

　　A．第二名称节点　　B．JobTracker　　　　C．TaskTracker　　　D．数据节点

2. 下面关于 MapReduce 中 Map 函数与 Reduce 函数的描述不正确的是（　　）。

　　A．Map 函数是指对每个 Reduce 任务所产生的一部分中间结果执行合并操作

　　B．Map 函数是指对一部分原始数据执行指定的操作

　　C．Map 函数之间是相互独立的

　　D．Reduce 函数之间是相互独立的

3. 在 MapReduce 中，在 Map 端和 Reduce 端之间的 Combiner 组件的作用是（　　）。

　　A．对中间格式进行压缩　　　　　　　B．对中间结果进行混洗

　　C．将中间结果中同一个 key 的数据合并　D．对 Map 任务的输出结果排序

4. 在 Map 过程进行到（　　）时，就可以开始执行 Shuffle 过程。

　　A．所有的 Map 任务都完成　　　　　B．所有的 Map 任务都有了输出

　　C．至少有一个 Map 任务完成　　　　D．至少有一个 Map 任务开始有输出

二、多选题

1. 关于数据并行化，以下说法不正确的是（　　）。

　　A．不是所有数据都可以用数据平行的方法处理

　　B．数据并行需要输入数据能被切分成独立的若干块，可以分别处理

　　C．数据并行中每一块的处理都必须是幂等的

　　D．数据并行是使用 MapReduce 的另一种说法

2. 有人改进了 MapReduce 的架构，Map 任务的输出结果不写入本地磁盘，而是直接（通过网络）传递给 Reduce 任务，Reduce 任务收到所有 Map 任务的输出结果后，才开始处理。关于这种改动，以下说法正确的是（　　）。

　　A．在没有错误的情况下，有时任务完成时间也会延长

　　B．这种改动大大降低了 MapReduce 的容错性

　　C．在某些情况下，整个任务的完成时间会缩短

　　D．经过这样的改进，Reduce 任务就不需要对输入进行专门的排序了，这大大提高了系统运行效率（没有错误的情况下）

三、判断题

1．Map 任务输出的结果通过网络直接传输给 Reduce 节点。 （　　）

2．通过自定义分区过程，用户可以自定义每个 key 将被分配到的 Reduce 任务。（　　）

3．具有相同 key 的<key, value>可能被分配到不同的 Reduce 任务上。 （　　）

4．JobTracker 和 TaskTracker 都可以管理整个系统内的任务。 （　　）

5．MapReduce 中如节点故障、网络不通的问题都可以由系统自动管理。 （　　）

6．MapReduce 的 input split 就是一个块。 （　　）

四、思考题

1．Combiner 组件和分区的作用是什么？

2．用户在开发 MapReduce 程序时是不是可以去掉 Reduce 过程？

3．构思一个 MapReduce 程序框架，统计百万个有重复的数据中出现次数最多的前 N 个数据。

4．对于两个输入文件，请编写 MapReduce 程序，对两个文件进行合并，并剔除其中重复的内容，得到一个新的输出文件。

第 5 章

Hadoop 2.0 的资源管理调度框架——YARN

 **学习目标**

掌握 YARN 的产生背景、设计思路、体系结构、工作流程，并能对其优缺点进行分析。

学习要点

↘ YARN 的产生背景

↘ YARN 的设计思路

↘ YARN 的体系结构

↘ YARN 的工作流程

↘ YARN 的优缺点分析

5.1 YARN 的产生背景

5.1.1 MapReduce 1.0 中存在的问题

1. 单一的 JobTracker 存在单点故障问题

在 4.2.2 节中介绍了 MapReduce 的容错性，其中对 MapReduce 1.0 的单点故障问题进行了阐述：在 MapReduce 1.0 中，由于只有一个节点是 JobTracker，因此会存在 JobTracker 单点故障问题，即一旦单一的 JobTracker 出现故障，整个集群将变得不可用。

2. 可扩展性受限

JobTracker 同时具备了资源管理和作业调度两大功能。一旦同时提交的作业较多，JobTracker 就会不堪重负，影响整个集群的性能，严重制约 Hadoop 集群的可扩展性。事实上，MapReduce 1.0 能管理的节点数的上限为 4000 个。

3．难以支持 MapReduce 以外的计算框架

MapReduce 1.0 中的 Client、JobTracker、TaskTracker 及"心跳"信息等架构是专为 MapReduce 设计的，如果需要在 Hadoop 上运行其他的计算框架，如内存计算框架、流式计算框架和迭代式计算框架等，MapReduce 1.0 则无法提供支持。

4．资源划分不合理

1）节点的资源利用率可能过高或者过低

MapReduce 1.0 中基于任务槽的资源划分方法的划分粒度过于粗糙，往往会造成节点的资源利用率过高或者过低。例如，默认为每个任务槽分配 2GB 内存和 1 个 CPU，如果一个应用的任务只需要 1GB 内存，那么该任务槽有 1GB 内存未被使用，会产生"资源碎片"，从而降低集群的资源利用率；而如果一个应用的任务需要 3GB 内存，那么该任务槽的内存不够用，会隐式地抢占其他任务的资源，从而产生资源抢占现象，这样可能导致集群的资源利用率过高。

2）没有考虑到资源的多维度性

MapReduce 1.0 的任务槽只是从内存和 CPU 的角度对资源进行分配，而在实际系统中，资源往往是多维度的，如 CPU、内存、网络 I/O 和磁盘 I/O 等。因此，MapReduce 1.0 没有考虑到资源的多维度性，对资源的分配并不全面。

3）僵化的任务槽数目

MapReduce 1.0 采用了静态任务槽设置策略，即每个节点配置好可用的任务槽数目，一旦启动后这些任务槽数目将无法再动态修改。当任务量增大或减少时，MapReduce 1.0 不能增加或减少任务槽数目，因此，任务过多时节点处理效率降低，而任务过少时任务槽闲置，利用率低。

4）区分任务槽类别的资源管理

MapReduce 1.0 将任务槽分为 Map 任务槽和 Reduce 任务槽，两种任务槽不允许共享。对于一个作业，刚开始运行时，Map 任务槽紧缺而 Reduce 任务槽空闲，当 Map 任务全部执行完成后，Reduce 任务槽变得紧缺而 Map 任务槽变得空闲，这种区分任务槽类别的资源管理方案在一定程度上降低了任务槽的利用率。

5.1.2　YARN 的产生

YARN 的产生就是为了解决 MapReduce 1.0 体系结构存在的 JobTracker 单点故障问题、可扩展性受限问题、难以支持 MapReduce 以外的计算框架及资源划分不合理的问题。而且，YARN 还能解决不同的计算框架（如离线计算框架 MapReduce、实时计算框架 Storm、内存计算框架 Spark）之间的数据共享问题。

除了解决上述问题，YARN 还能减少运维成本，并方便数据共享。如果用户采用"一个框架一个集群"的模式，那么可能需要更多管理员管理这些集群，进而增加运维成本，而 YARN 提供的共享集群模式只需要少数管理员即可完成对多个框架的统一管理。随着数据量的迅猛增加，跨集群间的数据移动不但需要花费更长的时间，而且所需的硬件成本也大大增加，而 YARN 提供的共享集群模式可让多种框架共享数据和硬件资源，这将大大降低数据移

动带来的成本。

　　YARN 是 Hadoop 2.0 的集群资源管理系统，负责集群的统一管理和调度。它类似于分布式操作系统，可对 CPU 和内存进行管理，采用的是主/从结构，运行在 YARN 上的 MapReduce 程序类似于一个个的应用。

5.2　YARN 的设计思路

　　为了解决 MapReduce 1.0 体系结构中存在的问题，并更好地实现"一个集群多个框架"的目的，YARN 的设计思路就是将 MapReduce 1.0 体系结构中主节点上 JobTracker 的功能（资源管理、任务调度和任务监控）进行拆分。其中，YARN 中的 ResourceManager 负责资源管理，YARN 中的 ApplicationMaster 负责任务调度和任务监控。MapReduce 1.0 体系结构中从节点上 TaskTracker 的职责由 YARN 中的 NodeManager 担任。YARN 的架构设计思路如图 5-1 所示。

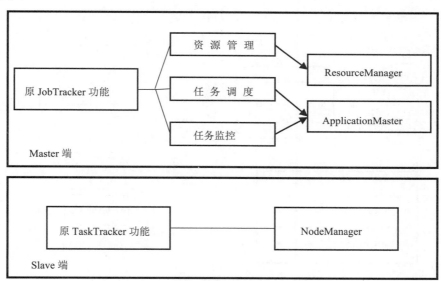

图 5-1　YARN 的架构设计思路

　　ApplicationMaster 在负责任务调度和任务监控时，会以一种"活动-备用"配置的模式运行一对 ResourceManager。如果活动 ResourceManager 失效，那么备用 ResourceManager 可以接替它执行资源管理功能，并直接恢复到出现故障的活动 ResourceManager 的核心状态，以此解决 JobTracker 存在的单点故障问题。

　　为了实现"一个集群多个框架"的目的，即在一个集群上部署一个统一的资源管理调度框架，到了 Hadoop 2.0 以后，MapReduce 1.0 中的资源管理调度功能被单独分离出来形成 YARN。YARN 是一个纯粹的资源管理调度框架，而不再是一个计算框架。被剥离了资源管理调度功能的 MapReduce 1.0 就变成了 MapReduce 2.0，它是运行在 YARN 之上的一个纯粹的计算框架，不再负责资源管理调度功能，而是由 YARN 为其提供资源管理调度功能。

　　为了进行更加合理的资源管理，避免出现僵化任务槽数目、固定任务槽大小和区分任务槽类别导致的资源利用问题，YARN 使用容器（Container）对资源进行抽象，不同于 MapReduce 1.0 中的任务槽，Container 是一个动态资源划分单位，是根据应用的需求动态生成的，比之前以任务槽划分更合理。而且，Container 的设计避免了 MapReduce 1.0 中由于 Map 任务槽和 Reduce 任务槽的分开而造成的资源闲置问题。

5.3　YARN 的体系结构

5.3.1　YARN 的体系结构总体框架

图 5-2 所示为 YARN 的体系结构总体框架，展示了 YARN 中的 ResourceManager、ApplicationMaster、NodeManager、Container 及它们之间的联系。

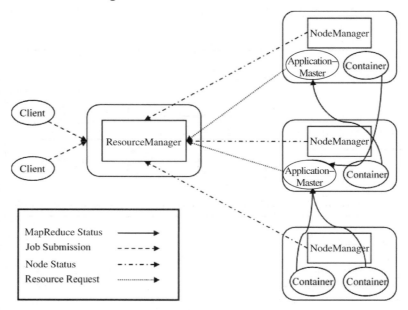

图 5-2　YARN 的体系结构总体框架

ResourceManager 的主要功能是处理 Client 的请求、启动并监控 ApplicationMaster、监控 NodeManager、负责资源的分配和调度。

ApplicationMaster 是每个作业都有的一部分，可以运行在 ResourceManager 以外的机器上，其主要功能是为应用申请资源并分配给内部任务，负责任务的调度、监控和容错。

NodeManager 是 ResourceManager 在每个节点上的代理，负责 Container 状态的维护，并向 ResourceManager 发送"心跳"信息，它主要负责单个节点上的资源管理，并处理来自 ResourceManager 和 ApplicationMaster 的命令。

YARN 使用 Container 对资源进行抽象，它封装了某个节点上一定量的资源（现在 YARN 仅支持 CPU 和内存两种资源）。当 ApplicationMaster 向 ResourceManager 申请资源时，ResourceManager 给 ApplicationMaster 返回的资源用 Container 表示。YARN 会为每个任务分配一个或多个 Container，并且该任务只能使用该 Container 中封装的资源。

5.3.2　YARN 各组件功能的介绍

1．ResourceManager

ResourceManager 是一个全局的资源管理器和调度器（Scheduler），它负责整个系统的资源管理和分配。在保证容量、公平性和服务器等级的前提下，ResourceManager 可优化集群的资源利用率，让所有的资源都能被充分利用。

ResourceManager 主要包括 Scheduler 和应用程序管理器（ApplicationManager）。

1）Scheduler

Scheduler 接收来自 ApplicationMaster 的应用资源请求，将集群中的资源以 Container 的形式分配给提出申请的应用。Container 通常会基于应用所要处理的数据位置进行就近选择，从而实现"计算向数据靠拢"。与 MapReduce 1.0 中的静态任务槽设置不同的是，这里的 Container 是一种动态资源分配单位，每个 Container 中都封装了一定数量的 CPU、内存资源，从而限定每个应用可以使用的资源量。Scheduler 被设计成了一个可拔插的组件。YARN 不仅提供很多种可以直接使用的 Scheduler，还允许用户根据自身需要重新设计 Scheduler。

2）ApplicationManager

ApplicationManager 负责系统中所有应用的管理工作，主要包括应用的提交、与 Scheduler 协商资源以启动 ApplicationMaster、监控 ApplicationMaster 的运行状态并在它失败时重新启动等。

2．Container

Container 是对任务运行环境的抽象，它描述了任务运行时所需的资源（主要包括节点、内存、CPU）、任务启动命令、任务的运行环境等一系列信息。其中，任务的运行环境把一个应用切分成了多部分。例如，Map、MySQL 等会对应不同的 Container，从而实现资源隔离。资源隔离指不同应用使用各自的节点、内存、CPU 等资源，互相不产生交集，如某个应用需要 2GB 内存，并要求和其他内存隔离开。

3．ApplicationMaster

ResourceManager 接收用户提交的作业，按照作业的上下文信息及从 NodeManager 收集来的 Container 状态信息启动调度过程，为作业启动一个 ApplicationMaster。

用户提交作业时，ApplicationMaster 和 ResourceManager 协商获取资源，ResourceManager 会以 Container 的形式为 ApplicationMaster 分配资源。ApplicationMaster 会将获取的资源进一步分配给内部的各个 Map 或 Reduce 任务，实现资源的"二次分配"。同时，ApplicationMaster 会和 NodeManager 保持通信以进行应用的启动、运行、监控和停止——监控申请到的资源的使用情况，对所有任务的执行进度和状态进行监控，并在任务失败时执行失败恢复（重新申请资源重启任务）。ApplicationMaster 还会定时向 ResourceManager 发送"心跳"信息，报告资源的使用情况和应用的进度信息。当作业完成时，ApplicationMaster 向 ResourceManager 注销 Container，到此整个执行周期完成。

4．NodeManager

NodeManager 是驻留在 YARN 中每个节点上的工作进程，是 ResourceManager 在每个节点的代理，负责管理集群中独立的计算节点。NodeManager 的职责包括：Container 生命周期的管理、监控每个 Container 的资源（CPU、内存等）使用情况、跟踪节点的健康状况、以心跳的方式和 ResourceManager 保持通信、向 ResourceManager 汇报作业的资源使用情况和每个 Container 的运行状态、接收来自 ApplicationMaster 的启动/停止 Container 的各种请求。

需要说明的是，NodeManager 主要负责管理抽象的 Container，只处理和 Container 相关的事情，而不具体负责每个 Map 或 Reduce 任务自身状态的管理，因为这些管理工作是由 ApplicationMaster 来完成的，ApplicationMaster 会通过不断和 NodeManager 通信来掌握各个任务的执行状态。

5.3.3　YARN 的容错性

YARN 是通过怎样的机制保证其容错性的呢？本章将通过以下故障情况阐述 YARN 的容错机制。

1. ResourceManager 故障

ResourceManager 故障是比较严重的，一旦 ResourceManager 出现故障，作业和任务都不能被启动，所有运行的作业都会失败，并且不能被恢复。

为了实现高可用性，YARN 以一种"活动-备用"配置的模式运行一对 ResourceManager。如果活动 ResourceManager 出现故障，备用 ResourceManager 可以接替它执行资源管理功能，并且由于所有运行信息都会被存储在高可用的 ZooKeeper 或 HDFS 中，备用 ResourceManager 可以直接恢复到出现故障的活动 ResourceManager 的核心状态，因此对 Client 来说没有明显的中断现象。

ResourceManager 从备用状态变换为活动状态，是由故障恢复控制器来处理的。故障恢复控制器使用 ZooKeeper 选举领导者的方式，确保在同一时刻只有一个活动 ResourceManager。故障恢复控制器是默认嵌入 ResourceManager 中的。

Client 和 NodeManager 用于处理 ResourceManager 的故障切换，它们会以循环的方式尝试连接每个 ResourceManager，直到找到一个活动 ResourceManager。如果活动 ResourceManager 出现故障，那么它们将重试直到备用 ResourceManager 变为活动 ResourceManager，从而使运行恢复正常。

2. NodeManager 故障

NodeManager 出现故障后，ResourceManager 会将故障任务告诉对应的 ApplicationMaster，由 ApplicationMaster 决定如何处理故障任务。

那么，ResourceManager 是如何判断 NodeManager 是否出现故障的呢？

如果 NodeManager 因中断或运行缓慢而出现故障，那么它将不会发送"心跳"信息到 ResourceManager（或者发送次数较少）。如果 ResourceManager 在 10min 内（这个配置可以通过属性 yarn.resourcemanager.nm.liveness-monitor.expiry-interval-ms 设置，以 ms 为单位）没有接收到 NodeManager 发送的"心跳"信息，那么它会认为该 NodeManager 已经出现故障，并将它从集群中删除。

对于出现故障的 NodeManager，由 ApplicationMaster 负责分配在其上已经成功运行的 Map 任务，如果这些 Map 任务属于未完成的作业，那么它们将会被重新运行，因为它们的中间结果保存在出现故障的 NodeManager 的本地文件系统中，Reduce 任务可能不能访问。

对于一个应用来说，如果 NodeManager 出现故障的概率比较高，那么它可能会被列入黑

名单。黑名单是由 ApplicationMaster 管理的。如果一个 NodeManager 上有 3 个以上的任务
失败，那么 ApplicationMaster 将会在其他节点上重新调度这些任务。

3．ApplicationMaster 故障

当 ApplicationMaster 出现故障后，由 ResourceManager 负责重启。

YARN 规定了 ApplicationMaster 在集群中的最大尝试次数，应用不能超过这个限制，这
个限制通过属性 yarn.resourcemanager.am.max-attempts 来设置，默认为 2。

ApplicationMaster 定期发送"心跳"信息到 ResourceManager，包括失败的应用运行作
业。如果 ResourceManager 检测到失败的应用运行作业，那么它将在一个新 Container 中重
新启动 ApplicationMaster 的实例。对于新的 ApplicationMaster 来说，它会根据已失败的应用
运行作业的历史记录来恢复任务的状态，所以不需要重新运行它们。

Client 会向 ApplicationMaster 轮询进度报告，如果 ApplicationMaster 失败了，那么 Client
需要重新查找一个新的 ApplicationMaster 实例。在任务初始化期间，Client 会向
ResourceManager 询问 ApplicationMaster 的地址，并对其进行缓存，所以它每次轮询
ApplicationMaster 的请求不会使 ResourceManager 超载。如果 ApplicationMaster 失败了，那么
Client 的轮询请求将会超时，此时 Client 会向 ResourceManager 请求一个新的 ApplicationMaster
的地址，这个过程对用户而言是透明的。

5.4　YARN 的工作流程

YARN 的工作流程如图 5-3 所示。

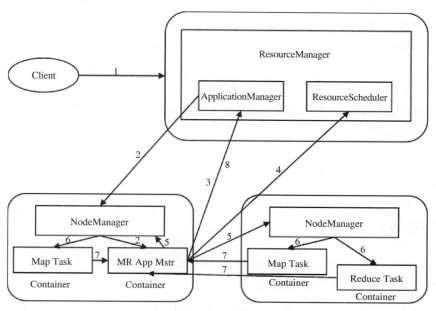

图 5-3　YARN 的工作流程

1．编写并提交应用

用户编写 Client 应用，向 YARN 提交应用，提交的内容包括 ApplicationMaster 程序、启

动 ApplicationMaster 的命令、用户程序和相关文件等。

2．ResourceManager 接收并处理请求

YARN 中的 ResourceManager 负责接收和处理来自 Client 的请求。ResourceManager 为该应用分配第一个 Container，并且和 Container 所在的 NodeManager 通信，要求 NodeManager 在这个 Container 中启动应用对应的 ApplicationMaster。

3．ApplicationMaster 启动运行

ApplicationMaster 被创建后会先会向 ResourceManager 的 ApplicationManager 注册，这样用户才可以直接通过 ResourceManager 查看应用的运行状态，然后 ApplicationMaster 准备为该应用的各个任务申请资源，并监控它们的运行状态直到运行结束。

4．ApplicationMaster 轮询访问 Scheduler

ApplicationMaster 采用轮询的方式通过 RPC 协议向 ResourceManager 的 Scheduler 申请和获取资源。

5．ResourceManager 分配资源及 ApplicationMaster 启动

ResourceManager 以 Container 的形式为提出申请的 ApplicationMaster 分配资源。一旦 ApplicationMaster 申请到资源，便会和申请到的 Container 所对应的 NodeManager 进行通信，并且要求它在该 Container 中启动任务。

6．在 Container 中启动任务

NodeManager 为要启动的任务配置好运行环境，包括环境变量、jar 包、二进制程序等，并且将启动命令写在一个脚本里，通过该脚本运行任务。

7．任务汇报状态进度

各个任务通过 RPC 协议向其对应的 ApplicationMaster 汇报自己的运行状态和进度，使 ApplicationMaster 随时掌握各个任务的运行状态及任务失败时申请新的 Container 重新运行失败的任务。

8．关闭

在应用运行完成后，应用对应的 ApplicationMaster 向 ResourceManager 的 Application-Manager 注销并关闭自己。

5.5　YARN 的优缺点分析

5.5.1　YARN 的优点

YARN 相对于 MapReduce 1.0 来说具有以下优点。

1．解决 JobTracker 单点故障问题

在 MapReduce 1.0 中，存在 JobTracker 单点故障问题，即一旦单一的 JobTracker 出现故障，整个集群就会变得不可用。YARN 将 MapReduce 1.0 体系结构中主节点上 JobTracker 的三大功能进行拆分，由 YARN 中的 ResourceManager 负责资源管理，ApplicationMaster 负责任务调度和任务监控，并以一种"活动-备用"配置的模式运行一对 ResourceManager。如果

活动 ResourceManager 出现故障，那么备用 ResourceManager 可以接替它执行资源管理功能，并直接恢复到出现故障的活动 ResourceManager 的核心状态，解决了 JobTracker 的单点故障问题。

2．增强可扩展性

在 MapReduce 1.0 中，JobTracker 同时具备资源管理和作业调度两大功能。一旦同时提交的作业较多，JobTracker 就将不堪重负，并严重制约 Hadoop 集群的可扩展性；YARN 通过对 JobTracker 的三大功能进行拆分，以及由 ApplicationMaster 完成需要大量资源消耗的任务调度和任务监控，并且多个作业对应多个 ApplicationMaster，实现了监控的分布化，大大降低了承担中心服务功能的 ResourceManager 的资源消耗，增强体系结构的可扩展性。

3．支持不同的计算框架

YARN 能够支持不同的计算框架。MapReduce 1.0 既是一个计算框架，又是一个资源管理调度框架，但是它只能支持 MapReduce 编程模型。而 YARN 则是一个纯粹的资源管理调度管理框架，在它上面可以运行包括 MapReduce 在内的不同类型的计算框架，如流计算框架 Storm、内存计算框架 Spark 等，这些计算框架的实现只要对相应的 ApplicationMaster 进行编程即可。从 MapReduce 1.0 框架发展到 YARN 框架，Client 并没有发生变化，其大部分 API 和接口都保持了兼容，因此，原来针对 Hadoop 1.0 开发的代码不用做大的改动，就可以直接放到 Hadoop 2.0 平台上运行。YARN 实现了一个集群多个框架，如图 5-4 所示。

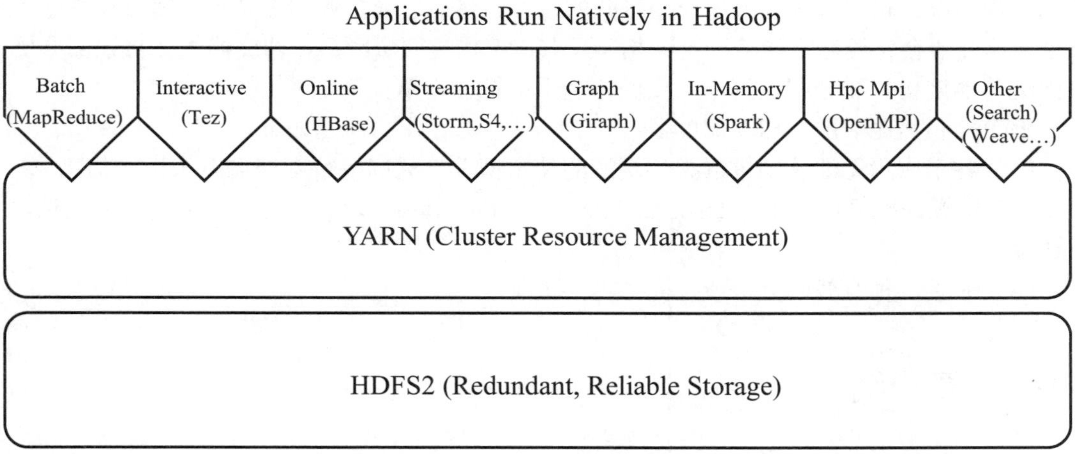

图 5-4　YARN 实现了一个集群多个框架

这个优点也体现了 YARN 的目标——"一个集群多个框架"。一个企业同时存在各种不同的业务应用场景，因此需要采用不同的计算框架，如使用 MapReduce 实现离线批处理、使用 Impala 实现实时交互式查询分析、使用 Storm 实现流数据的实时分析、使用 Spark 实现迭代计算等。这些计算框架通常来自不同的开发团队，具有各自的资源调度管理机制。为了避免不同类型的应用之间互相干扰，企业就需要把内部的服务器拆分成多个集群，分别安装并且运行不同的计算框架，即"一个框架一个集群"。而"一个框架一个集群"会导致集群的资源利用率低、数据无法共享、维护代价高等问题。

而在 YARN 上可以部署各种计算框架，YARN 为这些计算框架提供统一的资源调度管理服务，并且能够根据各种计算框架的负载需求调整各自占用的资源，实现集群资源的共享和资源的弹性收缩。YARN 可以实现一个集群上不同应用负载的混搭，有效提高了集群的利用率。由图 5-4 可知，在 YARN 上部署了批处理应用、交互式应用、流处理应用、图处理应用、内存计算应用等。不同计算框架可以共享底层的存储 HDFS2，避免了数据的跨集群移动。

4．更加合理的资源管理方式

YARN 的资源管理方式更加合理。YARN 使用 Container 对资源进行抽象，不同于 MapReduce 1.0 中的任务槽，Container 是一个动态资源划分单位，是根据应用的需求动态生成的，比之前以任务槽划分更合理。而且，Container 的设计避免了 MapReduce 1.0 中由于 Map 任务槽和 Reduce 任务槽的分开而造成的资源闲置问题。

5.5.2　YARN 的缺点

YARN 是一个具有双层架构的调度器，第一层由 ResourceManager 为 ApplicationMaster 分配资源，第二层由 ApplicationMaster 对任务进行调度，这种调度方式解决了中央调度器的不足（中央调度器的典型代表就是 MapReduce 1.0 中的 JobTracker)。调度器为双层架构看上去似乎为调度增加了灵活性和并发性，但实际上它保守的资源可见性和上锁算法（使用悲观并发）也限制了调度的灵活性和并发性。保守的资源可见性导致各框架无法感知整个集群的资源使用情况，有空闲资源无法通知排队的进程，容易造成资源的浪费；上锁算法降低了并发性，调度器会将资源分配给一个架构，只有该架构返回资源后，调度器才会将该部分资源分配给其他架构，在分配过程中，资源相当于被锁住，从而降低了并发性。

YARN 和其他双层架构的调度器（如 Mesos）都存在的问题如下。

（1）各个应用无法感知集群整体资源的使用情况，只能等待上层调度来推送信息。

（2）资源分配采用轮询、ResourceOffer 机制（如 Mesos)，在分配过程中使用悲观锁，并发粒度小。

（3）缺乏一种有效的竞争或优先抢占的机制。

5.6　本章小结

本节对本章的主要内容总结如下。

5.1 节主要介绍了 MapReduce 1.0 存在的问题：单一的 JobTracker 单点故障问题、扩展性受限、难以支持 MapReduce 以外的计算框架及资源划分不合理，并对这些问题进行了分析，这也正是 YARN 的产生背景，以达到"一个集群多个框架"的目的。

5.2 节主要介绍了 YARN 的设计思路。YARN 体系结构的设计思路就是将 MapReduce 1.0 体系结构中主节点上的 JobTracker 的三大功能（资源管理、任务调度和任务监控）进行拆分，建立一个纯粹的资源管理调度框架。其中，YARN 中的 ResourceManager 负责资源管理，ApplicationMaster 负责任务调度和任务监控。在这样的设置下，YARN 成功解决了 MapReduce 1.0 中存在的问题，实现了其"一个集群多个框架"的目的。

5.3 节主要介绍了 YARN 的 ResourceManager、ApplicationMaster、NodeManager、Container

及其具体功能。ResourceManager 是一个全局的资源管理器和调度器，负责整个系统的资源管理和分配，优化集群的资源利用率，使所有的资源都能被充分利用，它主要包括 Scheduler 和 ApplicationManager。Container 是对任务运行环境的抽象，它描述了任务运行时所需的资源（主要包括节点、内存、CPU）、任务启动命令、任务的运行环境等一系列信息。ApplicationMaster 在提交用户作业时和 ResourceManager 协商以获取资源，ResourceManager 会以 Container 的形式为 ApplicationMaster 分配资源。ApplicationMaster 会将获取的资源进一步分配给内部的各个 Map 或 Reduce 任务，实现资源的"二次分配"。此外，ApplicationMaster 会和 NodeManager 保持通信以进行应用的启动、运行、监控和停止，定时向 ResourceManager 发送"心跳"信息及向 ResourceManager 注销 Container。NodeManager 是 ResourceManager 在每个节点的代理，负责管理集群中独立的计算节点，职责包括 Container 生命周期的管理、监控每个 Container 的资源（CPU、内存等）使用情况、跟踪节点的健康状况、以"心跳"的方式和 ResourceManager 保持通信、向 ResourceManager 汇报、接收来自 ApplicationMaster 的启动/停止 Container 的各种请求。本节对 YARN 的容错性进行了分析，分别对 ResourceManager 故障、NodeManager 故障和 ApplicationMaster 故障情况下 YARN 的容错机制进行了阐述。

5.4 节主要介绍了 YARN 的工作流程。

（1）编写并提交应用。

（2）ResourceManager 接收并处理请求。

（3）ApplicationMaster 启动运行。

（4）ApplicationMaster 轮询访问 Scheduler。

（5）ResourceManager 分配资源及 ApplicationMaster 启动。

（6）在 Container 中启动任务。

（7）任务汇报状态进度。

（8）关闭。

5.5 节主要对 YARN 的优缺点进行了分析。一方面，YARN 对 MapReduce 1.0 中存在的问题进行了改进。相比 MapReduce 1.0，YARN 具有解决单点故障问题、降低承担中心服务功能的 ResourceManager 资源消耗以增加可扩展性、能够支持不同的计算框架实现"一个集群多个框架"目的、更合理的资源管理方式的优点。另一方面，YARN 作为一个双层架构调度器，还存在着以下问题：各个应用无法感知集群整体资源的使用情况，只能等待上层调度来推送信息；资源分配采用轮询、ResourceOffer 机制（如 Mesos)，在分配过程中使用悲观锁，并发粒度小；缺乏一种有效的竞争或优先抢占的机制。

5.7　本章习题

一、单选题

1. 下列不属于 MapReduce 1.0 存在的问题的是（　　）。

    A. 单一的 TaskTracker 存在单点故障问题

    B. 可扩展性受限

    C. 难以支持 MapReduce 以外的计算框架

D．资源划分不合理

2．一个 NodeManager 上有（　　）个以上的任务失败，ApplicationMaster 将会在其他节点上重新调度这些任务。

A．2　　　　　　　B．3　　　　　　　C．4　　　　　　　D．5

二、判断题

1．YARN 为每个任务仅分配一个 Container。　　　　　　　　　　　　　　（　　）

2．为了提高 YARN 的容错性，YARN 以一种"活动-备用"配置的模式运行一对 ResourceManager。　　　　　　　　　　　　　　　　　　　　　　　　（　　）

三、思考题

1．试使用"步骤 1、步骤 2、步骤 3……"说明 YARN 中运行应用的基本流程。

2．MapReduce 2.0 中，ApplicationMaster 的主要作用是什么？如何实现任务容错的？

3．YARN 产生的原因是什么？它解决了什么问题？有什么优势？

第6章

大数据的获取和预处理

 **学习目标**

了解数据爬虫和数据预处理的基本原理和流程，并分别基于 Scrapy 和 Pandas 实现相关功能。

 **学习要点**

- ↘ 爬虫的基础知识，使用 Scrapy 实现数据爬虫
- ↘ 数据清洗的基本原理和流程，使用 Pandas 实现数据清洗
- ↘ 数据归约的基本概念
- ↘ 数据标准化的基本概念和方法

6.1 大数据的获取

6.1.1 爬虫的基础知识

1. HTTP 的基本原理

HTTP 基于 TCP/IP 通信协议来传递数据，是用于从 WWW 服务器传输超文本到本地浏览器的传送协议。该协议工作于客户端-服务器架构上。浏览器作为 HTTP 客户端通过 URL 向 HTTP 服务器发送所有请求，服务器根据收到的请求，向客户端发送响应信息。

1）HTTP 请求过程

当用户在浏览器中输入 URL 并按下回车键后，浏览器首先解析输入的 URL，通过 DNS 缓存或 DNS 服务器获取服务器的 IP 地址。然后，浏览器与服务器通过 TCP 三次握手建立 TCP/IP 的连接。连接建立后，浏览器向服务器发送一个 HTTP 请求，该请求报文主要由请求行（Request Line）、请求头（Header）、空行（Blank Line）和请求体（Request Body）组成。HTTP 请求报文的结构如图 6-1 所示。

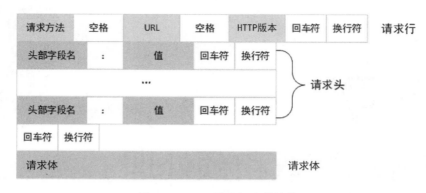

图 6-1　HTTP 请求报文的结构

（1）请求行。

请求行是由请求方法、请求 URL（用来定位抽象或物理资源的字符串）和 HTTP 版本组成的，每部分使用空格分隔，在请求行的最后以回车符与换行符结尾，如下所示。

```
GET /script/common.js HTTP/1.1
```

其中，GET 为请求方法，/script/common.js 为请求 URL，HTTP/1.1 为 HTTP 版本。请求方法用来表示使用哪种方法来请求 URL 所指向的资源。注意，请求方法始终以大写形式存在。HTTP 中常用的请求方法如表 6-1 所示。

表 6-1　HTTP 中常用的请求方法

方　　法	描　　述
GET	请求指定 URL 所指向的资源，请求体中不包含请求数据，请求数据放在协议头中 。另外 GET 方法支持快取、缓存、可保留书签等
POST	与 GET 方法类似，向服务器提交资源让服务器处理，如提交表单、上传文件等，可导致建立新的资源或对原有资源的修改。提交的资源放在请求体中，不支持快取
HEAD	本质和 GET 方法一样，但是响应中没有呈现数据，而 HTTP 的头信息主要用来检查资源或链接的有效性
PUT	从客户端向服务器传送的数据取代指定的文档内容
DELETE	请求服务器删除某资源，具有破坏性，可能被防火墙拦截
CONNECT	HTTP/1.1 中预留给能够将链接改为管道方式的代理服务器，即将服务器作为跳板，访问其他网页并返回数据
OPTIONS	获取服务器支持的 HTTP 请求方法，允许客户端查看服务器的性能
TRACE	回显服务器收到的请求，主要用于测试或诊断

（2）请求头。

请求头是客户端传递给服务器的一系列有关本次请求和客户端本身的相关配置信息，这些信息以键值对方式呈现，服务器以此解析请求头，用来说明服务器要使用的附加信息。请求头一般由头部字段名、冒号、空格、值组成，如 Host: c.biancheng.net。表 6-2 所示为 HTTP 中常见的请求头。

表 6-2　HTTP 中常见的请求头

头部字段名	说　　明	示　　例
Accept	指定客户端能够接收的内容类型	Accept: text/plain, text/html

续表

头部字段名	说　　明	示　　例
Accept-Charset	浏览器可以接收的字符编码集	Accept-Charset: iso-8859-5
Accept-Encoding	指定浏览器支持的内容压缩类型	Accept-Encoding: compress, gzip
Accept-Language	浏览器可以接收的语言	Accept-Language: en,zh
Authorization	HTTP 授权的授权证书	Authorization: Basic QWxhZGRpbjpvcGVuIHNlc2FtZQ==
Cache-Control	指定请求和响应遵循的缓存机制	Cache-Control: no-cache
Connection	表示是否需要长连接（HTTP 1.1 默认进行长连接）	Connection: close
Cookie	HTTP 请求发送时,会把保存在该请求域名下的所有 Cookie 值一起发送给服务器	Cookie: $Version=1; Skin=new
Content-Length	请求内容的长度	Content-Length: 348
Content-Type	请求的 MIME 类型	Content-Type: application/x-www-form-urlencoded
Date	请求发送的日期和时间	Date: Tue, 15 Nov 2010 08:12:31 GMT
Expect	请求特定的服务器行为	Expect: 100-continue
From	发起请求的用户 Email	From: user@email.com
User-Agent	发出请求的客户端信息	User-Agent: Mozilla/5.0(Linux;)
Host	指定请求服务器域名	Host: c.biancheng.net
If-Match	只有请求内容与实体相匹配才有效	If-Match: "737060cd8c284d8af7ad3082f209582d"

（3）空行和请求体。

HTTP 请求通过使用空行表示请求头结束。请求体一般出现在使用 POST 方法提交数据时，如提交表单数据或上传文件时，客户端会把数据以“key=value”的形式发送给服务器，多个数据之间使用“&”符号分隔，如下所示。

```
username=c.biancheng.net&password=123456
```

（4）HTTP 请求示例。

将上面几部分组合到一起就构成了 HTTP 请求，以访问百度首页为例，HTTP 请求如下所示。

```
GET /HTTP/1.1
Host: www.baidu.com
Connection: keep-alive
sec-ch-ua: "Chromium";v="92", " Not A;Brand";v="99", "Google Chrome";v="92"
Accept: application/json, text/javascript, */*; q=0.01
sec-ch-ua-mobile: ?0
User-Agent: Mozilla/5.0 (Windows NT 10.0; Win64; x64) AppleWebKit/537.36 (KHTML,
like Gecko) Chrome/92.0.4515.107 Safari/537.36
Sec-Fetch-Site: same-origin
Sec-Fetch-Mode: cors
Sec-Fetch-Dest: empty
Referer: https://www.baidu.com/
Accept-Encoding: gzip, deflate, br
Accept-Language: zh-CN,zh;q=0.9
Cookie: BIDUPSID=529694F4C8F6434AF12DA0A723E5D24C;
```

2）HTTP 响应报文

当客户端发送一个请求后，一般都会得到服务器的响应。服务器发送给客户端的 HTTP 响应用于向客户端提供请求的资源及客户端请求的执行结果。与请求类似，HTTP 响应由响应行、响应头、空行和响应体组成。HTTP 响应报文的结构如图 6-2 所示。

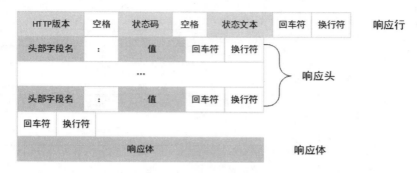

图 6-2　HTTP 响应报文的结构

（1）响应行。

响应行以 HTTP 版本、表示响应状态的状态码和形容这个状态的状态文本组成，每部分用空格分隔，如下所示。

```
HTTP/1.1 200 OK
```

其中，HTTP/1.1 为 HTTP 版本，200 为响应状态的状态码，OK 为形容响应状态的状态文本。注意：响应行中的字母都为大写。HTTP 响应的状态码是一个 3 位的整数，其中第 1 位用来表示响应的类型，状态码一共有 5 类。HTTP 的状态码如表 6-3 所示。

表 6-3　HTTP 的状态码

状 态 码	状态码说明
1xx	信息，服务器收到请求，需要请求者继续执行操作
2xx	成功，操作被成功接收并处理
3xx	重定向，需要进一步操作以完成请求
4xx	客户端错误，请求包含语法错误或无法完成请求
5xx	服务器错误，服务器在处理请求的过程中发生了错误

（2）响应头。

响应头与 HTTP 中的请求头类似，由头部字段名、冒号、空格和值组成。

```
Date: Tue, 22 Sep 2020 02:00:55 GMT
```

响应头中包含了一系列服务器的信息及服务器对请求的响应。HTTP 响应头中常用的头部字段名如表 6-4 所示。

表 6-4　HTTP 响应头常用的头部字段名

头部字段名	说　　明	示　　例
Accept-Ranges	表明服务器是否支持指定范围请求及哪种类型的范围请求	Accept-Ranges: bytes
Age	从原始服务器到代理缓存形成的估算时间（单位为秒，不能为负数）	Age: 12
Allow	服务器支持的请求方法，当使用不支持的请求方法时返回 405	Allow: GET, HEAD
Cache-Control	告诉所有的缓存机制是否可以缓存及缓存类型	Cache-Control: no-cache

头部字段名	说　明	示　例
Content-Encoding	服务器支持的返回内容压缩类型	Content-Encoding: gzip
Content-Language	响应体的语言	Content-Language: en,zh
Content-Length	响应体的长度	Content-Length: 348
Content-Location	可替代请求资源的另一个备用地址	Content-Location: /index.htm
Content-MD5	返回资源的 MD5 校验值	Content-MD5: Q2hlY2sgSW50ZWdyaXR5IQ==
Content-Range	使用范围请求时，定义返回的部分在整个返回体中的字节位置	Content-Range: bytes 21010-47021/47022
Content-Type	返回内容的 MIME 类型	Content-Type: text/html; charset=utf-8
Date	服务器做出响应的时间	Date: Tue, 15 Nov 2010 08:12:31 GMT
ETag	被请求变量的实体值	ETag: "737060cd8c284d8af7ad3082f209582d"

（3）空行和响应体。

与 HTTP 请求相同，HTTP 响应中同样使用空行来表示响应头结束，响应体则是服务器根据客户端的请求返给客户端的具体数据。

（4）HTTP 响应示例。

将上面的几部分组合到一起就构成了一个 HTTP 响应。以访问百度首页为例，HTTP 响应如下所示。

```
HTTP/1.1 200 OK
Content-Length: 768
Content-Type: text/plain; charset=UTF-8
Date: Sun, 19 Sep 2021 13:16:40 GMT
```

2．HTML 和 XPath 基础

HTML（HyperText Markup Language，超文本标记语言）是一种标记语言，包括一系列标签，利用这些标签可以将网络上的格式统一，从而使得分散的 Internet 资源连接为一个逻辑整体。HTML 用于显示信息，而传输和存储信息则是使用 XML（Extensible Markup Language，可扩展标记语言）。XML 由 XML 元素组成。每个 XML 元素包括一个开始标记、一个结束标记及两个标记之间的内容，可用来标记数据、定义数据类型等。XPath（XML Path，XML 路径）语言是在 XML 文档中查找信息的语言，同样也适用于 HTML 文档的搜索。

1）HTML 元素

HTML 是一种用来结构化 Web 网页及其内容的标记语言。网页内容可以是一组段落、一个消息列表，也可以含有图片和数据表。HTML 由一系列元素组成，这些元素可用来包围不同部分的内容，使其以某种方式呈现或工作。一对标签可以为一段文字或一张图片添加超链接，将文字设置为斜体、改变字号等。例如，输入如下内容。

```
我的院子里有两棵树
```

可以将这行文字封装为一个段落元素来使其在单独一行呈现。

```
<p>我的院子里有两棵树</p>
```

这个元素主要包含以下几部分。

（1）开始标签（Opening Tag）：包含元素的名称（本例为 p），被大于号、小于号所包围，表示元素由此开始。

（2）结束标签（Closing Tag）：与开始标签类似，只是在其元素名之前包含了一个斜杠，表示元素的结尾。

（3）内容（Content）：元素的内容，本例中就是所输入的文本——我的院子里有两棵树。

（4）元素（Element）：开始标签、结束标签与内容相结合，就是完整的元素。

2）HTML 文档

以上介绍了基本的 HTML 元素，现分析完整的 HTML 页面，示例如下。

```
<!DOCTYPE html>
<html>
  <head>
    <meta charset="utf-8">
    <title>测试页面</title>
  </head>
  <body>
    <img src="images/firefox-icon.png" alt="测试图片">
  </body>
</html>
```

这里主要包含以下元素。

（1）<!DOCTYPE html >：说明文档类型，HTML4.01 规定了三种不同的<!DOCTYPE > 声明，分别为 Strict、Transitional 和 Frameset，HTML5 则仅规定了一种：<!DOCTYPE html >。此外，<!DOCTYPE >标签没有结束标签，并且不区分大小写。

（2）<html></html>：<html>元素，该元素包含整个页面的内容，也称为根元素。

（3）<head></head>：<head>元素，该元素内容对用户不可见，其中包含面向搜索引擎的搜索关键字（keyword）、页面描述等。

（4）<meta charset="utf-8">：该元素指定文档使用 utf-8 字符编码。

（5）<title></title>：<title>元素，该元素设置页面的标题，显示在浏览器标签页上，也作为收藏页面的描述文字。

（6）<body></body>：<body>元素，该元素包含期望让用户在访问页面时看到的内容，包括文本、图像、视频、游戏、可播放的音轨或其他内容。

3）树表示法

浏览器发送请求后，会收到服务器响应的 HTML 文档，浏览器需要对其进行解析，从而将 HTML 文档转换为常见的页面。解析主要分为 DOM（Document Object Model，文档对象模型）改造、布局及绘制页面。DOM 表示法具有跨平台、语言无关等特点，并且被大多数浏览器所支持，是 W3C 组织推荐的处理可扩展标记语言（HTML 或 XML）的标准编程接口。

DOM 表示法可以将 HTML 文档解析为一个由节点和对象（包含属性和方法的对象）组成的结构集合，即 HTML 代码的树表示法。这种对象模型决定了节点之间都有一定的关联，如父子、兄弟等。例如，有下面一段 HTML 代码。

```
<html>
  <head>
    <title>文档标题</title>
  </head>
  <body>
<a href="">我的链接</a >
<h1>我的标题</h1>
  </body>
</html>
```

其对应的树表示法如图 6-3 所示。

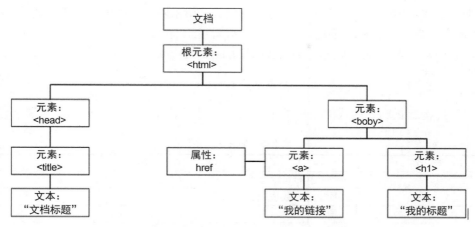

图 6-3　HTML 代码对应的树表示法

节点表示网络中的连接点，网络则由节点构成。而文档则是节点的集合，节点主要分为元素节点、文本节点和属性节点。

（1）元素节点：HTML 的标签元素为 DOM 的元素节点，负责提供文档的结构，如上例中的\<html\>、\<head\>、\<body\>等。

（2）文本节点：总是包含在元素节点内部，形成页面文档的主要内容，如上例中的文本"我的链接""我的标题"等。

（3）属性节点：用于对元素进行具体描述，如上例中 a 元素的 href 属性。

4）使用 XPath 选择 HTML 元素

XPath 可用于 HTML 文档的搜索，在爬虫中常使用 XPath 进行信息抽取，其选择功能非常强大，提供了许多简洁明了的路径选择表达式，同时还提供了超过 100 个内建函数用于字符串、数值、时间的匹配，节点、序列的处理。XPath 常见的表达式如表 6-5 所示。

表 6-5　XPath 常见的表达式

表　达　式	描　　述
nodename	选取此节点的所有子节点
/	从当前节点选取直接子节点
//	从当前节点选取子孙节点
.	选取当前节点
..	选取当前节点的父节点
@	选取属性

XPath 规则示例如下。

以下代码表示从当前节点中选取所有名称为 title，同时属性 lang 的值为 eng 的子孙节点。

```
//title[@lang='eng']
```

以下代码表示选择 li 节点的所有直接 a 子节点。

```
//li/a
```

以下代码表示获取属性 href 值为 link4.html 的 a 节点父节点的属性 class。

```
//a[@href="link4.html"]/../@class
```

3．正则表达式

正则表达式是用于描述一组字符串特征的模式，用来匹配特殊的字符串，通过"特殊字符串+普通字符"来进行模式描述，从而达到文本匹配目的的工具。正则表达式可在许多语言中使用，无论是前端的 JavaScript，还是后端的 Java、Python，它们都提供相应的接口/函数支持正则表达式。

1）元字符

元字符是构造正则表达式的一种基本元素。常用元字符如表 6-6 所示。

表 6-6　常用元字符

元　字　符	说　　明
.	匹配除换行符以外的任意字符
\w	匹配字母、数字、下画线或汉字
\s	匹配任意的空白符
\d	匹配数字
\b	匹配字符串的开始或结束
^	匹配字符串的开始
$	匹配字符串的结束

以元字符为例，可以尝试写一些简单的正则表达式。

（1）匹配有 abc 开头的字符串如下。

```
\babc 或者^abc
```

（2）匹配 8 位数字的号码如下。

```
^\d\d\d\d\d\d\d\d$
```

（3）匹配 1 开头的 11 位数字的号码如下。

```
^1\d\d\d\d\d\d\d\d\d\d $
```

2）重复限定符

正则表达式中有一些重复限定符，把重复部分用合适的限定符替代。常用的重复限定符如表 6-7 所示。

表 6-7　常用的重复限定符

重复限定符	说　　明
*	重复零次或更多次
+	重复一次或更多次
?	重复零次或一次
{n}	重复 n 次
{n, }	重复 n 次或更多次
{n, m}	重复 n 次到 m 次

有了重复限定符之后，可以对之前的正则表达式进行改造。举例如下。

（1）匹配 8 位数字的号码如下。

```
^\d{8}$
```

（2）匹配 1 开头的 11 位数字的号码如下。

```
^1\d{10}$
```

（3）匹配以 a 开头、0 个或多个 b 结尾的字符串如下。

```
^ab*$
```

（4）匹配包含 0 到多个 ab 开头的字符串如下。

```
^(ab)*
```

注意：正则表达式中用小括号来做分组，即将括号中的内容作为一个整体。

3）条件或

正则表达式用符号"|"来表示或，也称为分支条件，当满足正则表达式里的任何一个分支条件的时，都会当成是匹配成功。例如，以下示例表示匹配以 130/131/132/155/156/185/186/145/176 等号段开头的 11 位号码。

```
^(130|131|132|155|156|185|186|145|176)\d{8}$
```

4）区间

正则表达式用中括号来表示区间条件。

（1）限定 0 到 9 可写成[0-9]。

（2）限定 A～Z 可写成[A-Z]。

（3）限定某些数字，例如，限定 1,6,5 可写成[165]。

参考区间表达方式，上例可用如下形式表示。

```
^((13[0-2])|(15[56])|(18[5-6])|145|176)\d{8}$
```

4．爬虫的基本概念

简单来说，爬虫就是模拟浏览器向服务器发送网络请求，并获得请求响应，获取网页并提取和保存信息的自动化程序。它可以在抓取过程中进行各种异常处理、错误重试等操作，确保爬取高效运行。爬虫的具体介绍如下。

1）获取网页

爬虫首先要做的就是获取网页，即获取网页的源代码。网页的源代码包含了网页的有效信息，因此只要把源代码获取下来，就可以从中提取到有用信息。

所谓请求，就是客户端根据它发送给服务器的网络请求，从服务器获取响应，服务器返回的响应便是网页源代码。因此，爬虫的关键就是构造一个请求并发送给服务器，并将从服务器获取的响应解析出来。

Python 提供了许多类库帮助用户构造请求和解析响应，如 urllib、requests 等。通常人们使用这些类库来实现 HTTP 请求操作，请求和响应都使用类库提供的数据结构表示。利用客户端发送请求并获取响应后，只需要解析数据结构中的 Body 部分，就可以得到网页的源代码。

2）提取信息

用户获得网页源代码后，需要做的就是解析源代码，从中提取用户感兴趣的信息。首先，提取信息最常用的方法是采用正则表达式提取，但是构造正则表达式比较复杂且容易出错。

另外，由于网页的结构有一定的规则，因此可以利用网页节点属性或 XPath 来提取网页信息的库，如 Beautiful Soup、pyquery、lxml 等。使用这些库，用户可以高效地从中提取到有用的网页信息，如节点的属性、文本值等。

3）保存数据

提取信息以后，用户一般将提取到的数据保存到某处以便后续使用。数据的保存形式有很多，如简单保存为 TXT 或 JSON 文本，也可以保存到数据库，如 MySQL 和 MongoDB 等，还可以保存到远程服务器，如借助 SFTP 进行操作等。

4）自动化程序

简单来说，自动化程序就是指爬虫在抓取过程中进行各种异常处理、错误重试等操作，持续、高效、自动化地完成获取网页、提取信息、保存数据的工作。

6.1.2 Scrapy 爬虫的原理与流程

Scrapy 功能非常强大、爬取效率高、相关扩展组件多、可配置和可扩展程度非常高，是目前 Python 中使用最广泛的爬虫框架。

1．Scrapy 的介绍

Scrapy 是一个基于 Twisted 的异步处理框架，是纯 Python 实现的爬虫框架，其架构清晰、模块之间的耦合程度低、可扩展性强、可灵活实现各种需求。Scrapy 的架构如图 6-4 所示。

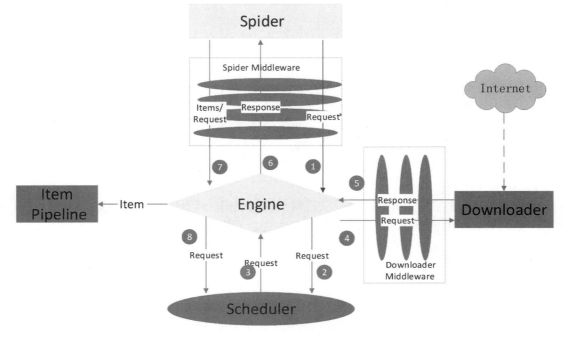

图 6-4　Scrapy 的结构

它可以分为如下几部分。

（1）Engine 即引擎，它可进行整个系统的流数据处理，是 Scrapy 的核心，负责控制流数据在系统的所有组件中的流动，并在相应动作发生时触发事件。

（2）Scheduler 即调度器，接收引擎发过来的请求，并将其加入队列中。

（3）Downloader 即下载器，用于高速下载网页内容，并将下载内容返给 Spider。

（4）Spider 即爬虫，定义爬取的逻辑和网页内容的解析规则，主要负责解析响应并生成结果和新的请求。

（5）Item Pipeline 即项目管道，它负责处理 Spider 从网页中抽取的数据，主要负责清洗、验证和向数据库中存储数据。

（6）Downloader Middleware 即下载中间件，它是处于 Scrapy 的 Request 和 Response 之

间的处理模块。

（7）Spider Middleware 即 Spider 中间件，它是位于 Engine 和 Spider 之间的框架，主要处理 Spider 输入的响应、输出的结果及新的请求实现。

除此之外，在 Scrapy 中还有 3 种流数据对象，分别是 Request、Response 和 Item。其中，Request 是 Scrapy 中的 HTTP 请求对象，Response 是 Scrapy 中的 HTTP 响应对象，Item 是一种简单的容器，用于存储爬取到的数据。

2．Scrapy 的工作流程

当 Spider 要爬取某 URL 地址的网页时，首先用该 URL 地址构造一个 Request，提交给 Engine（图 6-4 中的①）。然后 Request 进入 Scheduler，按照某种算法排队，并在之后的某个时刻从队列中出来，由 Engine 提交给 Downloader（图 6-4 中的②、③、④）。Downloader 根据 Request 中的 URL 地址发送一次 HTTP 请求到目标网站服务器，并接收服务器返回的 HTTP 响应，构建一个 Response（图 6-4 中的⑤）。由 Engine 将 Response 提交给 Spider（图 6-4 中的⑥）。Spider 提取 Response 中的数据，构造出 Item 或根据新的连接构造出 Request，分别由 Engine 提交给 Item Pipeline 或者 Scheduler（图 6-4 中的⑦、⑧）。这个过程反复进行，直到爬取完所有数据。同时，数据对象在出入 Spider 和 Downloader 时可能会经过 Middleware 进行进一步的处理。

3．Request 和 Response

Scrapy 中的 Request 和 Response 通常用于爬取网站。Request 在爬虫程序中生成并传递到系统，直到它们到达下载程序，后者执行请求并返回一个 Response，该对象返回发出请求的爬虫程序。

1）Request

Request 用于描述一个 HTTP 请求，由 Spider 产生，其构造函数如下。

```
Request (url[,callback,method='GET',headers,body,cookies,meta,encoding='utf-8',
priority=0,dont_filter=False,errback ])
```

参数的含义如下。

（1）url：请求网页的 URL 地址。

（2）callback：请求回来的 Response 回调函数，如果请求没有指定回调函数，那么使用 Spider 的 parse 方法。

（3）method：HTTP 请求的方法，默认为 GET。

（4）headers：请求的头部字典，dict 类型，dict 值可以是字符串或列表。

（5）body：请求的正文，str 或 unicode 类型。

（6）cookies：设置网页的 cookies、dict 类型，当某些网站返回 cookie 时，这些 cookie 会存储在该域的 cookies 中，并在将来的请求中再次发送。

（7）meta：用于在网页之间传递数据，dict 类型。

（8）encoding：请求的编码，url 和 body 参数的默认编码为 utf-8。

（9）priority：请求优先级，默认为 0，调度器使用优先级来定义请求的顺序。

（10）dont_filter：表示此请求不应由调度程序过滤，默认为 False。

（11）errback：如果在处理请求时引发任何异常，将调用此函数，包括 404HTTP 错误等网页。

2）Response

Response 用来描述一个 HTTP 响应，由 Spider 产生，其构造函数如下。

```
Response（url[, status=200,headers=None,body=b'',flags=None,request=None])
```

参数的含义如下。

（1）url：相应网页的 URL 地址。

（2）status：响应的 HTTP 请求，默认为 200。

（3）headers：包含响应标题的类字典对象，可使用 GET 方法返回具有指定名称的第一个标头值或 GETLIST 方法返回具有指定名称的所有标头值来访问值。

（4）body：HTTP 响应正文。

（5）flags：包含此响应标志的列表，标志是用于标记响应的标签，如"cached""redirectrd"等。

（6）request：产生该 HTTP 响应的 Request。

6.1.3　Scrapy 的爬虫实例

本节将通过一个例子介绍使用 Scrapy 爬取北京市的二手房数据。标题页信息如图 6-5 所示。

6-5　标题页信息

具体思路是先爬取网页中各个待售房产的标题，从而获取标题里面的链接，然后进入详情页继续爬取数据。详细页信息如图 6-6 所示。

图 6-6　详情页信息

主要爬取信息有标题、小区名称、区域、户型、面积、朝向、楼层、总价及距离地铁远近等，爬取完成后将数据保存为 csv 文件。具体步骤如下。

1．创建 Scrapy 项目

首先创建 Scrapy 项目，由于本实例爬取的是二手房网站上的二手房信息，因此本项目命名为 lianjiaershou，创建 Scrapy 项目命令如下。

```
$ scrapy startproject lianjiaershou.
```

执行创建项目的命令后，Scrapy 会自动创建该项目并生成一个名为 lianjiaershou 的项目文件夹，其目录结构如下。

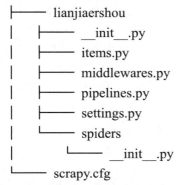
```
├──── lianjiaershou
│    ├──── __init__.py
│    ├──── items.py
│    ├──── middlewares.py
│    ├──── pipelines.py
│    ├──── settings.py
│    └──── spiders
│          └──── __init__.py
└──── scrapy.cfg
```

其中，items.py 文件用于创建容器，这里的容器类似于 Python 中的字典，只有一种类型 scrapy.Field 方法；middlewares.py 文件用于定义爬虫中间件模型；pipelines.py 文件主要用于将返回的 items 写入数据库或文件等持久化模块中，专业术语为管道，用户可通过定义一个或多个 class 处理传入的数据；settings.py 是项目设置文件，在此可以设置相关参数，如并发量、下载延迟、请求报头等；spiders 文件夹是放置 Spider 代码的文件，Spider 代码中的 parse 方法是默认的解析函数。

2．编写 item

item 定义所提取的内容，打开目录中的 items.py 文件，并添加如下代码。

```python
import scrapy
class MyItem(scrapy.Item):
    #define the fields for your item here like:
    #name = scrapy.Field()
                    标题=scrapy.Field()
                    小区=scrapy.Field()
                    区域=scrapy.Field()
                    面积=scrapy.Field()
                    朝向=scrapy.Field()
                    装修=scrapy.Field()
                    楼层=scrapy.Field()
                    建成年份=scrapy.Field()
                    建筑结构=scrapy.Field()
                    关注人数=scrapy.Field()
                    已发布日=scrapy.Field()
                    总价=scrapy.Field()
                    满二=scrapy.Field()
                    满五=scrapy.Field()
                    近地铁=scrapy.Field()
```

scrapy.Field()实际就是创建一个字典，给字典添加一个键，暂时不赋值，等待提取数据后再赋值，即 item 的结构可以表示为{'name', 'description'}。

3．编写 Spider

创建的 Spider 必须继承 scrapy.spider 类，并且定义以下属性。

（1）name：用于区别 Spider，该名字必须是唯一的，不可以为不同的 Spider 设定相同的名字。

（2）start_urls：包含了 Spider 在启动时进行爬取的 URL 列表。

（3）parse：Spider 的一个方法，被调用时，每个初始 URL 下载后生成的 Response 将作为唯一的参数传递给该方法，该方法负责解析返回的数据、返回数据及生成需要进一步处理 URL 的 Request。

用户可以使用 Scrapy 中的 genspider 命令自动生成 spider.py，只需在项目目录下执行以下命令。

```
scrapy genspider demo bj.lianjia.com
```

其中，demo 为设置的爬虫文件的名称，bj.lianjia.com 为指定的爬取范围，执行完毕后，可以在项目中的 spiders 文件夹中看到自动生成的 demo.py 文件，其内容如下。

```
import scrapy

class DemoSpider(scrapy.Spider):
    name = 'demo'
    allowed_domains = ['bj.lianjia.com']
    start_urls = ['http://bj.lianjia.com/']

    def parse(self, response):
        pass
```

可以看到生成的 demo.py 文件中已经自动生成部分代码，只需补充 parse 方法和 start_urls[]相关内容即可。

此外，用户也可以在 spiders 文件夹中新建 Spider，此处命名为 spider.py，并在此文件中编辑爬虫程序。用户可使用 Scrapy 自带的 XPath 作为提取工具完成数据提取。

在该文件中，首先通过设置全局变量的方式确定爬取的范围。本实例选择爬取北京市二手房中前 100 页内的数据，具体代码如下所示。

```
#为了方便更改，设置全局变量
page = 100 #爬取页数
import scrapy
from lianjiaershou.items import MyItem

class mySpider(scrapy.spiders.Spider):
    name = "lianjiaershou"
    allowed_domains = ["bj.lianjia.com"]
    start_urls = ['https://bj.lianjia.com/ershoufang']

    for i in range(2 , page+1):
        start_urls.append("https://bj.lianjia.com/ershoufang/pg{}/".format(i))

    def parse(self, response):
        item = MyItem ()
        #使用 XPath，通过绝对位置定位元素
```

```
        for each in response.xpath("/html/body/div[4]/div[1]/ul/*"):
            item['标题'] = each.xpath("div/div[1]/a/text()").extract()[0]
            item['小区'] = each.xpath("div/div[2]/div/a[1]/text()").extract()[0]
            item['区域'] = each.xpath("div/div[2]/div/a[2]/text()").extract()[0]
            temp = each.xpath("div/div[3]/div/text()").extract()[0].split(' | ')
            item['户型_室'] = temp[0][0]
            item['户型_厅'] = temp[0][-2]
            item['面积'] = temp[1][:-2]  #去除汉字'平米'
            item['朝向'] = temp[2]
            item['装修'] = temp[3]
            item['楼层'] = temp[4]
            item['建成年份'] = temp[5][:-2]  #去除汉字'年建'
            if len(temp) <= 6 or temp[6]=='暂无数据':
                item['建筑结构'] = 'N/A'
            else:
                item['建筑结构'] = temp[6]
            temp = each.xpath("div/div[4]/text()").extract()[0].split(' / ')
            item['关注人数'] = temp[0][:-3]
            #日期格式可分为 n 天以前、n 个月以前、一年前
            if temp[1][1] == '天':
                item['已发布日'] = int(temp[1][0])
            elif temp[1][1] == '个':
                item['已发布日'] = int(temp[1][0]) * 30
            else:
                item['已发布日'] = 360
            if each.xpath("div/div[5]/span[@class='taxfree']/text()").extract():
                item['满五'] = True
            else:
                item['满五'] = False
if each.xpath("div/div[5]/span[@class='five']/text()").extract():
    item['满二'] = True
else:
    item['满二'] = False
if each.xpath("div/div[5]/span[@class='subway']/text()").extract():
    item['近地铁'] = True
else:
    item['近地铁'] = False
item['总价'] = each.xpath("div/div[6]/div[1]/span/text()").extract()[0]
item['单价'] = each.xpath("div/div[6]/div[2]/span/text()").extract()[0][2:-4]  #去除
汉字'单价*元/平米'
    yield item
```

在 parse 方法中，使用 XPath 通过绝对位置定位元素。XPath 中 text 方法的作用是提取当前元素的信息，extract 方法的作用是将提取到的信息转换为列表。此外，parse 方法最后使用的是 yield item 而不是 return yield，这条程序使用了回调机制，即 callback，回调的对象是 parse 方法，通过不断地回调，循环爬取所需数据。

4. 修改 settings

settings.py 是在创建项目时自动生成的项目设置文件，在此主要修改的内容为不遵循机器人协议、设置下载间隙、修改请求头，即添加一个 User-Agent，相关代码修改内容如下。

```
BOT_NAME = 'lianjiaershou'

SPIDER_MODULES = ['lianjiaershou.spiders']
NEWSPIDER_MODULE = 'lianjiaershou.spiders'
```

```
#不遵守机器人协议
ROBOTSTXT_OBEY = False

#客户端伪装
USER_AGENT = 'Mozilla/5.0 (Windows NT 10.0; WOW64) AppleWebKit/537.36 (KHTML, like
Gecko) Chrome/75.0.3770.80 Safari/537.36'

#防止 IP 被封，每页延迟 1s 爬取
DOWNLOAD_DELAY = 1
```

5. 执行项目

执行项目主要使用"scrapy crawl+爬虫名字"命令。注意，crawl 属于项目命令而不是全局命令，因此该命令无法在任意位置使用，只能在项目目录中使用。项目目录就是所创建项目的一级子目录，与 scrapy.cfg 同级。前文所用的 startproject 和 genspider 都是全局命令，因此其可在任意位置执行。本例的启动命令具体如下。

```
scrapy crawl lianjiaershou -o data/data.csv
```

注意：命令中通过添加参数 -o 指定生成的 csv 文件的存储位置和名称。

6. 测试结果

爬虫命令执行完毕后，可以在项目文件中发现生成了 data 子文件夹，该子文件夹中有 data.csv 文件，该文件中保存了所爬取的数据。注意，由于该文件的编码格式为 utf-8，所以直接使用 excel 打开后中文显示乱码，此时只需将文件的编码格式转换为 ANSI 即可。爬虫结果如图 6-7 所示。

关注人数	区域	小区	已发布日	建成年份	建筑结构	总价	户型_厅	户型_室	朝向	标题	楼层	满二	满五	装修	近地铁	面积
5	天客院	金融街融汇	7	2014	板楼	308	1	2	西南	金融街融汇 2室1厅 西南	低楼层(共27层)	FALSE	TRUE	精装	TRUE	70.37
4	方庄	芳古园一区	3	1989	板楼	365	1	2	南北	芳古园南北通透两居室，二环边5/14号线潘黄榆地铁口	高楼层(共6层)	FALSE	TRUE	简装	TRUE	57.14
8	良乡	拱辰南大街	5	2000	板楼	198	1	2	南北	房山良乡拱辰南大街小区小区中间楼层两居室	中楼层(共6层)	FALSE	TRUE	简装	FALSE	83.05
11	常营	北京新天地三期	6	2008	板塔结合	565	1	2	南	北京新天地 三期 南向 不临街两居室	中楼层(共28层)	FALSE	TRUE	简装	TRUE	91.2
9	苏州桥	王公庄北区	4	1989	板楼	850	1	3	南北	万泉庄王公庄南北3居 单位分房 无抵押 电梯直达	10层	FALSE	TRUE	精装	TRUE	71.1
1	马坊	丽景长安二期	7	2016	板塔结合	620	2	3	南北	丽景满两年的 偶尔周六日出来不客住 现状好采光好	高楼层(共27层)	TRUE	FALSE	精装	FALSE	136.92
3	酒仙桥	乾房营南里	5	2000	板楼	418	1	2	南北	乾房营南里 南向朝向，居家装修待入住	底层(共6层)	FALSE	TRUE	简装	FALSE	68.69
3	方庄	芳古园一区	5	1991	板楼	370	1	2	南北	南二环低价两居室，方庄南北通透户型，近地铁潘黄榆	高楼层(共6层)	FALSE	TRUE	简装	TRUE	56.22
7	良乡	海子角西里	7	2000	板楼	220	1	2	西南	北湖春园户型正方西园宜商品房满五年房一	高楼层(共6层)	FALSE	TRUE	精装	TRUE	89.73
6	现房角	海子角西里	4	2000	板楼	215	1	2	南北	黄村现房寺商 海子角西里 满五年两居 明厅户型	顶层(共6层)	FALSE	TRUE	简装	FALSE	82.72
21	劲松	劲松一区	6	1979	板塔结合	358	1	2	南北	劲松一区 2室1厅 南	高楼层(共12层)	FALSE	TRUE	简装	TRUE	59.72
16	六铺坑	六铺炕二区	7	1954	板楼	1060	1	3	南北	六铺炕二区 南北通透 满五年唯一	中楼层(共4层)	FALSE	TRUE	精装	FALSE	81.9
5	武夷花园	京贸国际城	8	2011	板塔结合	525	2	2	南北	此房满五年在京唯一高楼层采光好卧室落地窗全明两居室	高楼层(共35层)	FALSE	TRUE	精装	TRUE	89.73
6	果园	葛布店东里	5	1996	板楼	365	1	2	南北	葛布店东里96年小区已挂牌，满五唯一，急售	底层(共6层)	FALSE	TRUE	简装	FALSE	80.5
15	方庄	芳城园一区	4	1992	板楼	630	1	3	西南	二环边，西南向大客厅，采光充足，随时可看	高楼层(共26层)	FALSE	TRUE	精装	FALSE	91.2
5	大稻	杨闸环岛	6	2000	板楼	236	2	2	南北	杨闸环岛附近 南北通透 通透出售随时签约	高楼层(共6层)	FALSE	TRUE	简装	FALSE	86.99
32	赵公口	康泽园	5	2000	板楼	369	1	2	南北	康泽园南北通透两居室，看房方便，诚意出售！	低楼层(共6层)	FALSE	TRUE	简装	FALSE	63.82
15	五棵	远洋东方公馆	5	2012	板楼	945	2	3	南北	远洋东方公馆4层 采光无遮挡 居住安静 诚心出售	26层	FALSE	FALSE	精装	FALSE	180.45
4	长阳	五和万科长阳天地	3	2016	板楼	420	1	2	南北	五和万科长阳天地5号楼 3室1厅 南北	低楼层(共21层)	TRUE	FALSE	精装	TRUE	102.96
5	双井	双惠小区	5	2006	板楼	600	1	3	南北	双惠小区，板楼两北三居，中间层，随时看房。	高楼层(共6层)	FALSE	TRUE	精装	TRUE	103.2
46	良乡	鸿顺园东区	360	2003	板楼	259	2	2	南北	此房南南户型，采光充足，视野开阔	高楼层(共7层)	FALSE	TRUE	简装	TRUE	133.86
37	马驹	龙湖香醍漫步四区	360	2012	板楼	870	1	3	南北	龙湖香醍漫步四区 比格别墅 看房方便 诚心出售	2层	FALSE	FALSE	毛坯	FALSE	281.64
22	亚运村	安慧里南口C区	360	2011	板楼	1470	2	3	南北	安慧里南口C区 精装修采光好，南北坂花园	中楼层(共28层)	FALSE	TRUE	精装	TRUE	140.39
18	科技园区	益泉欣园	360	2002	板楼	1300	2	4	南北	毛坯房没住过人，高楼层视野开阔，大复式结构	顶层(共11层)	FALSE	TRUE	毛坯	TRUE	309.77
53	劲松	农光里	360	1998	板楼	670	1	5	东南	农光里中社区通五居满五唯一 正对花园 随时看房	顶层(共6层)	FALSE	TRUE	精装	FALSE	162.41
14	岳各庄	大成郡	360	2012	板楼	1050	1	3	南北	大成郡 3室1厅 南 北	7层	TRUE	FALSE	精装	FALSE	111.83
33	果园	新华家家园北区	360	2004	板楼	432	1	2	南北	新华家家园北区电梯两居两卫，南北通透，满五唯一	低楼层(共6层)	FALSE	TRUE	精装	TRUE	104.51
31	立水桥	溪城家园	360	2010	板塔结合	433	1	2	南	房子满五唯一，只有契税，可以转商，南向采光好	高楼层(共15层)	FALSE	TRUE	简装	FALSE	80.75
11	黄村中	富强东里	8	1978	板楼	190	1	2	南北	富强东里 2室1厅 南北	中楼层(共5层)	FALSE	TRUE	精装	FALSE	53.46
33	双井	首城国际B区	5	2010	板楼	895	1	3	西南	西南两居 边户 中间层 无遮挡 业主诚意出售	低楼层(共28层)	FALSE	TRUE	精装	FALSE	82.94

图 6-7　爬虫结果

6.2　数据清洗

6.2.1　数据清洗的概述

大数据时代，数据必须经过清洗、分析、建模、可视化才能体现其价值。由于数据集是面向某一主题的数据集合，这些数据从多个数据源提取出来，这样就避免不了有的数据是错

误数据，有的数据相互之间有冲突。这些错误或有冲突的数据一般是用户不想要的，称为脏数据。按照一定的原理和规则把脏数据"洗掉"，就是数据清洗。具体来说，数据清洗主要包括数据一致性检查、处理无效值和缺失值，其目的在于删除重复信息、纠正存在的错误，从而提高数据质量。

1．数据一致性检查

数据一致性检查是根据每个变量的合理取值范围和相互关系，检查数据是否合乎要求，发现超出正常范围、逻辑上不合理或者相互矛盾的数据，如体重出现了负数、性别中除了"Male""Female"还出现了数字"25"等，这些都应被视为超出正常范围的数据。

一般计算机软件都能够自动识别每个变量超出正常范围的取值，并列出调查对象代码、变量代码、变量名及超出正常范围的取值，这样做可以系统地检查每个变量。

2．处理无效值和缺失值

由于调查、编码和录入误差，数据中可能存在无效值和缺失值，故需要对其进行适当的处理。常用的处理方法有估算、整例删除、变量删除和成对删除。

估算是指用某个变量的样本均值、中位数或众数代替无效值和缺失值。这种处理方法简单，但没有充分考虑数据中已有的信息，误差较大。它的另一含义是根据调查对象对其他问题的答案，通过变量之间的相关分析或逻辑推论进行估计。例如，某一产品的拥有情况可能与家庭收入有关，可根据调查对象的家庭收入推算拥有这一产品的可能性。

整例删除是指剔除含有缺失值的样本。由于很多问卷都存在缺失值，这种处理方法的结果可能导致有效样本量大大减少，无法充分利用已经收集到的数据，因此，该方法只适合处理关键变量缺失或者含有无效值或缺失值的样本比例很小的情况。

变量删除是指如果某一变量的无效值和缺失值很多，而且该变量对于所研究的问题不是特别重要，那么可以考虑将该变量删除。这种处理方法减少了供分析用的变量数目，但没有改变样本量。

成对删除是指用特殊码（通常是 9、99、999 等）表示无效值和缺失值，同时保留数据集中的全部变量和样本。但是，在具体计算时只采用有完整答案的样本，因而不同的分析因涉及的变量不同，其有效样本量也会有所不同。这是一种保守的处理方法，最大限度地保留了数据集中的可用信息。

采用不同的处理方法可能对分析结果产生不同的影响，尤其是当缺失值的出现并非随机且变量之间明显相关时。因此，应尽量避免出现无效值和缺失值，保证数据的完整性。

6.2.2　数据清洗的原理

数据清洗的原理是利用有关技术如数据仓库、数理统计或预定义清理规则将脏数据转化为满足数据质量要求的数据。

1．预定义清理规则

预定义清理规则一般利用大数据算法实现，包括编辑规则、修复规则、Sherlock 规则等，主要用于：

（1）空值的检查和处理。

（2）非法值的检查和处理。

（3）不一致数据的检查和处理。

（4）重复记录的检查和处理。

2．基于数理统计错误检测算法的清洗

基于数理统计错误检测算法的清洗是将数据清洗问题转化为统计学习和推理问题。脏数据中的每个属性值都可以表示成一个随机变量，若属性值是错误的，则该随机变量为不确定的值；若属性值是正确的，则该随机变量是定值，可以作为训练数据来训练概率模型。对于每个随机变量，计算它的最大后验值及属性域中所有值的概率分布，可基于概率分布检测离群点或推测缺失值。

6.2.3　数据清洗的流程

1．预处理阶段

预处理阶段的主要工作内容有：将数据导入处理工具，常见的为导入数据库，如果数据量大，可以采用文本文件存储；分析原始数据，包含分析元数据，即字段解释、数据来源、代码表等一切描述数据的信息；抽取一部分数据，使用人工查看方式对数据本身进行直观的了解，并且初步发现一些问题，为之后的处理做准备。

2．缺失值清洗

缺失值是最常见的数据问题。对缺失值的处理多按照以下步骤进行。

（1）确定缺失值范围。对每个字段都计算其缺失值比例，并按照缺失值比例和字段重要性，分别制订策略。

（2）去除不需要的字段。将缺失值比例较高的字段直接整例删除，建议删除前进行数据备份，或者在小规模数据上试验通过后再处理全量数据。

（3）填充缺失内容。某些缺失值可进行填充，方法有以下三种。

① 以业务知识或经验推敲填充缺失值。

② 以同一指标的计算结果（均值、中位数、众数等）填充缺失值。

③ 以不同指标的计算结果填充缺失值。

前两种方法比较好理解，关于第三种方法，可通过举例说明：假设某人的年龄字段缺失，但是有其身份证号码，因此可从中获取其年龄信息。

3．格式内容清洗

如果数据是由系统日志得来的，那么该数据通常在格式和内容方面会与元数据的描述一致；如果数据是由人工记录或用户填写得来的，那么该数据有很大可能在格式和内容上存在问题，简单来说，数据的格式内容问题有以下几类。

（1）时间、日期、数值、全半角等显示格式不一致。这种问题通常与输入端有关，在整合多源数据时也有可能遇到，将其处理成一致的某种格式即可。

（2）内容中有不该存在的字符。某些内容可能只包括一部分字符，如性别是男或女、身份证号码是数字+字母。如果性别中出现数字、身份证号码中出现汉字等，那么这种情况需要以半自动校验人工方式来找出可能存在的问题，并去除不需要的字符。

（3）内容与该字段应有内容不符。姓名写了性别、身份证号码写了手机号码等，均属这种问题。这种问题的特殊性在于：并不能以简单的删除来处理，因为出现这种问题的原因有可能是人工填写错误，也有可能是前端没有校验，还有可能是导入数据时部分或全部列没有对齐，因此要详细识别问题类型。

4．逻辑错误清洗

这部分工作是去掉一些使用简单逻辑推理就可以直接发现问题的数据，防止分析结果与事实偏差太大，主要包含以下几个步骤。

（1）数据去重。所谓去重，就是删除重复的记录信息。将数据去重放在格式内容清洗之后的好处是可以通过对比快速确定正确信息。

（2）去除不合理值。针对不合理值，常用的处理方法就是按照缺失值处理，另外，通过箱型图可快速发现不合理值。

（3）去除不可靠的字段值。如果在填写数据时由于人为因素导致填写错误，那么可通过该步骤来清除。

（4）重点关注来源不可靠的数据。如果数据来源不能确定，那么应该及时清除或重新获取该数据。

5．多余数据清洗

在清洗不需要的数据时，需要用户尽可能多地收集数据，并应用于模型构建中。但是在实际开发中字段属性越多，模型的构建可能就越慢，因此有时需要将不必要的字段删除，以获得最好的模型效果。

6．关联性验证

如果数据有多个来源，那么有必要进行关联性验证。例如，某位顾客可以通过电话咨询其购买商品的信息，也可以在实体店试用记录中查找到其购买商品的信息，这两条信息可通过顾客姓名和手机号码进行关联，以匹配是否是同一条信息，从而对数据进行调整。

6.2.4　Pandas 数据清洗的实例

Pandas 是 Python 中很流行的类库，常用于进行数据科学计算和数据分析。Pandas 中的类库提供了功能强大的类库，可快速实现数据清洗、数据排序等。本节将介绍使用 Pandas 的类库实现数据清洗的实例。

本实例使用的数据集是 IMDB（Internet Movie DataBase，互联网电影数据库）中 5000 部电影的数据集，此数据集是一个 csv 格式的文件，包括了从 IMDB 网站上爬取到的 5043 部电影的 28 种属性信息，电影时间跨度超过 100 年，涉及 66 个国家，并包括 2399 位导演和数千位演员，属性主要包括电影名称、评论数、评分、导演、上映时间、主要演员、语言及 IMDB 评分等。

1．准备工作

首先，首次使用 Pandas 之前，用户需要安装 Pandas，安装命令如下。

```
pip install pandas
```

然后，导入 Pandas 到代码中。

```
import pandas as pd
```

通常使用 Pandas 进行数据清洗时需要用到 numpy，其安装命令与 Pandas 的安装命令相同，如下所示。

```
pip install numpy
```

安装完成后，需要在使用前加载，使用语句如下。

```
import numpy as np
```

加载数据集，代码如下。

```
data=pd.read_csv('../data/ movie_metadata.csv')
```

使用 data.head()显示前 5 行数据。

```
data.head()
```

运行后前 5 行数据显示如图 6-8 所示。

	color	director_name	num_critic_for_reviews	duration	director_facebook_likes	actor_3_facebook_likes	actor_2_name	actor_1_facebook_likes	gross	genres	...	num_user_for_reviews	language
0	Color	James Cameron	723.0	178.0	0.0	855.0	Joel David Moore	1000.0	760505847.0	Action|Adventure|Fantasy|Sci-Fi	...	3054.0	English
1	Color	Gore Verbinski	302.0	169.0	563.0	1000.0	Orlando Bloom	40000.0	309404152.0	Action|Adventure|Fantasy	...	1238.0	English
2	Color	Sam Mendes	602.0	148.0	0.0	161.0	Rory Kinnear	11000.0	200074175.0	Action|Adventure|Thriller	...	994.0	English
3	Color	Christopher Nolan	813.0	164.0	22000.0	23000.0	Christian Bale	27000.0	448130642.0	Action|Thriller	...	2701.0	English
4	NaN	Doug Walker	NaN	NaN	131.0	NaN	Rob Walker	131.0	NaN	Documentary	...	NaN	NaN

5 rows × 28 columns

图 6-8　运行后前 5 行数据显示

通过前 5 行数据可发现有较多的缺失值出现。

2．检查数据

使用属性 date.shape 查看数据集的维度，代码如下。

```
data.shape
```

结果显示为（5043,28），即说明该数据集具有 5043 行、28 列。

查看各列的数据类型，代码如下。

```
data.dtypes
```

结果如下。

```
movie_imdb_link              object
num_user_for_reviews         float64
language                     object
country                      object
content_rating               object
budget                       float64
movie_title                  object
num_voted_users              int64
cast_total_facebook_likes    int64
actor_3_name                 object
facenumber_in_poster         float64
plot_keywords                object
imdb_score                   float64
aspect_ratio                 float64
movie_facebook_likes         int64
```

```
dtype:                              object
```

可以看出，数据集中列的数据类型默认为 float64 和 int64，无须对数据做类型转换，而其他列均为 object 类型，后面可能需要进行类型转换。

通过以上命令，用户对该数据集已有了初步了解，使用 isnull 方法看一下各列是否有缺失值，缺失值显示为 True，非缺失值则显示 False，代码如下。

```
data.isnull()
```

代码运行结果如图 6-9 所示。

	color	director_name	num_critic_for_reviews	duration	director_facebook_likes	actor_3_facebook_likes	actor_2_name
0	False	False	False	False	False	False	False
1	False	False	False	False	False	False	False
2	False	False	False	False	False	False	False
3	False	False	False	False	False	False	False
4	True	False	True	True	False	True	False
...	...	...	...	...	...	...	...
5038	False	False	False	False	False	False	False
5039	False	True	False	False	True	False	False
5040	False	False	False	False	False	False	False
5041	False	False	False	False	False	False	False
5042	False	False	False	False	False	False	False

图 6-9　代码运行结果

通过 isnull().sum()直接看每一列有多少缺失值，代码如下。

```
data.isnull().sum()
```

执行结果如下。

```
color                          19
director_name                  104
num_critic_for_reviews         50
duration                       15
director_facebook_likes        104
actor_3_facebook_likes         23
actor_2_name                   13
actor_1_facebook_likes         7
gross                          884
genres                         0
actor_1_name                   7
movie_title                    0
num_voted_users                0
cast_total_facebook_likes      0
actor_3_name                   23
facenumber_in_poster           13
plot_keywords                  153
```

3．处理缺失数据

通过以上分析，用户可看出该数据集只有极少列没有缺失值，有的列缺失值非常多。由于此数据集样本量较多，因此用户在处理缺失值时选择让重点的列没有缺失值，删除有缺失值的行而不删除列。

1）删除有缺失值的行

使用 data.dropna()删除包含缺失值的行，代码如下。

```
data=data.dropna(how='any')
```

DataFrame.dropna()默认参数如下。

```
DataFrame.dropna( axis=0, how='any', thresh=None, subset=None, inplace=False)
```

（1）参数 axis=0 表示删除行，若需要删除列，则需将其参数设置为 1。

（2）参数 how 设置为 all 或 any，当 how='all'时表示删除全是缺失值的行（列），当 how='any'时表示只要有缺失值的行（列）都删除。

（3）参数 thresh=n 表示保留至少含有 n 个非缺失数值的行。

（4）参数 subset 表示要在哪些列中查找缺失值。

（5）参数 inplace 表示直接在原 DataFrame 修改。

由以上说明可知，代码执行结果是删除存在缺失值的行，代码执行后查看现在数据集的缺失值情况，结果如下所示。

```
color                           0
director_name                   0
num_critic_for_reviews          0
duration                        0
director_facebook_likes         0
actor_3_facebook_likes          0
actor_2_name                    0
actor_1_facebook_likes          0
gross                           0
genres                          0
actor_1_name                    0
movie_title                     0
num_voted_users                 0
cast_total_facebook_likes       0
actor_3_name                    0
facenumber_in_poster            0
plot_keywords                   0
movie_imdb_link                 0
num_user_for_reviews            0
language
dtype:                          int64
```

可以看到，目前数据集中已不存在缺失值，但是目前数据集的维度变为（3756,28），也就是说有 1287 个样本被删除，当然，用户也可以只删除重要列中有缺失值的行，或者按缺失值比例删除某些行，规定只有多于 n 个缺失值时才能对行进行删除。具体的设置根据数据集大小和数据分析目标决定。

2）缺失值填充

当数据集样本量较少时，用户可采用缺失值填充的方法处理缺失值。例如，在本例中，属性为 country 的列有 5 个缺失值，但是若这一属性对于后面的数据分析不重要的话，用户可以选择使用""空字符串代替。在本例中使用 fillna 方法填充缺失值，其参数如下：

```
fillna(value, method, axis, inplace, limit, downcast, **kwargs)
```

（1）value：用于填充缺失值的值，默认为 None。

（2）method：{'backfill', 'bfill', 'pad', 'ffill', None}，该参数定义填充缺失值的方法，其

中 backfill/bfill 表示使用后面行/列的值进行填充，pad/ffill 表示使用前面行/列的值进行填充，默认值 None 表示不使用前、后行/列的值进行填充。

（3）axis：axis=0 表示按行删除，axis=1 则表示按列删除。

（4）inplace：表示是否原地替换，默认值为 False，若 inplace=True，则说明在原 DataFrame 上进行操作。

（5）limit：如果 method 被指定，那么对于连续的缺失值，最多填充前 limit 个缺失值（如果存在多段连续区域，每段最多填充前 limit 个缺失值）；如果 method 未被指定，那么在参数 axis 下，最多填充前 limit 个缺失值（不论缺失值连续区间是否间断）。

（6）downcast：默认为 None，字典中的项默认为类型向下转换原则。

（7）**kwargs：将不定长度的键值对作为参数传递给一个函数。

使用代码如下：

```
#重新加载原始数据集
data=pd.read_csv('movie_metadata.csv')
# 查看 country 列的缺失情况
data.country.isnull ().value_counts()
```

执行结果如下：

```
False     5038   #该列有 5038 个非缺失值
True         5   #该列有 5 个缺失值
```

执行结果说明 country 列仅包含 5 个缺失值，因此此时选择使用空串进行填充，使用代码如下：

```
data.country=data.country.fillna(' ')
```

填充后用户可使用 isnull 和 value_counts 查看缺失情况，执行代码如下：

```
data.country.isnull ().value_counts()
```

可以发现 country 列中无缺失值，执行结果如下：

```
False     5043   #该列有 5043 个非缺失值
```

该结果说明代码执行完毕后，country 列无缺失值。

3）重复值处理

通过删除带有缺失值的行，快速实现缺失值处理。其中所使用的 DataFrame.duplicated 方法的参数如下：

```
DataFrame.duplicated (subset, keep)
```

（1）subset：列标签或标签序列，可选仅考虑某些列来标识重复项，默认情况下使用所有列。

（2）keep：{'first', 'last', False}，默认为 first。first 表示将重复项标记为 True；首次出现的除外；last 表示将重复项标记为 True，最后出现的除外；False 表示将所有重复项标记为 True。

使用代码如下：

```
# 使用 pandas 中的 read_csv 方法加载文件，文件名为 "movie_metadata.csv"
data=pd.read_csv('movie_metadata.csv')
# 使用 dropna 方法删除包含空值的行
data=data.dropna(how='any')
# 使用 duplicated 方法判断是否有重复值
data.duplicated().value_counts()
```

代码执行结果如下：

```
False    3723    #该文件中有 3723 行样本不重复
True     33      #该文件中有 33 行样本重复
```

用户可用 DataFrame.drop_duplicates 方法删除电影名重复的行。DataFrame.drop_duplicates 方法的参数如下：

```
DataFrame.drop_duplicates(subset, keep, inplace)
```

（1）subset：设置以哪几列作为基准列判断是否重复，如果不写，那么默认为所有列都重复才算。

（2）keep：和 DataFrame.duplicated 方法含义类似，first 表示保留首次出现的，last 表示保留最后出现的，False 则表示一个都不保留，默认为 first。

（3）inplace：表示是否进行替换，最好选择 False，即保留原始数据。

使用代码如下：

```
data.drop_duplicates(subset=['movie_title'],keep='first',inplace=True)
```

执行完毕后，查看重复情况，代码如下：

```
data.duplicated().value_counts()
```

结果如下：

```
False    3655
```

以上结果说明原始数据中有电影名重复的样本，删除后剩余样本数为 3655。处理完毕后，用户可使用 data.shape 查看清洗后的数据量，可以看到，处理后数据为 3655 行，保留了所有的列。

```
data.shape
```

数据清洗结果如图 6-10 所示。

```
In  [8]: data.shape
Out[8]: (3655, 28)
```

图 6-10　数据清洗结果

6.3　数据归约

对大规模数据库内容进行复杂的数据分析通常要耗费大量的时间，使用数据归约可从原有的庞大数据集中获得一个精简数据集，并且精简数据集能保持原始数据集的完整性。因此，在精简数据集上进行数据分析效率更高，而且分析出来的结果与使用原始数据集进行分析获得的结果基本相同。数据归约标准如下。

（1）用于数据归约的时间不应当超过或"抵消"在归约后的数据上挖掘节省的时间。

（2）归约得到的数据比原始数据少得多，但可以产生相同或几乎相同的分析结果。

6.3.1　维归约

用于分析的数据集可能包含大量的属性，其中一部分属性与分析任务不相关，这类数据会导致数据分析效果较差。此外，不相关的属性增加了数据冗余，使得分析进程变得缓慢。

维归约是从原始数据中删除不重要或不相关的属性，或者通过对属性进行重组来减少属性的个数。维归约的目的是找到最小的属性子集，且该子集的概率分布尽可能地接近原始数据集的概率分布。找到最小属性子集的方法有以下几种。

1．逐步向前选择

从一个空属性集开始，该集合作为属性子集的初始值，每次从原属性集中选择一个当前最优属性添加到属性子集中，迭代地选出最优属性并添加到属性子集中，直至无法选出最优属性为止。

2．逐步向后删除

从一个拥有所有属性的属性集开始，该集合是属性子集的初始值，每次从原属性集中选择一个当前最差属性并将其从属性子集中删除，迭代地选出最差属性并将其从属性子集中删除，直至无法选出最差属性为止。

3．向前选择与向后删除结合

可以将向前选择和向后删除的方法结合在一起，每一步选择一个最好的属性，并在剩余属性中删除一个最差的属性。

6.3.2　属性选择

属性选择可以减少数据集中的不相关属性。不同于维归约中采用领域知识直接将属性去掉，属性选择通过分析所有可能的属性子集，从而找到预测效果最好的属性子集。数据集的属性子集数量随着数据集属性个数呈现出指数增长。常用的属性选择方法有很多，但必须满足以下条件：计算代价小；能找到最佳或接近最佳的属性子集。属性选择的方法主要包括主成分分析（Principal Component Analysis，PCA）和合并属性。

1．PCA

在研究多变量的课题时，变量个数太多会增加课题的复杂性，而在很多情况下，变量之间存在一定的相关关系，这种相关关系可以解释为变量之间有重叠。PCA 是指使用较少的变量去解释原始数据中的大部分变量，即将许多相关性很高的变量转化成彼此相互独立或不相关的变量。

具体来说，PCA 就是从原始的空间中顺序地找一组相互正交的坐标轴，其主要思想是将 n 维特征映射到 k 维特征上。这 k 维特征是全新的正交特征，也被称为主成分，是在原有 n 维特征的基础上重新构造出来的 k 维特征。具体来说，第 1 个坐标轴选择的是原始数据中方差最大的方向，第 2 个坐标轴选取的是与第 1 个坐标轴正交的平面中方差最大的方向，以此类推，直到得到 n 个这样的坐标轴。通过这种方式得到的新坐标轴中大部分方差都包含在前面 k 个坐标轴中，后面的坐标轴所含方差几乎为 0。于是，用户可以只保留前 k 个坐标轴，这相当于保留包含绝大部分方差的特征维度，而忽略方差几乎为 0 的特征维度，从而实现数据特征的降维处理。

2．合并属性

合并属性是指将一些旧属性合并为新属性。例如，初始属性集为 $\{A1, A2, A3, A4, B1, B2, B3, C\}$，将{A1,A2,A3,A4}合并为属性A，将{B1,B2,B3}合并为属性B，因此归约后属性集变为{A,B,C}。

6.3.3　离散化方法

离散化方法可用于数据转换。把连续型数据转换为离散型数据一般包含以下子任务。

（1）判断需要多少个离散型数据。

（2）把连续型数据映射到离散型数据上。

首先对连续型数据进行排序，并指定n-1个点把数据分为n个区间；然后把落在同一区间内的所有连续型数据都映射到相同的离散型数据上。因此，离散化问题就变为划分区间的问题。

分箱方法也可用于离散化。所谓分箱，就是把数据按照特定的规则进行分组，实现数据的离散化，增强数据稳定性，减少过拟合风险。以年龄为例，年龄分箱如表6-8所示。

表6-8　年龄分箱

年龄（原始数据）	年龄（分箱后）
29	18 至 40 岁
7	18 岁以下
49	40 至 60 岁
12	18 岁以下
50	40 至 60 岁
34	18 至 40 岁
36	18 至 40 岁
75	60 岁以上
61	60 岁以上
20	18 至 40 岁
3	18 岁以下
11	18 岁以下

年龄字段中的数据被分到4个组别中，分别是：18岁以下、18至40岁、40至60岁及60岁以上。这样，原本取值是0～120之间任意整数的年龄数据就被分到了这4个组别中。经过分箱后的数据，有以下特点。

（1）数据可取值的范围变小了。

（2）数据的可取值会更加确定与稳定。

（3）数据中的信息会变得模糊，不再那么精确。

6.3.4　主成分分析实例

在数据清洗实例中，上节以IMDB中5000部电影的相关信息作为原始数据集完成了数据清洗的相关操作，处理完成后，生成了维度为（3655,28）的无缺失值且各行电影名称无重复的数据集，本节将在此基础上完成PCA。

首先在28个属性中，筛选出数据类型为数字量的属性，共计有16个维度，然后针对这些维度进行PCA。PCA是一种常用的数据归约技术，其一般步骤是：先对原始数据进行均值化，然后对数据求协方差矩阵，最后对协方差矩阵求特征向量和特征值，这些特征值组成了新的特征空间。本节实例中使用 sklearn.decomposition 包中的 PCA 类，以下对其主要参数进行简要说明。

1. PCA 类的构造方法

PCA 类的构造方法如下：

```
pca = PCA (n_components=None, *, copy=True, whiten=False,
           svd_solver='auto', tol=0.0, iterated_power='auto',
           random_state=None)
```

部分参数说明如下。

（1）n_components：这个参数用于指定希望 PCA 降维后的特征维度数目，通常的做法是直接指定降维后的特征维度数目，此时 n_components 的取值为一个大于等于 1 的整数。此外，也可以指定主成分的方差和所占的最小比例阈值，让 PCA 类根据特征方差来决定降维后的特征维度数目，此时 n_components 的取值是一个 0～1 之间的数。

（2）copy：表示是否在算法允许时，将原始数据复制一份。若为 True，则执行 PCA 算法后，原始数据的值不会有任何变化，因为该算法是在原始数据的副本上进行运算的；若为 False，则执行 PCA 算法后，原始数据的值会改变，因为该算法是在原始数据上进行降维计算的。

（3）whiten：表示是否进行白化。所谓白化，就是对降维后数据的每个特征进行归一化，默认值是 False，即不进行白化。

（4）svd_solver：表示指定奇异值分解 SVD 算法，有 4 个可选择的值，分别是 auto、full、arpack、randomized。full 是标准的 scipy 库的 SVD 实现。arpack 是使用 scikit-learn 自身的 SVD 实现。randomized 一般适用于数据量大、数据维度多同时主成分数目比例又较低的 PCA 降维。默认值是 auto，即 PCA 类在 randomized、full、arpack 中自主选择合适的 SVD 算法。

（5）iterated_power：表示计算幂方法的迭代次数，默认值为 auto。

（6）random_state：表示随机种子，用于控制随机模式。当其为默认值 None 时，表示每次运行时使用随机数据；当其为非零值时，表示每次运行时都会使用相同的随机数。

2. PCA 类常用的方法

PCA 类常用的方法有 fit、transform、inverse_transform、fit_transform，对部分方法介绍如下。

（1）fit(X,y=None)：表示用数据 X 训练 PCA 模型。

（2）transform(X)：表示将数据 X 转换成降维后的数据，当模型训练好后，对于新输入的数据，都可以用 transform()来降维。

（3）fit_transform(X)：表示用数据 X 训练 PCA 模型，同时返回降维后的数据。

3. PCA 类的属性

PCA 类的属性包括如下 3 个。

（1）components_：返回具有最大方差的成分。

（2）explained_variance_ratio_：返回所保留的 *n* 个成分各自的方差百分比。

（3）n_components_：返回所保留的成分个数 *n*。

具体代码如下：

```
#加载所用到的模块
import pandas as pd
import numpy as np
from sklearn.decomposition import PCA
import matplotlib.pyplot as plt


#加载数据集
raw_data = pd.read_csv('.\data\clearned_data.csv')

#筛选数据类型为 float 或 int 的属性形成子集 num_data,
#num_data 共有 16 个维度
num_col = raw_data.select_dtypes(include=['float64','int64']).columns
num_data = raw_data[num_col]

#在进行 PCA 之前, 对 num_data 进行标准化处理
num_data = (num_data-num_data.min() ) / (num_data.max() - num_data.min())
#使用 sklearn 的 PCA 进行维度转换
#建立 PCA 模型对象
condidate_components = range(1, 17)
for c in condidate_components:
#设置降维后的维度, 构建 PCA 模型
    pca_model = PCA(n_components=c)
pca_model.fit(num_data)
#获得转换后的所有主成分
pca_model.transform(num_data)
#计算主成分特征占所有特征方差的百分比
    explained_ratio = np.sum(pca_model.explained_variance_ratio_)
    print('维数: %d, 解释比例: %.4f' %(c, explained_ratio))
```

运行结果如下:

```
维数: 1,   解释比例: 0.3763
维数: 2,   解释比例: 0.5490
维数: 3,   解释比例: 0.6793
维数: 4,   解释比例: 0.7662
维数: 5,   解释比例: 0.8205
维数: 6,   解释比例: 0.8623
维数: 7,   解释比例: 0.9016
维数: 8,   解释比例: 0.9302
维数: 9,   解释比例: 0.9494
维数: 10,  解释比例: 0.9654
维数: 11,  解释比例: 0.9766
维数: 12,  解释比例: 0.9857
维数: 13,  解释比例: 0.9910
维数: 14,  解释比例: 0.9955
维数: 15,  解释比例: 1.0000
维数: 16,  解释比例: 1.0000
```

由结果可知, 第 1 个特征占所有特征的方差百分比为 0.3763, 前 10 个特征占所有特征的方差百分比为 0.9654, 意味着前 10 个特征可以表达整个数据集中 96.54%的信息。

6.4　数据标准化

在进行数据分析之前, 通常要收集大量不同的相关指标。每个指标的性质、量纲、数量

级、可用性等特征均可能存在差异，导致用户无法直接用其分析研究对象的特征和规律。

例如，在评价不同时期的物价指数时，较低价格的蔬菜和较高价格的家电价格涨幅都可以被纳入其中，但是由于它们的价格水平差异较大，如果直接用其价格做分析，会使价格水平较高的家电在综合指数中的作用被放大。因此，为了保证数据分析结果的可靠性，需要对原始数据进行变换处理，使数据不同的特征具有相同的尺度。

数据标准化是指将数据按比例缩放，使之落入一个小的特定区间。此类方法多用于某些比较和评价的指标处理中，可去除数据的单位限制，从而将原始数据转化为无量纲的纯数值，便于不同单位或量级的数据能够进行比较和加权。

6.4.1　数据标准化的概念

在多指标评价体系中，由于各指标的性质不同，通常具有不同的量纲和数量级。当各指标间的水平相差很大时，如果直接用指标的原始数据进行分析，就会突出数值较高的指标在综合分析中的作用，相对削弱数值较低的指标在综合分析中的作用。因此，为了保证各指标分析结果的可靠性，需要对指标的原始数据进行标准化处理。

在不同的问题中，标准化的意义不同。

（1）在回归预测中，标准化是为了让特征值有均等的权重。

（2）在训练神经网络的过程中，通过将数据标准化，能够加速权重参数的收敛。

（3）在 PCA 中，需要对数据进行标准化处理。默认指标间权重相等，不考虑指标间的差异和相互影响。

6.4.2　数据标准化的方法

目前数据标准化方法有很多，大概可以分为直线型方法（如极值法、标准差法）、折线型方法（如三折线法）、曲线型方法（如半正态性分布）。不同的标准化方法，对系统的分析结果会产生不同的影响，而且在数据标准化方法的选择上，还没有通用的法则可以遵循。

常见的方法有：min-max 标准化、z-score 标准化（此方法比较常用）、线性比例标准化、log 函数标准化、反正切函数标准化。经过标准化处理，原始数据均转换为无量纲化指标测评值，即各指标都处于同一个数量级上，可以进行综合测评分析。

1．min-max 标准化

min-max 标准化也叫极差标准化，是对原始数据进行线性变换。设 X_{min} 和 X_{max} 分别为属性观察值 X 的最小值和最大值，将属性观察值 X 的一个原始值 x 通过 min-max 标准化映射为区间[0,1]中的值 X'，其公式为

$$X' = \frac{x - X_{min}}{X_{max} - X_{min}} \tag{6-1}$$

无论原始数据是正值还是负值，经过处理后，该属性各个观察值的数值变化范围都满足 $0 \leq X' \leq 1$，并且正指标、逆指标均可转化为正指标，作用方向一致。但如果有新数据加入，可能会导致最大值和最小值发生变化，因此需要对最大值、最小值重新进行定义，并重新计算最大值和最小值之间的差值。

2．z-score 标准化

当遇到某属性观察值的最大值和最小值未知的情况或有超出取值范围的离群数值时，上面的方法就不再适用，此时可采用另一种数据标准化最常用的方法，即 z-score 标准化，这种方法基于原始数据的均值 $\bar{x}$ 和标准差 S 进行数据的标准化，将属性观察值 X 的原始值 x_i 使用 z-score 标准化到值 X'，其公式为

$$X' = \frac{x_i - \bar{x}}{S} \tag{6-2}$$

z-score 表示抽样样本值与数据均值相差标准差的数目。举例如下。

z-score=1 意味着抽样样本值超过数据均值 1 个标准差。

z-score=2 意味着抽样样本值超过数据均值 2 个标准差。

z-score=−1.8 意味着抽样样本值低于数据均值 1.8 个标准差。

3．线性比例标准化

极大值法：对于正指标，取该指标观察值的最大值 X_{max}，并用该指标的每个观察值除以最大值，即

$$X' = \frac{X}{X_{max}} (X \geqslant 0) \tag{6-3}$$

极小值法：对于逆指标，取该指标观察值的最小值 X_{min}，并用该指标的最小值除以每个观察值，即

$$X' = \frac{X_{min}}{X} (X > 0) \tag{6-4}$$

注：以上两种方法不适用于 $X<0$ 的情况。

4．log 函数标准化

首先对某属性的每个观察值取以 10 为底的 log 值，然后除以该属性观察值最大值 X_{max} 的 log 值，其公式为

$$X' = \frac{\lg X}{\lg X_{max}} (X \geqslant 1) \tag{6-5}$$

5．反正切函数标准化

通过三角函数中的反正切函数可以实现数据的标准化转换，其公式为

$$X' = \frac{\pi}{2} \arctan X \tag{6-6}$$

6.4.3　数据标准化的实例

在数据清洗实例中，6.2.4 节中以 IMDB 中 5000 部电影的相关信息作为原始数据集完成了数据清洗的相关操作，处理完成后，生成了维度为（3655,28）的无缺失值且各行电影名称无重复的数据集，本节将在此基础上完成数据标准化。首先介绍该数据集的生成过程，代码如下：

```
#加载使用到的库
import pandas as pd
```

```
import numpy as np

#加载原始数据集
data=pd.read_csv('movie_metadata.csv')
#删除含缺失值的行,其后维度变为（3756, 28）
movies=data.dropna(how='any')
#删除电影名重复的行
movies.drop_duplicates(subset=['movie_title'],keep='first',inplace=True)
#数据清洗后,可看到维度变为（3655, 28）
movies.shape
```

在本例中，使用常用的 z-score 标准化进行数据标准化操作。

首先，由于 z-score 标准化适用于属性值为数字类型（也就是 float 或者 int 类型）的数据，因此需要使用 select_dtypes 方法将其筛选出来，代码如下：

```
movies_num=movies.select_dtypes(include=['float64','int64'])
```

select_dtypes 方法的参数如下：

```
DataFrame.select_dtypes(include, exclude)
```

（1）include：要返回的列的数据类型，标量或列表。

（2）exclude：要排除的列的数据类型，标量或列表。

执行筛选操作后，movies_num 包含原始数据集中列的类型为 float64 和 int64 的属性，如下所示：

```
num_critic_for_reviews        float64
duration                      float64
director_facebook_likes       float64
actor_3_facebook_likes        float64
actor_1_facebook_likes        float64
gross                         float64
num_voted_users               int64
cast_total_facebook_likes     int64
facenumber_in_poster          float64
num_user_for_reviews          float64
budget                        float64
title_year                    float64
actor_2_facebook_likes        float64
imdb_score                    float64
aspect_ratio                  float64
movie_facebook_likes          int64
dtype: object
```

本节以列名为"imdb_score"的元素为例进行 z-score 标准化，该列数值表示电影在 IMDB 上的得分。用户在处理之前，可以先查看一下该列元素的均值和标准差，方法如下：

```
#首先使用 np.array 方法将 DataFrame 转换为 array 类型
before_num=np.array(movies_num['imdb_score'])
#计算该列元素的均值
mean=np.mean(before_num,axis=0)
#计算该列元素的标准差
std=np.std(before_num,axis=0)
#打印数值,小数点后保留三位
print('mean=%.3f' % (mean)+', std=%.3f' % (std))
```

其中，np.mean()函数的作用是计算平均值，np.std()函数的作用是计算标准差。运行结果如下：

```
mean=6.463, std=1.058
```

也就是说，现在电影在 IMDB 上的得分均值为 6.463，标准差为 1.058。

根据 z-score 标准化的定义编写 Normalize()函数，从而实现数据标准化，代码如下：

```
def Normalize(raw_list):
        #数据转换，将其类型由 DataFrame 转换为 array
        np_data=np.array(raw_list)
        length=len(raw_list)
        #列均值
        means=np.mean(np_data,axis=0)
        #列标准差
        sigmas=np.std(np_data,axis=0)
        #z-score 转化成矩阵运算
        mean_matrix=np.tile(means,(length,1))
        sigma_matrix=np.tile(sigmas,(length,1))
        np_data=(np_data-mean_matrix)/sigma_matrix
        return np_data
```

np.tile()函数的作用是沿 x 轴或者 xy 轴复制数值。例如，np.tile(a,(2))中，第 2 个参数为元组(2)，其中只有一个数字，表示将 a 沿 x 轴方向扩大 2 倍；np.tile(a,(2,1))，元组参数(2,1)中的第 1 个参数为 y 轴扩大倍数，第 2 个参数为 x 轴扩大倍数，此处为 1，即 x 轴扩大 1 倍，也就是不复制。

通过调用该函数，即可实现 z-score 标准化，相关代码如下：

```
#调用函数完成标准化操作
res_imdb=Normalize(movies_num['imdb_score'])

#计算标准化处理后的均值和标准差
res_mean=np.mean(res_imdb)
res_std=np.std(res_imdb)
print('mean=%.3f' % (res_mean)+', std=%.3f' % (res_std))
```

运行结果如下：

```
mean=0.000, std=1.000
```

至此可见，用户已经针对列名为"imdb_score"的样本完成了标准化操作，其余各列只需循环调用 Normalize()函数即可。

6.5　本章小结

本节对本章的主要内容总结如下。

6.1 节先简单介绍了与爬虫相关的基础知识，如 HTTP 基本原理、XPath 和正则表达式等，使用这些工具，可有效提高爬取数据的效率和质量；然后介绍了 Scrapy 的基本原理和工作流程，并提供了爬取北京二手房信息的实例。

6.2～6.4 节依次介绍了常用的数据清洗、数据归约及数据标准化等相关知识。首先，在大数据分析时，原始数据难免存在重复、缺失及相互冲突等现象，通过数据清洗可有效提高数据可用性；然后，根据数据分析的目标，选择合适的数据归约和数据标准化方法，提高后续数据分析的准确性和效率。

6.6　习题

1. 常见的 HTTP 请求方法有哪些？
2. Scrapy 主要包含哪些组件，其作用分别是什么？
3. 在数据清洗中，常见的缺失值填充方法有哪些？
4. 数据标准化的作用是什么？

第 7 章
大数据分析算法

 **学习目标**

　　本章主要讲述 Spark MLlib 中的聚类算法和分类算法，用户可通过本章的学习，达到以下目标：掌握几种经典聚类算法和分类算法的基本原理、详细步骤、应用实例和 Spark 实现；通过对聚类算法和分类算法 Spark MLlib 实现的实例分析，掌握大数据聚类和分类分析程序的设计思路和实现方法。

学习要点

　　↘ 聚类算法的基本原理、详细步骤、应用实例和 Spark 实现

　　↘ 分类算法的基本原理、详细步骤、应用实例和 Spark 实现

　　↘ 大数据聚类算法和大数据分类算法的实际应用

7.1 聚类算法

7.1.1 经典聚类算法

1. 聚类算法的基本原理

　　现在机器学习已经成为一个热门领域，它主要分为有监督学习、无监督学习和半监督学习。聚类算法就是无监督学习的一种，它既能被视为一个用于发现数据内部结构的独立过程，又能被视为分类等学习任务的前驱。那么到底什么是聚类算法呢？

　　事实上，聚类的思想起源很早，《周易·系辞》中就提到过"方以类聚，物以群分"，但是聚类作为算法存在是在计算机出现以后。聚类的目的就是通过分析将没有标签的、事先不知道会分为几类的数据划分成若干簇，并保证每一簇中的数据尽量相似，而不同簇中的数据尽量相异，其基本思路是，利用数据集中数据特征值之间的相似性来判断数据是否被划分到同一类别。例如，对于人类的划分，用户在划分前并不知道人类到底能划分成多少类，所以

要先对人类进行观察，找出人类中有显著相似性和相异性的特征，假设用户找到的特征是肤色，那么白皮肤的聚成一类，黄皮肤的聚成一类，黑皮肤的聚成一类，其他棕色皮肤、混合肤色等都会划分被到各自的类中，最终得到的划分结果满足同一类（同一人种）中人的肤色相同或相似，不同类（不同人种）中人的肤色则有显著区别，这个过程就是聚类的过程。

聚类算法按照聚类尺度可以分为以下几种。

1）基于划分的聚类算法

针对给定有 N 条记录的数据集，构造 K（$K<N$）个分组，每个分组即一个聚类。这种算法易于理解，但是计算量大，适合较小的数据集中的球状簇。最为常用的 K-means 算法就属于该类算法。

2）基于层次的聚类算法

针对给定数据集作层次式分解直到满足某种条件，层次分解可以自顶向下，也可以自底向上。这种算法相对基于划分的聚集算法的计算量减小，但是对于错误决定无法更正。

3）基于密度的聚类算法

如果在给定的数据集中出现某个区域点的密度超过设定的阈值，就把这个点加到相近的聚类中。前两种聚类算法存在一个共同的缺点：只能发现"类圆形"的簇，如果数据点出现其他聚类形式，聚类结果与真实情况出入较大。而基于密度的聚类算法恰好能克服这个缺点，并可以发现其他聚类形式。

4）基于网格的聚类算法

这种算法将数据集视为一个网格结构，该结构包含有限个单元，每个单元就是算法的处理对象。基于网格的聚类算法的优势为处理速度快，不受数据集中记录多少的影响，只与划分出的单元个数有关。

Spark MLlib 目前支持的聚类算法为 K-means 算法、二分 K-means 算法、高斯混合模型（Gaussian Mixture Model，GMM）聚类算法、幂迭代聚类（Power Iteration Clustering，PIC）算法、流式 K-means 算法、隐狄利克雷分配（Latent Dirichlet Allocation，LDA）算法。本书将介绍前四种聚类算法。

2. K-means 算法

K-means 算法是一种迭代求解的基于划分的聚类算法，其基本思路是先初始化 K 个划分，然后将样本从一个划分转移到另一个划分以优化聚类质量，迭代此过程直至最大迭代次数。

K-means 算法是目前最为常见、应用最广泛的一种聚类算法。这种算法易于理解，算法复杂度低，聚类效果虽然是局部最优但足够解决大部分问题。另外，K-means 算法对较大规模的数据集可以保证有较好的伸缩性，即数据对象从几百到几百万都能保持聚类结果准确度一致。

但是，K-means 算法也有缺点。首先，K 值需要人为设定，不同的 K 值结果也不同。然后，初始划分中心也会影响聚类结果，不同的选取方式得到的结果不同。此外，K-means 算法对孤立点和噪声数据比较敏感，异常值会导致均值偏离严重，陷入局部最小值。K-means 算法对数据集也有要求，离散程度高的分类、非凸分类、类别不平衡的分类就不适合使用 K-means 算法。

K-means 算法的具体运算过程如下。

（1）根据给定的 K 值，选取 K 个初始划分中心。

（2）计算数据集中每个样本点到 K 个划分中心的距离，将样本点划分到距离最近的划分中心的类中。

（3）针对每个类别计算样本点的平均值，得到新的划分中心。

（4）重复（2）～（3）步，直到达到终止条件——最大迭代次数、划分中心变化小于设定的阈值等。

下面是 K-means 算法的应用实例（本章在 Ubuntu16.04 系统中基于 Python3.6 和 Spark 3.1 搭建 pyspark 平台，平台的具体搭建方式参考本书第 2 章）。

【例 7-1】Spark 中 K-means 算法的应用实例。

（1）引入必要的类。使用 pyspark 时需要引入 SparkContext 类。SparkContext 是 Spark 功能的入口点，在引入类后需要定义以下内容。

```
sc = SparkContext(appName="KMeans_pyspark",master='local')
```

否则运行程序时可能会报错。K-means 算法需要从 pyspark.mllib.clustering 中引入 KMeans 类和 KMeansModel 类。代码如下：

```
from numpy import array

from pyspark import SparkContext
from pyspark.mllib.clustering import KMeans, KMeansModel

#appName: 在集群 Web UI 上显示的作业名称
#master: 要连接到的集群 URL (如 mesos:#host: port, spark:#host: port, #local [4])
sc = SparkContext(appName="KMeans_pyspark",master='local')
```

（2）创建数据集。这里创建一个包含 4 个数据点，每个数据点包含 2 种属性的数据集。具体代码如下：

```
nodes = array([0.0,0.0, 1.0,1.0, 9.0,8.0, 8.0,9.0]).reshape(4,2)
print(nodes)
```

结果如下：

```
[[0. 0.]
 [1. 1.]
 [9. 8.]
 [8. 9.]]
```

（3）根据上面创建的数据集训练 K-means 聚类模型。具体代码如下：

```
model = KMeans.train(sc.parallelize(nodes), 2, maxIterations=10, initializationMode="random")
```

其中 sc.parallelize 方法可以将数据集转化为 MLlib 需要的 RDD 格式，该方法有 2 个参数，第 1 个参数是待转化的数据集，第 2 个参数是数据集的切片数（默认值：None）。创建 k-means 聚类模型需要用到 KMeans.train 方法，该方法的参数如表 7-1 所示。第（3）步代码中的 runs、seed、initializationSteps、epsilon 和 initialModel 参数没有指定，使用默认值。

表 7-1 KMeans.train 方法的参数

参　　数	说　　明
rdd	作为向量或可转换序列类型的训练点
maxIterations	允许的最大迭代次数（默认值：100）
runs	该参数自 Spark 2.0.0 起没有作用
initializationMode	初始化算法。它可以是 random 或 K-means‖（默认值：K-means‖）

参　　数	说　　明
k	要创建的聚类数量
seed	用于聚类初始化的随机种子值。设置为 None 可以根据系统时间生成种子（默认值：None）
initializationSteps	K-means‖初始化模式的步骤数。这是一个高级的设置，默认值 2 足够使用（默认值：2）
epsilon	中心被认为已经收敛的距离阈值。如果所有中心的移动小于该值，那么迭代就会停止（预设值：1e^{-4}）
initialModel	初始聚类中心可以作为 KMeansModel 对象提供，而不是使用 random 或 K-means‖ 初始模型（默认值：None）

（4）根据 KMeansModel 自带的属性和方法获得聚类中心和样本点对应的聚类值。具体代码如下：

```
for clusterCenter in model.clusterCenters:
    print(clusterCenter)
for node in nodes:
    print(str(node)+" belongs to cluster "+str(model.clusterCenters[model.predict
(node)]))
```

结果如下：

```
[8.5 8.5]
[0.5 0.5]
[0. 0.] belongs to cluster [0.5 0.5]
[1. 1.] belongs to cluster [0.5 0.5]
[9. 8.] belongs to cluster [8.5 8.5]
[8. 9.] belongs to cluster [8.5 8.5]
```

KMeansModel 自带的属性和方法如表 7-2 所示。

表 7-2　KMeansModel 自带的属性和方法

属性和方法	说　　明
clusterCenters	获得聚类中心，以 NumPy array 的格式表示
computeCost(rdd)	返回模型在给定数据集上的 Kmeans 成本（样本点到最近的聚类中心距离平方的总和）参数：rdd—计算成本样本点的 RDD
k	获得聚类的簇数
load(sc, path)	从 path 中加载模型
predict(x)	找到点 x 在模型中所属的聚类
save(sc, path)	将模型保存到 path 中

在 Spark MLlib 中，pyspark 定义了 KMeans 类，该类定义了训练模型用的 train 方法。因为 Spark 中 K-means 算法的具体步骤是用 Scala 实现的，所以 pyspark 要通过 trainKMeansModel API 调用 Scala 版本的 KMeans 类。具体代码如下：

```
class KMeans(object):

    @classmethod
    def train(cls, rdd, k, maxIterations=100, initializationMode="K-means||",
            seed=None, initializationSteps=2, epsilon=1e-4, initialModel=None):
        #聚类初始模型，用于保存聚类中心
        clusterInitialModel = []
        #当 initialModel 非空时，判断是否是 KMeansModel 实例：如果不是，报错；如果是，将其中的
            初始聚类中心转化成向量形式存入 clusterInitialModel 中
```

```
        if initialModel is not None:
          if not isinstance(initialModel, KMeansModel):
            raise TypeError("initialModel is of " + str(type(initialModel)) + ". It
                          needs to be of <type 'KMeansModel'>")
          clusterInitialModel = [_convert_to_vector(c) for c in initialModel.
clusterCenters]
        #通过 trainKMeansModel API 调用 Scala 版本的 KMeans 类训练模型
        model = callMLlibFunc("trainKMeansModel", rdd.map(_convert_to_vector), k,
                          maxIterations, initializationMode, seed,
                          initializationSteps, epsilon, clusterInitialModel)
        centers = callJavaFunc(rdd.context, model.clusterCenters)
        return KMeansModel([c.toArray() for c in centers])
```

在 trainKMeansModel API 中，Spark MLlib 根据传入的参数创建一个新的 KMeans 类的实例。具体代码如下：

```
def trainKMeansModel(
    data: JavaRDD[Vector],
    k: Int,
    maxIterations: Int,
    initializationMode: String,
    seed: java.lang.Long,
    initializationSteps: Int,
    epsilon: Double,
    initialModel: java.util.ArrayList[Vector],
    distanceMeasure: String): KMeansModel = {
    val kMeansAlg = new KMeans()
    .setK(k)
    .setMaxIterations(maxIterations)
    .setInitializationMode(initializationMode)
    .setInitializationSteps(initializationSteps)
    .setEpsilon(epsilon)
    .setDistanceMeasure(distanceMeasure)

    if (seed != null) kMeansAlg.setSeed(seed)
    if (!initialModel.isEmpty()) kMeansAlg.setInitialModel(new
KMeansModel(initialModel))

    try {
      kMeansAlg.run(data.rdd.persist(StorageLevel.MEMORY_AND_DISK))
    } finally {
      data.rdd.unpersist()
    }
  }
```

Scala 版本的 Kmeans 类按照给定的参数运行 run 方法训练模型。具体代码如下：

```
#由于训练数据要进行迭代计算，因此数据应该缓存
def run(data: RDD[Vector]): KMeansModel = {
#将数据集由 RDD[Vector]转化为 RDD[(Vector, Double)]格式
val instances = data.map(point => (point, 1.0))
#判断 RDD 当前是否设置存储级别
val handlePersistence = data.getStorageLevel == StorageLevel.NONE
#调用 runWithWeight 方法
  runWithWeight(instances, handlePersistence, None)
}


private[spark] def runWithWeight(
```

```
    instances: RDD[(Vector, Double)],
    handlePersistence: Boolean,
    instr: Option[Instrumentation]): KMeansModel = {
    #计算 L2 范数，并且缓存。vectors 格式为(向量，向量的 L2 范数)
    val norms = instances.map { case (v, _) => Vectors.norm(v, 2.0) }
    val vectors = instances.zip(norms)
      .map { case ((v, w), norm) => new VectorWithNorm(v, norm, w) }

    if (handlePersistence) {
      vectors.persist(StorageLevel.MEMORY_AND_DISK)
    } else {
      #Compute squared norms and cache them
      norms.persist(StorageLevel.MEMORY_AND_DISK)
    }
    #调用 runAlgorithmWithWeight()训练模型
    val model = runAlgorithmWithWeight(vectors, instr)
    if (handlePersistence) { vectors.unpersist() } else { norms.unpersist() }

    model
}
```

K-means 算法的实现由 runAlgorithmWithWeight 方法完成。该方法进行训练的整体思路是数据分区，将聚类中心点信息广播至各个分区并计算每个中心点的累计距离（损失）、累计坐标值和计数；以聚类的索引 ID 作为 key 进行 Reduce，计算整个数据集每个中心点的累计距离、累计坐标值和计数。具体代码如下：

```
private def runAlgorithmWithWeight(
    data: RDD[VectorWithNorm],
    instr: Option[Instrumentation]): KMeansModel = {

    val sc = data.sparkContext

    val initStartTime = System.nanoTime()

    val distanceMeasureInstance =DistanceMeasure.decodeFromString(this.distanceMeasure)

    #初始化中心，支持 random（随机选择）或 K-means||（选择最优样本点）
    val centers = initialModel match {
      case Some(kMeansCenters) =>
        kMeansCenters.clusterCenters.map(new VectorWithNorm(_))
      case None =>
        if (initializationMode == KMeans.RANDOM) {
          initRandom(data)
        } else {
          initKMeansParallel(data, distanceMeasureInstance)
        }
    }
    val numFeatures = centers.head.vector.size
    val initTimeInSeconds = (System.nanoTime() - initStartTime) / 1e9
    logInfo(f"Initialization with $initializationMode took $initTimeInSeconds%.3f
seconds.")

    var converged = false
    var cost = 0.0
    var iteration = 0
```

```
        val iterationStartTime = System.nanoTime()

        instr.foreach(_.logNumFeatures(numFeatures))

        val shouldDistributed = centers.length * centers.length * numFeatures.toLong >
1000000L

    #执行 Lloyd 算法的迭代，直到收敛
    while (iteration < maxIterations && !converged) {
      val bcCenters = sc.broadcast(centers)
      val stats = if (shouldDistributed) {
        distanceMeasureInstance.computeStatisticsDistributedly(sc, bcCenters)
      } else {
        distanceMeasureInstance.computeStatistics(centers)
      }
      val bcStats = sc.broadcast(stats)

      val costAccum = sc.doubleAccumulator

      #找到新的中心
      val collected = data.mapPartitions { points =>
        val centers = bcCenters.value
        val stats = bcStats.value
        val dims = centers.head.vector.size

        val sums = Array.fill(centers.length)(Vectors.zeros(dims))

        #使用clusterWeightSum 计算聚类中心
        #cluster center =sample1 * weight1/clusterWeightSum + sample2 * weight2/
clusterWeightSum + ...
        #创建clusterWeightSum 数组，长度为中心个数
        val clusterWeightSum = Array.ofDim[Double](centers.length)
        points.foreach { point =>      #针对每个样本点
          #计算样本点 point 属于哪个中心点和在该点下的 cost 值
          val (bestCenter, cost) = distanceMeasureInstance.findClosest(centers, stats,
point)
          costAccum.add(cost * point.weight)
          distanceMeasureInstance.updateClusterSum(point, sums(bestCenter))
          clusterWeightSum(bestCenter) += point.weight
        }

        Iterator.tabulate(centers.length)(j => (j, (sums(j), clusterWeightSum(j))))
          .filter(_._2._2 > 0)
      }.reduceByKey { (sumweight1, sumweight2) =>
        axpy(1.0, sumweight2._1, sumweight1._1)
        (sumweight1._1, sumweight1._2 + sumweight2._2)
      }.collectAsMap()

      if (iteration == 0) {
        instr.foreach(_.logNumExamples(costAccum.count))
        instr.foreach(_.logSumOfWeights(collected.values.map(_._2).sum))
      }

      bcCenters.destroy()
      bcStats.destroy()
```

```
#更新聚类中心和成本
converged = true
collected.foreach { case (j, (sum, weightSum)) =>
  val newCenter = distanceMeasureInstance.centroid(sum, weightSum)
  if (converged &&
    !distanceMeasureInstance.isCenterConverged(centers(j), newCenter, epsilon)) {
    converged = false
  }
  centers(j) = newCenter
}

cost = costAccum.value
instr.foreach(_.logNamedValue(s"Cost@iter=$iteration", s"$cost"))
iteration += 1
}

val iterationTimeInSeconds = (System.nanoTime() - iterationStartTime) / 1e9
logInfo(f"Iterations took $iterationTimeInSeconds%.3f seconds.")

if (iteration == maxIterations) {
  logInfo(s"KMeans reached the max number of iterations: $maxIterations.")
} else {
  logInfo(s"KMeans converged in $iteration iterations.")
}

logInfo(s"The cost is $cost.")

new KMeansModel(centers.map(_.vector), distanceMeasure, cost, iteration)
}
```

3. 二分 *K*-means 算法

二分 *K*-means 算法是一种基于层次的聚类算法,是对 *K*-means 算法的优化。由于 *K*-means 算法存在容易收敛于局部最小值的缺点，二分 *K*-means 算法的提出就是为了改善这一缺点。该算法将所有样本点视为一个聚类簇，并将其一分为二，从两个簇中选择一个簇继续划分，选择标准是对该簇继续划分能最大程度降低误差项平方和 SSE。SSE 的计算公式如下：

$$\text{SSE} = \sum_{i=1}^{n} w_i \left(y_i - y^* \right)^2 \tag{7-1}$$

式中，w_i 表示权重；y^* 表示该簇所有样本点的均值。

二分 *K*-means 算法的具体运算过程如下。

（1）先将所有样本点划分到一个聚类簇中，再将这个簇一分为二。

（2）选择划分后能最大程度降低 SSE 的簇作为可分解的簇。

（3）使用 *K*-means 算法将可分解的簇分解成两簇。

（4）重复（2）～（3）步，直至达到终止条件——最大迭代次数、划分中心变化小于设定的阈值等。

【例 7-2】Spark 中二分 *K*-means 算法的应用实例。

（1）引入必要的类。二分 *K*-means 算法需要从 pyspark.mllib.clustering 中引入 BisectingKMeans 类和 BisectingKMeansModel 类。具体代码如下：

```
from numpy import array
```

```
from pyspark import SparkContext
from pyspark.mlLib.clustering import BisectingKMeans,BisectingKMeansModel
#appName: 在集群 web UI 上显示的作业名称
#master: 要连接到的集群 URL (如mesos:#host: port, spark:#host: port, #local [4])
sc = SparkContext(appName="BisectingKMeans_pyspark",master='local')
```

（2）创建数据集。这里创建一个包含 8 个数据点，每个数据点包含 2 种属性的数据集。具体代码如下：

```
nodes = array([0.0,0.0, 1.0,1.0, 9.0,8.0, 8.0,9.0, 5.0,4.0, 4.0,5.0, 3.0,4.0,
4.0,2.0]).reshape(8, 2)
print(nodes)
```

结果如下：

```
[[0. 0.]
 [1. 1.]
 [9. 8.]
 [8. 9.]
 [5. 4.]
 [4. 5.]
 [3. 4.]
 [4. 2.]]
```

（3）根据上面创建的数据集创建二分 *K*-means 聚类模型。具体代码如下：

```
bskm = BisectingKMeans()
model = bskm.train(sc.parallelize(nodes, 2), k=4)
```

创建二分 *K*-means 聚类模型需要用到 BisectingKMeans.train 方法，该方法的参数如表 7-3 所示。在该步的代码中，maxIterations、Mindivisbleclustersize 和 seed 参数没有指定，使用默认值。

表 7-3　BisectingKMeans.train 方法的参数

参　　数	说　　明
rdd	作为向量或可转换序列类型的训练点
k	理想的叶聚类簇数。如果没有可分割的叶簇，那么实际数量可能更少（默认值：4）
maxIterations	允许分割聚类的最大迭代次数（默认值：100）
Mindivisbleclustersize	可分聚类的最小点数（如果≥1.0）或最小点数比例（如果＜1.0）（预设值：1）
seed	用于聚类初始化的随机种子值（默认值:-1888008604，来自 classOf[BisectingKMeans].getName.##）

（4）根据 BisectingKMeansModel 自带的属性和方法获得聚类中心和样本点对应的聚类值。具体代码如下：

```
//获取聚类中心
for clusterCenter in model.clusterCenters:
    print(clusterCenter)
//获取样本点对应的聚类值
for node in nodes:
    print(str(node)+" belongs to cluster "+str(model.clusterCenters[model.predict
(node)]))
```

BisectingKMeansModel 自带的属性和方法如表 7-4 所示。

表 7-4 BisectingKMeansModel 自带的属性和方法

属性和方法	说　　明
clusterCenters	获得聚类中心，以 NumPy array 的格式表示
computeCost(x)	返回模型在给定数据集上的 BisectingKmeans 成本（样本点到最近聚类中心距离平方的总和）。如果输入的是样本点集的 RDD，那么返回所有样本点的成本总和 参数：x—计算成本的样本点（或样本点集的 RDD）
k	获得聚类的簇数
predict(x)	找到点 x 在模型中所属的聚类

结果如下：

```
//输出聚类中心的坐标
[0.5 0.5]
[3.5 3. ]
[4.5 4.5]
[8.5 8.5]
//输出样本点和其所在的聚类中心的坐标
[0. 0.] belongs to cluster [0.5 0.5]
[1. 1.] belongs to cluster [0.5 0.5]
[9. 8.] belongs to cluster [8.5 8.5]
[8. 9.] belongs to cluster [8.5 8.5]
[5. 4.] belongs to cluster [4.5 4.5]
[4. 5.] belongs to cluster [4.5 4.5]
[3. 4.] belongs to cluster [3.5 3. ]
```

与 K-means 算法类似，二分 K-means 算法在 Spark MLlib 中也是通过 API 调用 Scala 版本的 BisectingKMeans 类实现的。该算法从一个包含所有点的集群开始。它迭代地在底层找到可划分的簇，并使用 K-means 算法将每个簇平分，直到总共有 K 个簇或没有簇可划分为止。将同一层簇的平分步骤组合在一起，以增加并行性。如果在底层将所有可分簇平分将产生更多的簇，更大的簇获得更高的优先级。具体代码如下：

```
def train(self, rdd, k=4, maxIterations=20, minDivisibleClusterSize=1.0, seed=-
1888008604):
    #调用 trainBisectingKMeans API
    java_model = callMLlibFunc("trainBisectingKMeans", rdd.map(_convert_to_vector),
                               k, maxIterations,minDivisibleClusterSize, seed)
    return BisectingKMeansModel(java_model)


#trainBisectingKMeans API
def trainBisectingKMeans(
    data: JavaRDD[Vector],
    k: Int,
    maxIterations: Int,
    minDivisibleClusterSize: Double,
    seed: java.lang.Long): BisectingKMeansModel = {
  val kmeans = new BisectingKMeans()
    .setK(k)
    .setMaxIterations(maxIterations)
    .setMinDivisibleClusterSize(minDivisibleClusterSize)
  if (seed != null) kmeans.setSeed(seed)
  kmeans.run(data)   #调用 BisectingKMeans 类中的 run 方法
}
```

Scala 版本的 BisectingKMeans 类按照给定的参数运行 run 方法训练模型。具体代码如下：

```
def run(input: RDD[Vector]): BisectingKMeansModel = {
  #将数据集由 RDD[Vector]转化为 RDD[(Vector, Double)]格式
  val instances = input.map(point => (point, 1.0))
  #判断 RDD 当前是否设置存储级别
  val handlePersistence = input.getStorageLevel == StorageLevel.NONE
  #调用 runWithWeight 方法实现算法
    runWithWeight(instances, handlePersistence, None)
}

#runWithWeight 方法具体实现二分 K-means 算法
private[spark] def runWithWeight(
    instances: RDD[(Vector, Double)],
    handlePersistence: Boolean,
    instr: Option[Instrumentation]): BisectingKMeansModel = {
    val d = instances.map(_._1.size).first
    logInfo(s"Feature dimension: $d.")

    val dMeasure = DistanceMeasure.decodeFromString(this.distanceMeasure)
    val norms = instances.map(d => Vectors.norm(d._1, 2.0))  #计算数据的二范数
    #将数据转化成 VectorWithNorm 类
    val vectors = instances.zip(norms).map { case ((x, weight), norm) => new
            VectorWithNorm(x, norm, weight) }
    if (handlePersistence) {
      vectors.persist(StorageLevel.MEMORY_AND_DISK)
    } else {

    #计算和缓存用于快速距离计算的向量范数
      norms.persist(StorageLevel.MEMORY_AND_DISK)
    }

    var assignments = vectors.map(v => (ROOT_INDEX, v))
    var activeClusters = summarize(d, assignments, dMeasure)
    instr.foreach(_.logNumExamples(activeClusters.values.map(_.size).sum))
    instr. foreach(_.logSumOfWeights(activeClusters.values.map(_.weightSum).sum))
    val rootSummary = activeClusters(ROOT_INDEX)
    val n = rootSummary.size
    logInfo(s"Number of points: $n.")
    logInfo(s"Initial cost: ${rootSummary.cost}.")
    val minSize = if (minDivisibleClusterSize >= 1.0) {
      math.ceil(minDivisibleClusterSize).toLong
    } else {
      math.ceil(minDivisibleClusterSize * n).toLong
    }
    logInfo(s"The minimum number of points of a divisible cluster is $minSize.")
    var inactiveClusters = mutable.Seq.empty[(Long, ClusterSummary)]
    val random = new Random(seed)
    var numLeafClustersNeeded = k - 1
    var level = 1
    var preIndices: RDD[Long] = null
    var indices: RDD[Long] = null
    while (activeClusters.nonEmpty && numLeafClustersNeeded > 0 && level < LEVEL_LIMIT) {

      #可分集群具有足够大和非平凡成本
      var divisibleClusters = activeClusters.filter { case (_, summary) =>
        (summary.size >= minSize) && (summary.cost > MLUtils.EPSILON * summary.size)
      }
```

```
                   #如果不需要所有可分集群，那么选择较大的集群
                   if (divisibleClusters.size > numLeafClustersNeeded) {
                     divisibleClusters = divisibleClusters.toSeq.sortBy { case (_, summary) =>
                       -summary.size
                     }.take(numLeafClustersNeeded)
                     .toMap
                   }
                   if (divisibleClusters.nonEmpty) {
                     val divisibleIndices = divisibleClusters.keys.toSet
                     logInfo(s"Dividing ${divisibleIndices.size} clusters on level $level.")
                     var newClusterCenters = divisibleClusters.flatMap { case (index, summary) =>
                              val (left, right) = splitCenter(summary.center, random, dMeasure)
                        Iterator((leftChildIndex(index), left), (rightChildIndex(index), right))
                     }.map(identity) #解决产生不可序列化映射的 Scala bug (SI-7005)
                     var newClusters: Map[Long, ClusterSummary] = null
                     var newAssignments: RDD[(Long, VectorWithNorm)] = null
                     for (iter <- 0 until maxIterations) {
                       newAssignments = updateAssignments(assignments, divisibleIndices,
                                 newClusterCenters, dMeasure).filter { case (index, _) =>
                         divisibleIndices.contains(parentIndex(index))
                       }
                       newClusters = summarize(d, newAssignments, dMeasure)
                       newClusterCenters = newClusters.mapValues(_.center).map(identity).toMap
                     }
                     if (preIndices != null) {
                       preIndices.unpersist()
                     }
                     preIndices = indices
                     indices = updateAssignments(assignments, divisibleIndices, newClusterCenters,
                                       dMeasure).keys.persist(StorageLevel.MEMORY_AND_DISK)
                     assignments = indices.zip(vectors)
                     inactiveClusters ++= activeClusters
                     activeClusters = newClusters
                     numLeafClustersNeeded -= divisibleClusters.size
                   } else {
                     logInfo(s"None active and divisible clusters left on level $level. Stop
iterations.")
                     inactiveClusters ++= activeClusters
                     activeClusters = Map.empty
                   }
                   level += 1
                 }

                 if (preIndices != null) { preIndices.unpersist() }
                 if (indices != null) { indices.unpersist() }
                 if (handlePersistence) { vectors.unpersist() } else { norms.unpersist() }

                 val clusters = activeClusters ++ inactiveClusters
                 val root = buildTree(clusters, dMeasure)
                 val totalCost = root.leafNodes.map(_.cost).sum
                 new BisectingKMeansModel(root, this.distanceMeasure, totalCost)
               }
```

4．GMM 聚类算法

GMM 聚类算法与目前大多数聚类算法不同，其他聚类算法多以相似性为划分依据，而

GMM 聚类算法则将概率作为划分依据。它假设所有样本都是由某个给定参数的多元高斯分布生成的，通过样本点属于某一类别的概率大小来划分该样本点所属的聚类。

GMM 由 K 个多元高斯分布共同组成，每个分布称为该模型的一个成分。GMM 的概率密度函数如下：

$$p(x) = \sum_{i=1}^{K} w_i p(x|\mu_i, \Sigma_i) \tag{7-2}$$

式中，K 表示该模型中包含的多元高斯分布的个数；w_i 表示第 i 个多元高斯分布在模型中的权重，模型中所有多元高斯分布的权重之和为 1；$p(x|\mu_i, \Sigma_i)$ 表示以 $\boldsymbol{\mu}$ 为均值向量、$\boldsymbol{\Sigma}$ 为协方差矩阵的第 i 个多元高斯分布的概率密度函数。

利用 GMM 聚类算法进行聚类的基本思路就是给定聚类的簇个数，对给定数据集，使用极大似然估计法，推导出每种混合成分的均值向量、协方差矩阵和权重，得到的多元高斯分布对应聚类的一个簇。

GMM 聚类算法在训练样本时用到了极大似然估计法，用到的对数似然函数如下：

$$L = \log\prod_{j=1}^{m} p(x) \tag{7-3}$$

$$L = \sum_{j=1}^{m}\log(\sum_{i=1}^{K} w_i p(x|\mu_i, \Sigma_i)) \tag{7-4}$$

此处的 L 无法直接求解，所以要用到 EM 算法求解。

GMM 聚类算法的具体运算过程如下。

（1）初始化 K 个多元高斯分布及其权重。

（2）根据贝叶斯定理估计每个样本由每种成分生成的后验概率。

（3）根据均值、协方差及（2）中得到的后验概率，更新均值向量、协方差矩阵和权重。

（4）重复（2）～（3）步直至达到最大迭代次数或似然函数的增加值小于收敛阈值。

用户在参数估计过程中得到了每个样本点属于每个簇的后验概率，将样本点划分到后验概率最大的簇上。

【例 7-3】Spark 中 GMM 聚类算法的应用实例。

（1）引入必要的类。GMM 聚类算法需要从 pyspark.mllib.clustering 中引入 GaussianMixture 类和 GaussianMixtureModel 类，从 pyspark.mllib.linalg 中引入 Vectors 类和 DenseMatrix 类。具体代码如下：

```
from numpy import array

from pyspark import SparkContext
#from pyspark.mllib.linalg import Vectors, DenseMatrix
from pyspark.mllib.clustering import GaussianMixture,GaussianMixtureModel
sc = SparkContext(appName="GMM_pyspark",master='local')
```

（2）创建数据集。这里创建一个包含 6 个数据点，每个数据点包含 2 种属性的数据集。具体代码如下：

```
nodes=array([-0.1,-0.05, -0.01,-0.1, 0.9,0.8,\
          0.75,0.935, -0.83,-0.68, -0.91,-0.76 ])\
          .reshape(6, 2)
print(nodes)
```

结果如下：

```
[[-0.1   -0.05 ]
 [-0.01  -0.1  ]
 [ 0.9    0.8  ]
 [ 0.75   0.935]
 [-0.83  -0.68 ]
 [-0.91  -0.76 ]]
```

（3）根据上面创建的数据集训练 GMM 聚类模型。具体代码如下：

```
clusterdata = sc.parallelize(nodes,2)
model = GaussianMixture.train(clusterdata, 3, convergenceTol=0.0001,maxIterations=50,
seed=10)
```

训练 GMM 聚类模型需要用到 GaussianMixture.train 方法，该方法的参数如表 7-5 所示。在本步使用 GaussianMixture.train 方法时，initialModel 参数没有指定，使用默认值。

表 7-5　GaussianMixture.train 方法的参数

参　　数	说　　明
rdd	作为向量或可转换序列类型的训练点
k	混合模型中的独立高斯个数
convergenceTol	被认为已经发生收敛的对数似然的最大变化（默认值：1e^{-3}）
maxIterations	允许的最大迭代次数（默认值：100）
seed	初始高斯分布的随机种子。设置为 None 以根据系统时间生成种子（默认值：None）
initialModel	初始 GMM 起始点，绕过随机的初始化（默认值：None）

（4）根据 GaussianMixtureModel 自带的属性和方法获得样本点对应的聚类值，并找到点属于所有高斯混合分模型的概率。具体代码如下：

```
#获得样本点对应的聚类值
for node in nodes:
    print(str(node)+" belongs to cluster: "+str(model.predict(node)))

#找到点[-0.1,-0.05]属于所有高斯混合分模型的概率
softPredicted = model.predictSoft([-0.1,-0.05])

#判断该点是否在 gaussian[0]中
abs(softPredicted[0] - 1.0) < 0.03
```

结果如下：

```
#输出样本点对应的聚类值
[-0.1  -0.05] belongs to cluster: 2
[-0.01 -0.1 ] belongs to cluster: 2
[0.9 0.8] belongs to cluster: 0
[0.75 0.935] belongs to cluster: 0
[-0.83 -0.68] belongs to cluster: 1
[-0.91 -0.76] belongs to cluster: 1

#判断出该点不在 gaussian[0]中
False
```

GaussianMixtureModel 自带的属性和方法如表 7-6 所示。受篇幅限制，本步的代码仅演示了怎样使用 predictSoft 方法预测。

表 7-6　GaussianMixtureModel 自带的属性和方法

属性和方法	说　　明
gaussians	多元高斯数组，其中 gaussians[i]表示 Gaussian i 的多元高斯（正态）分布
k	获得混合中的高斯数
weights	高斯混合中每个正态分布的权重，其中权重[i]是 Gaussian i 的权重，权重的总和 weights.sum==1
load(sc, path)	从硬盘中加载 GaussianMixtureModel
predict(x)	找出在这个模型中，点 x 或 RDD x 中的每个点具有最大隶属度的聚类 参数：x—特征向量或代表数据点向量的 RDD 返回值：如果输入是 RDD，那么返回预测的聚类标记或预测的聚类标记的 RDD
predictSoft(x)	找到点 x 或 RDD x 中的每个点对所有高斯混合分模型的隶属度 参数：x—特征向量或代表数据点向量的 RDD 返回值：点 x 或 RDD x 中每个向量所有高斯混合组分的隶属度值
save(sc, path)	将模型保存到给定 path 中

在 Spark MLlib 中，GMM 主要通过 GaussianMixture 类实现。此类对 GMM 执行期望最大化。GMM 表示一个独立高斯分布的综合分布，其相关的"混合"权重指定每个人对综合分布的贡献。给定一组样本点，这个类将最大化 k 个高斯混合体的对数可能性，迭代直到对数可能性的变化小于 convergenceTol，或者直到达到最大迭代次数。虽然这个过程一般可保证收敛，但不能保证找到全局最优解。具体代码如下：

```
def train(cls, rdd, k, convergenceTol=1e-3, maxIterations=100, seed=None, initialModel=
None):
    initialModelWeights = None  #权重
    initialModelMu = None  #均值向量
    initialModelSigma = None  #协方差矩阵
    if initialModel is not None:
        if initialModel.k != k:
         raise ValueError("Mismatched cluster count, initialModel.k = %s, however k =
%s" % (initialModel.k, k))
        initialModelWeights = list(initialModel.weights)
        initialModelMu = [initialModel.gaussians[i].mu for i in
range(initialModel.k)]
        initialModelSigma = [initialModel.gaussians[i].sigma for i in range
(initialModel.k)]
    #调用 API
    java_model = callMLlibFunc("trainGaussianMixtureModel", rdd.map(_convert_to_vector),
k, convergenceTol,
                        maxIterations, seed, initialModelWeights, initialModelMu,
initialModelSigma)
    return GaussianMixtureModel(java_model)

    #trainGaussianMixtureModel API, 返回一个包含每个多元混合的权重、均值和#协方差的列表（list）
    def trainGaussianMixtureModel(
        data: JavaRDD[Vector],
        k: Int,
        convergenceTol: Double,
        maxIterations: Int,
        seed: java.lang.Long,
        initialModelWeights: java.util.ArrayList[Double],
        initialModelMu: java.util.ArrayList[Vector],
        initialModelSigma: java.util.ArrayList[Matrix]):
```

```
GaussianMixtureModelWrapper = {
#创建一个 GaussianMixture 类
val gmmAlg = new GaussianMixture()
  .setK(k)
  .setConvergenceTol(convergenceTol)
  .setMaxIterations(maxIterations)

if (initialModelWeights != null && initialModelMu != null && initialModelSigma !=
null) {
    val gaussians = initialModelMu.asScala.toSeq.zip(initialModelSigma.asScala.toSeq).
map {
      case (x, y) => new MultivariateGaussian(x, y)
    }
    val initialModel = new GaussianMixtureModel(
      initialModelWeights.asScala.toArray, gaussians.toArray)
    gmmAlg.setInitialModel(initialModel)
  }

if (seed != null) gmmAlg.setSeed(seed)

#调用 GaussianMixture 类中的 run 方法和 GaussianMixtureModelWrapper#API
new GaussianMixtureModelWrapper(gmmAlg.run(data.rdd))
}
```

与其他聚类算法类似，在 Spark MLlib 中实现 GMM 也是通过 GaussianMixture 类中的 run 方法实现的。具体代码如下：

```
def run(data: RDD[Vector]): GaussianMixtureModel = {
    val sc = data.sparkContext

    #使用 Spark 的线性代数库 Breeze
    val breezeData = data.map(_.asBreeze).cache()

    #获得输入向量的长度
    val d = breezeData.first().length
    require(d < GaussianMixture.MAX_NUM_FEATURES, s"GaussianMixture cannot handle
more " +
          s"than ${GaussianMixture.MAX_NUM_FEATURES} features because the size of
the covariance" +
          s" matrix is quadratic in the number of features.")

    val shouldDistributeGaussians = GaussianMixture.shouldDistributeGaussians(k, d)

    #确定初始权重和相应的高斯函数
    #如果用户提供了初始 GMM，那么使用这些值
    #否则，从统一的权重开始、来自数据的随机均值和对角协方差矩阵#使用来自样本的分量方差
    val (weights, gaussians) = initialModel match {
      case Some(gmm) => (gmm.weights, gmm.gaussians)

      case None =>
        val samples = breezeData.takeSample(withReplacement = true, k * nSamples,
seed)
        (Array.fill(k)(1.0 / k), Array.tabulate(k) { i =>
          val slice = samples.view.slice(i * nSamples, (i + 1) * nSamples)
          new MultivariateGaussian(vectorMean(slice.toSeq),
initCovariance(slice.toSeq))
```

```
            })
       }

     var llh = Double.MinValue #current log-likelihood
     var llhp = 0.0            #previous log-likelihood

     var iter = 0
     while (iter < maxIterations && math.abs(llh-llhp) > convergenceTol) {
       #创建并广播柯里化集群贡献函数
       val compute = sc.broadcast(ExpectationSum.add(weights, gaussians)_)

       #将所有样本点的集群贡献聚合起来
       val sums = breezeData.treeAggregate(ExpectationSum.zero(k, d))(compute.value,
_ += _)

       #根据部分赋值创建新的分布（文献中通常称为"M-步"）
       val sumWeights = sums.weights.sum

       if (shouldDistributeGaussians) {
         val numPartitions = math.min(k, 1024)
         val tuples =
           Seq.tabulate(k)(i => (sums.means(i), sums.sigmas(i), sums.weights(i)))
         val (ws, gs) = sc.parallelize(tuples, numPartitions).map { case (mean, sigma,
weight) =>
           updateWeightsAndGaussians(mean, sigma, weight, sumWeights)
         }.collect().unzip
         Array.copy(ws, 0, weights, 0, ws.length)
         Array.copy(gs, 0, gaussians, 0, gs.length)
       } else {
         var i = 0
         while (i < k) {
           val (weight, gaussian) =
             updateWeightsAndGaussians(sums.means(i), sums.sigmas(i), sums.weights(i),
sumWeights)
           weights(i) = weight
           gaussians(i) = gaussian
           i = i + 1
         }
       }

       llhp = llh #当前值变成以前的值
       llh = sums.logLikelihood #最新算得的对数似然比
       iter += 1
       compute.destroy()
     }
     breezeData.unpersist()

     new GaussianMixtureModel(weights, gaussians)
   }

  #更新权重和高斯函数
  private def updateWeightsAndGaussians(
      mean: BDV[Double],
      sigma: BreezeMatrix[Double],
      weight: Double,
      sumWeights: Double): (Double, MultivariateGaussian) = {
```

178

```
val mu = (mean /= weight)
BLAS.syr(-weight, Vectors.fromBreeze(mu),
  Matrices.fromBreeze(sigma).asInstanceOf[DenseMatrix])
val newWeight = weight / sumWeights
val newGaussian = new MultivariateGaussian(mu, sigma / weight)
(newWeight, newGaussian)
}
```

GaussianMixtureModelWrapper API 是为 GaussianMixtureModel 提供辅助方法的包装器。具体代码如下：

```
private[python] class GaussianMixtureModelWrapper(model: GaussianMixtureModel) {
  val weights: Vector = Vectors.dense(model.weights)
  val k: Int = weights.size

  #以向量列表和对应于每个多元高斯分布的矩阵的形式返回高斯分布
  val gaussians: Array[Byte] = {
    val modelGaussians = model.gaussians.map { gaussian =>
      Array[Any](gaussian.mu, gaussian.sigma)
    }
    SerDe.dumps(JavaConverters.seqAsJavaListConverter(modelGaussians).asJava)
  }

  def predictSoft(point: Vector): Vector = {
    Vectors.dense(model.predictSoft(point))
  }

  def save(sc: SparkContext, path: String): Unit = model.save(sc, path)
}
```

5. PIC 算法

要理解 PIC 算法，就要先知道它的前身，即谱聚类。谱聚类是一种基于图论的聚类算法，它将带权无向图划分为两个或两个以上的最优子图，使得子图内部尽量相似，不同子图间尽量相异，以此实现聚类。谱聚类的基本思路是将聚类问题转化为无向图的划分问题，利用样本的相似矩阵 A 求得的拉普拉斯矩阵 L 特征分解所得特征向量进行聚类，对特征向量的聚类对应于原始数据的聚类。求解拉普拉斯矩阵 L 的公式如下：

$$L = D - A \tag{7-5}$$

式中，D 表示图的度矩阵，即以矩阵 A 每行的元素和（该顶点的度）为对角元素构成的对角矩阵；A 表示由样本两两之间的相似度值构造的相似矩阵。

PIC 算法和谱聚类算法的大体思路都是将样本点嵌入相似矩阵推导出的低维子空间中，不同的是，谱聚类算法利用拉普拉斯矩阵的最小特征向量实现低维子空间的嵌入，而 PIC 算法则利用数据规范化的相似矩阵，采用截断的幂迭代法实现低维子空间的嵌入。由于这样的嵌入是一个有效的聚类指标，因此 PIC 算法在真实数据集上的效果要优于谱聚类算法。下面将介绍 PIC 算法。

对于给定的数据集 $X = \{x_1, x_2, \cdots, x_n\}$，任意样本 x_i、x_j 之间的相似度为 $s(x_i, x_j)$，则矩阵 A 定义为 $A_{ij} = s(x_i, x_j)$，矩阵 D 为矩阵 A 每行元素和作为对角元素的对角矩阵，由此可得到归一化的关联矩阵 $W = D^{-1}A$。显然，W 的最大特征向量就是 L 的最小特征向量。求最大特征向量的一个有效方法是幂迭代（Power Iteration，PI）法，即先随机初始化一个向量 $v^{(0)} \neq 0$，

大数据分析原理和应用

按照下面的公式迭代更新向量。

$$v^{(t+1)} = \frac{Wv^{(t)}}{\|Wv^{(t)}\|_1} \tag{7-6}$$

PIC 算法的具体运算过程如下。

（1）求得一个按行归一化的关联矩阵 W，设定期望聚类数 k。

（2）随机初始化一个向量 $v^{(0)} \neq \mathbf{0}$。

（3）$v^{(t+1)} = \dfrac{Wv^{(t)}}{\|Wv^{(t)}\|_1}$，且令 $\delta^{(t+1)} = \left| v^{(t+1)} - v^{(t)} \right|$。

（4）重复迭代（3）直至 $\left| \delta^{(t+1)} - \delta^{(t)} \right| \approx 0$。

（5）使用 K-means 算法对 $v^{(t)}$ 中的样本点聚类得到聚类 C_1、C_2、$\cdots$、C_k。

【例 7-4】Spark 中 PIC 算法的应用实例。

（1）引入必要的类。PIC 算法需要从 pyspark.mllib.clustering 中引入 PowerIteration-Clustering 类和 PowerIterationClusteringModel 类。具体代码如下：

```
import math

from pyspark import SparkContext
from pyspark.mllib.clustering import PowerIterationClustering,
PowerIterationClusteringModel

sc = SparkContext(appName="PIC_pyspark",master='local')
```

（2）创建数据集。具体代码如下：

```
#产生一个分布在圆形上的数据模型，参数分别为圆的半径和的个数
def genCircle(r, n):
    points = []
    for i in range(0, n):
        theta = 2.0 * math.pi * i / n
        points.append((r * math.cos(theta), r * math.sin(theta)))
    return points

#求高斯相似度
def sim(x, y):
    dist2 = (x[0] - y[0]) * (x[0] - y[0]) + (x[1] - y[1]) * (x[1] - y[1])
    return math.exp(-dist2 / 2.0)

#产生同心圆样的RDD数据模型：内圈的圆半径为1.0，有10个点；外圈的圆半径为4.0，有40个点
r1 = 1.0
n1 = 10
r2 = 4.0
n2 = 40
n = n1 + n2
points = genCircle(r1, n1) + genCircle(r2, n2)
similarities = [(i, j, sim(points[i], points[j])) for i in range(1, n) for j in
range(0, i)]
rdd = sc.parallelize(similarities, 2)
```

（3）根据上面创建的数据集训练 PIC 模型。具体代码如下：

```
model = PowerIterationClustering.train(rdd, 2, 40)
```

训练 PIC 模型需要用到 PowerIterationClustering.train 方法，该方法的参数如表 7-7 所示。本步中未指定 initModel 参数，故其使用默认值。

表 7-7　PowerIterationClustering.train 方法的参数

参　　数	说　　明
rdd	表示相似矩阵 *A* 中(i,j,s_{ij})元组的 RDD。相似性 s_{ij} 必须是非负的。对于任何具有非零相似性的(i,j)，在输入中应该有(i,j,s_{ij})或(j,i,s_{ji})。带有 $i=j$ 的元组被忽略，因为它被假定为 s_{ij}=0.0
k	聚类簇数
maxIterations	PIC 算法的最大迭代次数（默认值：100）
initModel	初始化模式，可以是使用随机向量作为顶点属性的 "random"，也可以是使用规范化和相似性的 "degree"（默认值：random）

（4）根据 PowerIterationClusteringModel 自带的属性和方法获得样本点对应的聚类分配。具体代码如下：

```
result = sorted(model.assignments().collect(), key=lambda x: x.id)
if result[0].cluster==result[3].cluster:
    print("True")
print("共有"+str(model.k)+"个聚类")
```

结果如下：

```
True
共有 2 个聚类
```

PowerIterationClusteringModel 自带的属性和方法如表 7-8 所示。受篇幅限制，load 方法没有使用。

表 7-8　PowerIterationClusteringModel 自带的属性和方法

属性和方法	说　　明
assignments	获得该模型的聚类分配
k	获得聚类簇数
load(sc, path)	从给定的 path 中加载模型

在 MLlib 中，PIC 算法也是通过 PowerIterationClustering 类中的 train 方法实现的。具体代码如下：

```
def train(cls, rdd, k, maxIterations=100, initMode="random"):
    model = callMLlibFunc("trainPowerIterationClusteringModel",
            rdd.map(_convert_to_vector), int(k), int(maxIterations), initMode)
    return PowerIterationClusteringModel(model)
```

这里的 train 方法调用了 trainPowerIterationClusteringModel API，返回 PowerIterationClusteringModel。具体代码如下：

```
def trainPowerIterationClusteringModel(
    data: JavaRDD[Vector],
    k: Int,
    maxIterations: Int,
    initMode: String): PowerIterationClusteringModel = {

    val pic = new PowerIterationClustering()
    .setK(k)
    .setMaxIterations(maxIterations)
    .setInitializationMode(initMode)
```

```
    val model = pic.run(data.rdd.map(v => (v(0).toLong, v(1).toLong, v(2))))
    new PowerIterationClusteringModelWrapper(model)
  }
```

trainPowerIterationClustering API 调用 Scala 的 PowerIterationClustering 类中的 run 方法。
具体代码如下：

```
def run(similarities: RDD[(Long, Long, Double)]): PowerIterationClusteringModel = {
  val w = normalize(similarities)  #规范化相似度矩阵
  val w0 = initMode match {
    case "random" => randomInit(w)  #生成随机顶点属性
    case "degree" => initDegreeVector(w)  #生成度向量
  }

  w.unpersist()  #图w0已经在 randomInit/initDegreeVector 中物化，所以可以不用释放 w
  pic(w0)
}
#通过行的和对亲和矩阵进行规范化，并返回规范化亲和矩阵
private[clustering]
  def normalize(similarities: RDD[(Long, Long, Double)])
  : Graph[Double, Double] = {
  val edges = similarities.flatMap { case (i, j, s) =>
    if (s < 0.0) {
      throw new SparkException(s"Similarity must be nonnegative but found s($i, $j) =
$s.")
    }
    if (i != j) {
      Seq(Edge(i, j, s), Edge(j, i, s))
    } else {
      None
    }
  }
  val gA = Graph.fromEdges(edges, 0.0)
  val vD = gA.aggregateMessages[Double](
    sendMsg = ctx => {
      ctx.sendToSrc(ctx.attr)
    },
    mergeMsg = _ + _,
    TripletFields.EdgeOnly)
  val graph = Graph(vD, gA.edges).mapTriplets(
    e => e.attr / math.max(e.srcAttr, MLUtils.EPSILON),
    new TripletFields(/* useSrc */ true,
      /* useDst */ false,
      /* useEdge */ true))
  materialize(graph)
  gA.unpersist()

  graph
}
```

#运行 PIC 算法，其中参数 w 是归一化亲和矩阵，即 PIC 文中的矩阵，以 #w,,ij,, = a,,ij,, / d,,ii,,
作为它的边
   性质和幂迭代的初始向量作为它的顶点性质
```
private def pic(w: Graph[Double, Double]): PowerIterationClusteringModel = {
  val v = powerIter(w, maxIterations)
```

```
    val assignments = kMeans(v, k).map {
      case (id, cluster) => Assignment(id, cluster)
    }

    new PowerIterationClusteringModel(k, assignments)
  }
}

#生成随机顶点属性以开始幂迭代
private[clustering]
  def randomInit(g: Graph[Double, Double]): Graph[Double, Double] = {
    val r = g.vertices.mapPartitionsWithIndex(
      (part, iter) => {
        val random = new XORShiftRandom(part)
        iter.map { case (id, _) =>
          (id, random.nextGaussian())
        }
      }, preservesPartitioning = true).cache()
    val sum = r.values.map(math.abs).sum()
    val v0 = r.mapValues(x => x / sum)
    val graph = Graph(VertexRDD(v0), g.edges)
    materialize(graph)
    r.unpersist()
    graph
  }

#生成度向量作为顶点属性以开始幂迭代。这里的度向量其实是规范化的和相似度矩阵
private[clustering]
def initDegreeVector(g: Graph[Double, Double]): Graph[Double, Double] = {
    val sum = g.vertices.values.sum()
    val v0 = g.vertices.mapValues(_ / sum)
    val graph = Graph(VertexRDD(v0), g.edges)
    materialize(graph)
    graph
  }
```

7.1.2　大数据聚类算法的应用

1．数据集的来源

UCI（University of California Irvine，加州大学欧文分校）Machine Learning Repository 是 UCI 提供的用于研究机器学习的数据库。该数据库中包含了适用于做聚类、分类、回归等各种机器学习问题的数据集。

本章使用的数据集来自 UCI Machine Learning Repository 的 Wholesale Customer 数据集。Wholesale Customer 数据集引用某批发经销商的客户在各种类别产品上的年消费数据，数据集共包含 440 条数据，有以下属性。

（1）Channel：客户的消费通道，包括 Horeca（餐饮业通道）和 Retail（零售通道）。

（2）Region：客户所在地区，包括 Lisbon、Oporto 和 Other Region（其他地区）。

（3）Fresh：生鲜产品花费。

（4）Milk：奶制品花费。

（5）Grocery：杂货花费。

（6）Frozen：冷冻产品花费。

（7）Detergents_paper：清洁剂和纸制品花费。

（8）Delicatessen：熟食花费。

2．数据聚类的实际应用意义

本节将根据目标客户的消费数据，将每一列视为一个特征指标，对数据集进行聚类，分析客户的消费偏好属于哪些类别。

3．基于 Spark 进行数据聚类的详细步骤

K-means 聚类应用流程图如图 7-1 所示。

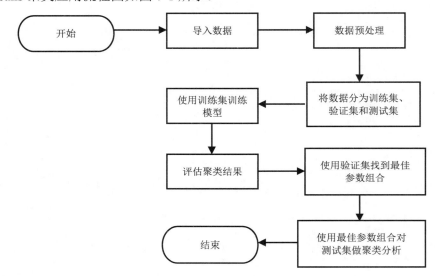

图 7-1　*K*-means 聚类应用流程图

使用 *K*-means 聚类的步骤如下。

（1）导入数据，具体代码如下：

```
global Path
if sc.master[0:5]=='local':
    Path="file:/home/hduser/pythonwork/PythonProject"
else:
    Path="hdfs:#master:9000/user/hduser"
print("开始导入数据...")
rawDataWithHeader=sc.textFile(Path+"/data/wholesale.csv")
rawDataWithHeader.take(3)
```

输出结果如下：

```
开始导入数据...
['Channel,Region,Fresh,Milk,Grocery,Frozen,Detergents_Paper,Delicassen',
 '2,3,12669,9656,7561,214,2674,1338',
 '2,3,7057,9810,9568,1762,3293,1776']
```

可以看到该数据集存在以下问题。

① 第一项数据是字段名，进行聚类时不需要字段名，所以需要删掉。

② 每项数据都以“,”分隔每个字段，需要使用该符号获取数据字段。

（2）处理数据。经观察，该数据集不存在缺失值的问题，分类特征以数字形式表示，所以只需要处理前面提到的字段名和分隔符问题即可。具体代码如下：

```
#去掉字段名
header=rawDataWithHeader.first()
rawData=rawDataWithHeader.filter(lambda x:x!=header)
#获取数字字段
lines=rawData.map(lambda x:x.split(","))
print("共"+str(lines.count())+"项数据")
```

处理后使用 lines.first()查看数据的第一项，结果如下：

```
['2', '3', '12669', '9656', '7561', '214', '2674', '1338']
```

可以看到，字段名已经删去，每一项数据的字段也已经成功获取。

（3）解析数据。将数据转化为训练模型所需的格式，并将其分为训练集、验证集和测试集，这里将数据集以 8:1:1 的比例随机划分。具体代码如下：

```
import numpy as np
parsedData=lines.map(lambda line:np.array([float(x) for x in line]))
(trainData,validationData,testData)=parsedData.randomSplit([8,1,1])
```

（4）训练模型，具体代码如下：

```
from pyspark.mllib.clustering import KMeans
model=KMeans.train(parsedData, 2,\
            maxIterations=10, initializationMode="random")
```

具体参数意义可参考表 7-1。

用户可以使用 KMeansModel 的属性 clusterCenters 查看簇中心。

```
for clusterCenter in model.clusterCenters:
    print(clusterCenter)
```

结果如下：

```
[1.89873418e+00 2.50632911e+00 6.59454430e+03 1.37827215e+04
 2.02463418e+04 2.15516456e+03 9.02854430e+03 2.45149367e+03]
[1.15789474e+00 2.58596491e+00 1.35588070e+04 3.52016491e+03
 4.36134737e+03 3.40340351e+03 1.11015789e+03 1.26235789e+03]
```

（5）评估聚类结果。通过 KMeansModel.computeCost 方法计算集合内误差平方和（Within Set Sum of Squared Errors，WSSSE）来评估聚类，WSSSE 越小，模型效果越好。具体代码如下：

```
WSSSE = model.computeCost(validationData)
print("Within Set Sum of Squared Error = " + str(WSSSE))
```

结果如下：

```
Within Set Sum of Squared Error = 14436436530.178776
```

（6）找到最佳参数组合。*K*-means 算法中对结果最重要的参数主要是生成簇的个数和最大迭代次数，所以用户要针对这两个参数找出结果最佳参数组合，评价标准采用 WSSSE 及运行时间。

首先定义一个模型评估方法，评估 k 和 maxIterations 的参数组合在 WSSSE 及运行时间方面的表现结果。具体代码如下：

```
from time import time
def trainEvaluateModel(trainData,validationData, kParm, maxIterationsParm):
    startTime = time()
```

```
        model = KMeans.train(trainData, kParm, maxIterations=maxIterationsParm,
initializationMode="random")
        WSSSE = model.computeCost(validationData)
        duration = time() - startTime
        print(   "训练评估: 使用参数" + \
              " k="+str(kParm) +\
              " maxIterations="+str(maxIterationsParm) + "\n" +\
              " ==>所需时间="+str(duration) + \
              " 结果 WSSSE = " + str(WSSSE) )
        return (WSSSE,duration, kParm, maxIterationsParm,model)
```

然后定义一个找到最佳参数组合的方法。具体代码如下:

```
def evalAllParameter(trainData,validationData,kList,maxIterationsList):
    #for 循环训练评估所有参数组合
    metrics = [trainEvaluateModel(trainData, validationData,
                      k, maxIterations  )
                  for k in kList
                  for maxIterations in maxIterationsList ]
    #找出 WSSSE 最小的参数组合
    Smetrics = sorted(metrics, key=lambda k: k[0], reverse=False)
    bestParameter=Smetrics[0]
    #显示调校后最佳参数组合
    print("调校后最佳参数: k:" + str(bestParameter[2]) +
                        ",maxIterations:" + str(bestParameter[3]) +
                        "\n,     结果 WSSSE = " + str(bestParameter[0]))

    #返回最佳模型
    return bestParameter[4]
```

令 k 和 maxIterations 分别从[2, 3, 4, 5, 6, 7]、[10, 20, 30, 40, 50, 60]中取值,找出最好的参数组合。具体代码如下:

```
    print("-----所有参数训练评估找出最佳参数组合---------")
    bestModel=evalAllParameter(trainData, validationData,
                      [2, 3, 4, 5, 6, 7],
                      [10, 20, 30, 40, 50, 60])
```

结果如下:

```
-----所有参数训练评估找出最佳参数组合---------
训练评估: 使用参数 k=2 maxIterations=10
 ==>所需时间=1.7423343658447266 结果 WSSSE = 16517888007.63344
训练评估: 使用参数 k=2 maxIterations=20
 ==>所需时间=1.1504409313201904 结果 WSSSE = 16517888007.63344
......
训练评估: 使用参数 k=7 maxIterations=60
 ==>所需时间=2.357473373413086 结果 WSSSE = 8673540726.879934
调校后最佳参数: k:7,maxIterations:20
,     结果 WSSSE = 5307068730.184138
```

可以看出,当 k 为 7、maxIterations 为 20 时模型质量最高。
此时的簇中心如下:

```
[1.04201681e+00 2.54621849e+00 5.00760504e+03 2.30030252e+03
 2.75965546e+03 2.64778151e+03 6.77504202e+02 8.46462185e+02]
[1.19565217e+00 2.63043478e+00 1.62428043e+04 3.05105435e+03
 4.37151087e+03 3.67734783e+03 9.96706522e+02 1.50015217e+03]
[1.71428571e+00 2.58571429e+00 4.14420000e+03 7.87490000e+03
 1.09007143e+04 1.36551429e+03 4.66742857e+03 1.32737143e+03]
```

```
[2.00000000e+00 2.50000000e+00 2.06836667e+04 3.67318333e+04
 5.00171667e+04 2.82100000e+03 2.54475000e+04 2.48216667e+03]
[1.94117647e+00 2.35294118e+00 6.26661765e+03 1.51352941e+04
 2.26346176e+04 1.96405882e+03 9.82338235e+03 1.93629412e+03]
[1.0000000e+00 2.6250000e+00 6.1903375e+04 1.3358375e+04 1.0448375e+04
 2.1728750e+04 1.3012500e+03 9.2701250e+03]
[1.14285714e+00 2.65714286e+00 3.34999429e+04 4.12994286e+03
 5.58714286e+03 3.82017143e+03 9.57714286e+02 1.91122857e+03]
```

（7）使用最佳模型对测试集进行聚类，具体代码如下：

```
for x in testData.collect():
    print(str(x)+" belongs to cluster
"+str(bestModel.clusterCenters[bestModel.predict(x)]))
```

结果如下：

```
[2.000e+00 3.000e+00 6.353e+03 8.808e+03 7.684e+03 2.405e+03 3.516e+03
 7.844e+03] belongs to cluster [1.71428571e+00 2.58571429e+00 4.14420000e+03
7.87490000e+03
 1.09007143e+04 1.36551429e+03 4.66742857e+03 1.32737143e+03]
[2.0000e+00 3.0000e+00 1.2126e+04 3.1990e+03 6.9750e+03 4.8000e+02
 3.1400e+03 5.4500e+02] belongs to cluster [1.19565217e+00 2.63043478e+00
1.62428043e+04 3.05105435e+03
 4.37151087e+03 3.67734783e+03 9.96706522e+02 1.50015217e+03]
[2.0000e+00 3.0000e+00 6.3000e+02 1.1095e+04 2.3998e+04 7.8700e+02
 9.5290e+03 7.2000e+01] belongs to cluster [1.94117647e+00 2.35294118e+00
6.26661765e+03 1.51352941e+04
 2.26346176e+04 1.96405882e+03 9.82338235e+03 1.93629412e+03]
......
```

7.2　分类算法

7.2.1　经典分类算法

1. 分类算法的基本原理

聚类是将没有标签的数据按特征划分成若干类，而分类则是从带有标签的数据集中得到分类模型，并将不知类别的样本点划分到给定的类中，它属于机器学习中的有监督学习。此处还是以对人的划分为例，上节已经介绍从已知标签的人身上提取到了按照肤色划分的几个类别：黄皮肤、黑皮肤、白皮肤、棕色皮肤等，对于不知类别的人就可以按照肤色划分到其中一类，这个过程就是分类。

构造分类模型的过程一般分为训练阶段，该阶段需使用训练集学习构造一个分类模型；测试阶段，该阶段需使用测试集评估分类模型的质量，如果模型质量可以被用户接受，那么就可以用这个模型对其他数据进行分类了。

分类算法按原理可以分为以下 4 类。

（1）基于统计的分类算法：如贝叶斯算法。

（2）基于规则的分类算法：如决策树（Decision Tree）算法。

（3）基于神经网络的分类算法：如神经网络算法。

（4）基于距离的分类算法：如 KNN 算法。

Spark MLlib 目前支持 9 种分类算法：决策树算法、逻辑回归（Logistic Regression，LR）算法、SVM 算法、随机森林（Random Forest）算法、朴素贝叶斯算法、梯度提升树分类算法、多层感知器分类算法、One-vs-Rest 分类算法、Factorization Machines 分类算法。本书主要介绍前 5 种分类算法。

2．决策树算法

决策树算法是一种基本的分类与回归算法，该算法的分类模型以树结构来描述决策规则和分类结果，树内部的每个节点代表一种属性上的测试，一个分支代表一种测试结果，每个叶节点代表一个类别。树结构是一种常见的数据结构，与线性结构相比，树结构能更直观地展示分类时一个特征一个特征处理的过程，更接近人的思维过程。决策树示意描述如图 7-2 所示。

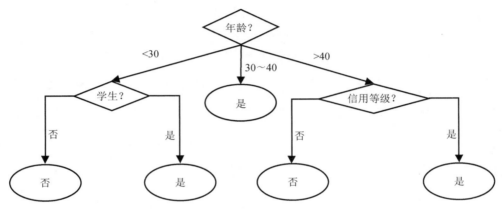

图 7-2　决策树示意描述

决策树算法分为以下阶段。

（1）学习阶段——利用训练集基于损失函数最小化原则建立决策树模型。

（2）预测阶段——使用决策树模型对未分类的新数据进行分类。

决策树的生成通常有以下步骤。

1）特征选择

特征选择是指从训练数据的特征中选择一个作为分裂标准，不同的特征选择方法可以衍生出不同的决策树算法。通常，特征选择的准则是信息增益（或信息增益比、基尼指数），每次计算特征的信息增益（或信息增益比、基尼指数），选择信息增益最大（或信息增益比最大、基尼指数最小）的特征。

信息增益和信息增益比都要用到的一个概念是熵（Entropy），它被用来度量随机变量的不确定性，熵越大代表随机变量的不确定性越大。信息增益表示确定某一特征后信息不确定性的减小程度，即一个特征的信息增益是使用这个特征分隔数据后期望熵降低的程度。

信息增益 $g(D,A)$ 被定义为训练集 D 的经验熵 $H(D)$ 与给定特征 A 下训练集 D 的经验熵 $H(D|A)$ 的差，即

$$g(D,A) = H(D) - H(D|A) \tag{7-7}$$

信息增益比 $g_R(D,A)$ 被定义为训练集 D 的信息增益 $g(D,A)$ 与训练集 D 关于特征 A 的值的熵 $H_A(D)$ 之比，即

$$g_R(D,A) = \frac{g(D,A)}{H_A(D)} \tag{7-8}$$

式中，$H_A(D) = -\sum_{i=1}^{n} \frac{|D_i|}{|D|} \log_2 \frac{|D_i|}{D}$，$n$ 表示特征 A 的取值个数。

基尼系数 $\text{Gini}(p)$ 定义如下：

$$\text{Gini}(p) = \sum_{k=1}^{K} p_k(1-p_k) = 1 - \sum_{k=1}^{K} p_k^2 \tag{7-9}$$

式中，K 表示类的个数；p_k 表示样本点属于第 K 类的概率。

2）决策树生成

自根节点开始，如前述对节点选好特征，根据该特征不同取值建立子节点，对子节点重复该方法来构建决策树，直到所有特征的信息增益都很小（或信息增益比都很小、基尼系数都很大）或没有特征可选时停止，就能得到一棵决策树。决策树停止生长的必要条件（也是最低条件）是该节点下的全部记录都属于同一类别，或全部记录属性的值相同。为了避免决策树产生过拟合现象，实际运用决策树算法时往往提前停止算法。

3）决策树剪枝

由于决策树在生成时，会按照算法递归生成直到其不能继续生长为止，因此产生的决策树往往对训练集的分类非常准确，但是对测试集的误差较大，这就是决策树的过拟合现象。为了避免这种现象的产生，用户需要对决策树剪枝，即简化已生成的决策树。剪枝分为预剪枝和后剪枝。预剪枝是在建立决策树的过程中设定一些规则来避免决策树过度生长；后剪枝是决策树完成生长后由下向上判断剪掉子树能否让测试集误差下降，如果能就剪掉该子树。

后剪枝时通常采用极小化决策树整体损失函数的方法。损失函数一般定义如下：

$$C_a(T) = C(T) + a|T| \tag{7-10}$$

式中，$C_a(T)$ 表示参数为 a（$a \geq 0$）时子树 T 的整体损失，参数 a 用来权衡训练集的拟合程度与模型复杂度；$C(T)$ 表示对训练数据的预测误差；$|T|$ 表示子树的叶节点数；T 表示任意子树。a 固定时，一定能找到最优子树使 $C_a(T)$ 最小。

决策树算法的具体运算过程如下。

（1）对数据进行预处理，将数据集随机分为训练集和测试集。

（2）利用训练集生成决策树，对决策树进行评估改善。

（3）使用测试集对生成的决策树模型测试，确认模型没有出现过拟合现象。

（4）利用决策树模型对未分类的数据进行预测分类。

【例 7-5】Spark 中决策树算法的应用实例。

（1）引入必要的类。因为决策树算法的训练需要 LabeledPoint 格式的数据，所以用户要从 pyspark.mllib.regression 中引入 LabeledPoint 类。决策树算法还需要从 pyspark.mllib.tree 中引入 DecisionTree 类和 DecisionTreeModel 类（DecisionTreeModel 类可省略）。具体代码如下：

```
from numpy import array
from pyspark import SparkContext
from pyspark.mllib.regression import LabeledPoint
from pyspark.mllib.tree import DecisionTree, DecisionTreeModel
sc = SparkContext(appName="DecisionTree_pyspark",master='local')
```

（2）创建数据集。这里创建一个包含 4 个数据点，每个数据点包含 1 个特征和 1 个标签的数据集。LabeledPoint()有 2 个参数，第 1 个参数表示数据点的标签，第 2 个参数表示数据点的特征向量（NumPy array、list、pyspark.mllib.linalg.SparseVector 或 scipy.sparse column matrix 格式均可）。具体代码如下：

```
data = [LabeledPoint(0.0, [0.0]),
    LabeledPoint(1.0, [1.0]),
    LabeledPoint(1.0, [2.0]),
    LabeledPoint(1.0, [3.0])
    ]
```

（3）根据上面创建的数据集训练决策树模型。具体代码如下：

```
model = DecisionTree.trainClassifier(sc.parallelize(data), 2, {})
```

其中 sc.parallelize 方法可以将数据集转化为 Spark MLlib 需要的 RDD 格式，该方法有 2 个参数，第 1 个参数是待转化的数据集，第 2 个参数是数据集的切片数（默认值：None）。DecisionTree 类中的方法有用于分类的 trainClassifier 方法和 trainRegressor 方法。这里使用 DecisionTree.trainClassifier 方法训练并建立决策树模型。DecisionTree.trainClassifier 方法的参数如表 7-9 所示。在本步的代码中 impurity、maxDepth 和 maxBins 参数没有指定，故其使用默认值。

表 7-9 DecisionTree.trainClassifier 方法的参数

参　　数	说　　明
data	训练数据：LabeledPoint 的 RDD。标签应该采用值{0,1,…,numClasses-1}
numClasses	分类数目
categoricalFeaturesInfo	设置分类特征字段信息
impurity	impurity 评估方法有 2 种方式：基尼系数、熵
maxDepth	决策树最大深度
maxBins	决策树每个节点最大分支数

（4）利用 DecisionTreeModel 自带的参数和方法获得决策树的整体模型、决策树深度和节点数，测试数据在该决策树上的预测值。

```
#输出决策树的整体模型
print(model.toDebugString())
```

结果如下：

```
DecisionTreeModel classifier of depth 1 with 3 nodes
  If (feature 0 <= 0.5)
   Predict: 0.0
  Else (feature 0 > 0.5)
   Predict: 1.0


#输出决策树的深度和节点数
print("Depth: "+str(model.depth()))
print("Number of nodes: "+str(model.numNodes()))
```

结果如下：

```
Depth: 1
Number of nodes: 3


#测试数据在该决策树上的预测值
```

```
rdd = sc.parallelize([[1.0], [0.0]])
print(model.predict(rdd).collect())
```

结果如下：

```
[1.0, 0.0]
```

DecisionTreeModel 自带的属性和方法如表 7-10 所示。受篇幅限制，这里仅演示了 call 方法、load 方法、predict 方法和 save 方法。

表 7-10　DecisionTreeModel 自带的属性和方法

属性和方法	说　　明
call(name, *a)	java_model 的调用方法
depth()	获得决策树的深度。例如：深度 0 表示 1 个叶节点；深度 1 表示 1 个内部节点和 2 个叶节点
load(sc, path)	从给定的 path 中加载模型
numNodes()	获得决策树中的节点数，包括叶节点
predict(x)	预测一个或多个例子的标签。在 Python 中，当前不能在 RDD 转换或操作中使用 predict()，而是直接在 RDD 上调用 predict()。 其中 x 为数据点的特征向量
save(sc, path)	将模型保存到 path 中
toDebugString()	得到决策树的整体模型

在 Spark MLlib 中，决策树算法由 DecisionTree.trainClassifier 方法实现。具体代码如下：

```
def trainClassifier(cls, data, numClasses, categoricalFeaturesInfo, impurity="gini",
            maxDepth=5, maxBins=32, minInstancesPerNode=1, minInfoGain=0.0):
    return cls._train(data, "classification", numClasses, categoricalFeaturesInfo,
            impurity, maxDepth, maxBins, minInstancesPerNode, minInfoGain)

def _train(cls, data, type, numClasses, features, impurity="gini", maxDepth=5,
      maxBins=32, minInstancesPerNode=1, minInfoGain=0.0):
    first = data.first()
    assert isinstance(first, LabeledPoint), "the data should be RDD of
LabeledPoint"
    model = callMLlibFunc("trainDecisionTreeModel", data, type, numClasses, features,
                impurity, maxDepth, maxBins, minInstancesPerNode, minInfoGain)
    return DecisionTreeModel(model)
```

这里的 trainClassifier 方法通过_train 方法调用 trainDecisionTreeModel API。trainDecision TreeModel 的代码如下：

```
def trainDecisionTreeModel(
    data: JavaRDD[LabeledPoint],
    algoStr: String,
    numClasses: Int,
    categoricalFeaturesInfo: JMap[Int, Int],
    impurityStr: String,
    maxDepth: Int,
    maxBins: Int,
    minInstancesPerNode: Int,
    minInfoGain: Double): DecisionTreeModel = {

  val algo = Algo.fromString(algoStr)
  val impurity = Impurities.fromString(impurityStr)
```

```
    val strategy = new Strategy(
      algo = algo,
      impurity = impurity,
      maxDepth = maxDepth,
      numClasses = numClasses,
      maxBins = maxBins,
      categoricalFeaturesInfo = categoricalFeaturesInfo.asScala.toMap,
      minInstancesPerNode = minInstancesPerNode,
      minInfoGain = minInfoGain)
    try {
      DecisionTree.train(data.rdd.persist(StorageLevel.MEMORY_AND_DISK), strategy)
    } finally {
      data.rdd.unpersist()
    }
  }
```

trainDecisionTreeModel 调用了 Scala 的 DecisionTree.train 方法。train 方法首先将模型类型（分类或者回归）、信息增益指标、决策树深度、分类数目、最大切分箱子数等参数封装为 strategy，然后新建一个 DecisionTree 对象，并调用 run 方法。具体代码如下：

```
def train(
    input: RDD[LabeledPoint],
    algo: Algo,
    impurity: Impurity,
    maxDepth: Int): DecisionTreeModel = {
    val strategy = new Strategy(algo, impurity, maxDepth)
    new DecisionTree(strategy).run(input)
}
```

首先通过 run 方法新建一个 RandomForest 对象，将 strategy、决策树数目设置为 1，子集选择策略为 "all" 并传递给 RandomForest 对象，然后调用 RandomForest.run 方法，最后返回随机森林模型中的第 1 棵决策树。具体代码如下：

```
def run(input: RDD[LabeledPoint]): DecisionTreeModel = {
    val rf = new RandomForest(strategy, numTrees = 1, featureSubsetStrategy =
"all", seed = seed)
    val rfModel = rf.run(input)
    rfModel.trees(0)
}
```

随机森林算法将在本章后续内容中介绍。

3. 逻辑回归算法

逻辑回归算法属于对数线性模型，是一种经典的分类算法。在介绍逻辑回归模型前，首先要介绍 sigmoid 函数。

$$g(x) = \frac{1}{1 + \exp(-x)} \tag{7-11}$$

sigmoid 函数对应的函数曲线如图 7-3 所示。

从图 7-3 中可以看到，sigmoid 函数的自变量是任意实数，值域为[0,1]。利用这个性质，我们可以将线性回归得到的预测值作为自变量输入 sigmoid 函数，得到一个在区间[0,1]上的值作为概率，实现由值到概率的转换。

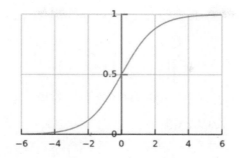

图 7-3　sigmoid 函数对应的函数曲线

假设有 n 个样本 $\boldsymbol{x}=\{x_1,x_2,\cdots,x_n\}$，其对应权重矩阵为 $\boldsymbol{w}=\{w_1,w_2,\cdots,w_n\}$，用 $b=\{b_1,b_2,\cdots,b_n\}$ 表示偏置项，线性回归得到的值为 $y=\{y_1,y_2,\cdots,y_n\}$，则样本对应的回归值为

$$y=\left(w_1,w_2,\cdots,w_n\right)\begin{pmatrix}x_1\\x_2\\\vdots\\x_n\end{pmatrix}+b=\boldsymbol{w}^{\mathrm{T}}\boldsymbol{x}+b \tag{7-12}$$

令 $\boldsymbol{\theta}=\left(\boldsymbol{w};b\right)$，对式（7-12）进行化简，得

$$y=\boldsymbol{\theta}^{\mathrm{T}}\boldsymbol{x} \tag{7-13}$$

将线性回归得到的回归值代入 sigmoid 函数，有

$$h_{\boldsymbol{\theta}}\left(x\right)=g\left(y\right)=g\left(\boldsymbol{\theta}^{\mathrm{T}}\boldsymbol{x}\right)=\frac{1}{1+\exp(-\boldsymbol{\theta}^{\mathrm{T}}\boldsymbol{x})} \tag{7-14}$$

将 $z=\boldsymbol{w}^{\mathrm{T}}\boldsymbol{x}+b$，代入逻辑回归 $y=\dfrac{1}{1+\exp(-z)}$ 中，得

$$y=\frac{1}{1+\exp\left[-\left(\boldsymbol{w}^{\mathrm{T}}\boldsymbol{x}+b\right)\right]} \tag{7-15}$$

设 y 表示样本为正样本的可能性，则 $1-y$ 表示样本为负样本的可能性，两者的比值 $\dfrac{y}{1-y}$ 称为几率，对几率取对数，得

$$\ln\frac{y}{1-y}=\boldsymbol{w}^{\mathrm{T}}\boldsymbol{x}+b \tag{7-16}$$

式（7-16）称为对数几率。可以看到，式（7-15）是在用线性回归模型逼近真实标记的对数几率，因此将式（7-15）称为对数几率函数。由对数几率函数对应输出正样本的概率，得

$$P\left(y=1|\boldsymbol{x}\right)=\frac{\exp\left(\boldsymbol{w}\boldsymbol{x}+b\right)}{1+\exp\left(\boldsymbol{w}\boldsymbol{x}+b\right)} \tag{7-17}$$

则输出负样本的概率为

$$P\left(y=0|\boldsymbol{x}\right)=\frac{1}{1+\exp\left(\boldsymbol{w}\boldsymbol{x}+b\right)} \tag{7-18}$$

式（7-17）和式（7-18）就是二项逻辑回归模型。学习目标是对 $\boldsymbol{w}$ 和 b 使用极大似然法进行参数估计使模型尽可能符合数据集的真实分布，为了表示方便，可假设

$$P(y=1|\pmb{x})=\pi(\pmb{x}),P(y=0|\pmb{x})=1-\pi(\pmb{x}) \tag{7-19}$$

似然函数为

$$l=\prod_{i=1}^{N}\left[\pi(x_i)\right]^{y_i}\left[1-\pi(x_i)\right]^{1-y_i} \tag{7-20}$$

式中，N 表示训练样本的个数；(x_i,y_i) 表示样本变量 x_i 对应值是 y_i。为了便于求解，对上式的对数似然进行估计，则对数似然函数为

$$L(\pmb{w})=\sum_{i=1}^{N}\left\{y_i\log\left[\pi(x_i)\right]+(1-y_i)\log\left[1-\pi(x_i)\right]\right\} \tag{7-21}$$

代入 $\pi(\pmb{x})$ 后可化简为

$$\begin{aligned}L(\pmb{w})&=\sum_{i=1}^{N}\left\{y_i\log\frac{\pi(x_i)}{1-\pi(x_i)}+\log\left[1-\pi(x_i)\right]\right\}\\&=\sum_{i=1}^{N}\left\{y_i(\pmb{w}x_i)-\log\left[1+\exp(\pmb{w}\cdot x_i)\right]\right\}\end{aligned} \tag{7-22}$$

要得到 $\pmb{w}$ 的估计值，只需求 $L(\pmb{w})$ 的极大值，即以对数似然函数为目标的最优化问题。

逻辑回归的损失函数是交叉熵损失函数，交叉熵用于分布的差异性度量。可利用式（7-21）来定义损失函数，即

$$J(\pmb{\theta})=-\frac{1}{N}\sum_{i=1}^{N}y_i\log\left[h_{\pmb{\theta}}(\pmb{x})\right]+(1-y_i)\log\left[1-h_{\pmb{\theta}}(\pmb{x})\right] \tag{7-23}$$

可以看出，$J(\pmb{\theta})$ 去掉 $-\dfrac{1}{N}$ 就是上述的对数似然函数，对 $J(\pmb{\theta})$ 求最小，即对对数似然函数求最大。对于该优化问题，存在多种求解方法，常用的是梯度下降法（Gradient Descent），即

$$\begin{aligned}\frac{\partial J(\pmb{\theta})}{\partial\theta_j}&=\sum_{i=1}^{N}\frac{1}{N}\left[\frac{\exp(\pmb{\theta}^{\mathrm{T}}x_i)}{1+\exp(-\pmb{\theta}^{\mathrm{T}}\pmb{x})}x_{ij}-y_i x_{ij}\right]\\&=\sum_{i=1}^{N}\frac{1}{N}\left[h_{\pmb{\theta}}(x_i)-y_i\right]x_{ij},j=0,1,2,\cdots,n\end{aligned} \tag{7-24}$$

参数迭代更新式为

$$\theta_j=\theta_j-\alpha\frac{1}{N}\sum_{i=1}^{N}\left[h_{\pmb{\theta}}(x_i)-y_i\right]x_{ij},j=0,1,2,\cdots,n \tag{7-25}$$

逻辑回归不仅可以用来解决二分类问题，可以推广到多分类问题上。此时，假设离散型随机变量 Y 的取值集合为 $\{1,2,\cdots,K\}$，共有 K 个类别，则多分类回归模型的输出概率为

$$P(Y=k|\pmb{x})=\frac{\exp(w_k\pmb{x})}{1+\sum_{k=1}^{K-1}\exp(w_k\pmb{x})},k=1,2,\cdots,K-1 \tag{7-26}$$

$$P(Y=K|\pmb{x})=\frac{1}{1+\sum_{k=1}^{K-1}\exp(w_k\pmb{x})},\pmb{x}\in\pmb{R}^{n+1},w_k\in\pmb{R}^{n+1} \tag{7-27}$$

其中，$Y=k$ 是取 $1\sim(K-1)$ 中的其中一类，$Y=K$ 是指第 K 类，Y 取第 K 类的概率

$P(Y=K|\mathbf{x})$ 就是由 1 减去其他取值的概率。二分类逻辑回归算法的参数估计方法同样可以推广到多分类逻辑回归算法中。

【例 7-6】Spark 中逻辑回归算法的应用实例。

（1）引入必要的类。因为逻辑回归算法也需要 LabeledPoint 格式的数据，所以用户可从 pyspark.mllib.regression 中引入 LabeledPoint 类。这里采用随机梯度下降法（Stochastic Gradient Descent, SGD）求得最佳解，所以还需要从 pyspark.mllib.classification 中引入 LogisticRegressionWithSGD 类。具体代码如下：

```
from pyspark import SparkContext
from pyspark.mllib.regression import LabeledPoint
from pyspark.mllib.linalg import SparseVector
from pyspark.mllib.classification import LogisticRegressionWithSGD

sc = SparkContext(appName="LogisticRegression_pyspark",master='local')
```

（2）创建数据集。这里创建一个包含 4 个数据点，每个数据点包含 1 个标签和 2 个特征的数据集。具体代码如下：

```
data = [LabeledPoint(0.0, [0.0,1.0]),
    LabeledPoint(1.0, [1.0,2.0]),
    LabeledPoint(1.0, [2.0,1.0]),
    LabeledPoint(1.0, [3.0,1.0])
    ]
```

（3）使用 LogisticRegressionWithSGD.train 方法创建逻辑回归模型。具体代码如下：

```
lrm = LogisticRegressionWithSGD.train(sc.parallelize(data), iterations=10)
```

LogisticRegressionWithSGD.train 方法的参数如表 7-11 所示。该例中仅设定了 data 参数和 iterations 参数，其他参数使用默认值。

表 7-11 LogisticRegressionWithSGD.train 方法的参数

参　　数	说　　明
data	训练数据：LabeledPoint 的 RDD
iterations	迭代次数（默认值：100）
step	在 SGD 中使用的步骤参数（默认值：1.0）
miniBatchFraction	每次 SGD 迭代使用的数据片断（默认值：1.0）
initialWeights	初始权重（默认值：None）
regParam	正规化程序参数（默认值：0.01）
regType	用于训练模型的调节器类型。 支持值如下， L1：用于使用 L1 正规化； L2：用于使用 L2 正规化（默认值）； None：没有正规化
intercept	布尔参数，表示训练数据是否使用增强表示（是否激活偏置特征）（默认值：False）
validateData	布尔参数，表示算法是否应该在训练之前验证数据（默认值：True）
convergenceTol	决定迭代终止的条件（默认值：0.001）

（4）利用 LogisticRegressionModel 自带的属性和方法获得其阈值、权重、类别数和特征数，对测试值预测分类，并验证 clearThreshold 方法和 setThreshold 方法的作用。具体代码如下：

```
print("Threshold: "+str(lrm.threshold))
print("Weights: "+str(lrm.weights))
print("Number of classes: "+str(lrm.numClasses))
print("Number of features: "+str(lrm.numFeatures))
```

结果如下：

```
Threshold: 0.5
Weights: [1.1899086891166784,0.24461385392050913]
Number of classes: 2
Number of features: 2

#验证 clearThreshold 方法和 setThreshold 方法的作用

print(lrm.predict([0.0, 1.0]))
lrm.clearThreshold()
print(lrm.predict([0.0, 1.0]))
lrm.setThreshold(0.5)
print(lrm.predict([0.0, 1.0 ]))
```

结果如下：

```
1
0.5608503458487364
1
```

LogisticRegressionModel 自带的属性和方法如表 7-12 所示。

表 7-12　LogisticRegressionModel 自带的属性和方法

属性和方法	说　明
clearThreshold	清除阈值以便预测，并输出原始的预测得分。它只用于二分类
intercept	模型的截距
load(sc, path)	从给定的 path 中加载模型
numClasses	多项式逻辑回归模型中 k 类分类问题的可能结果数
numFeatures	特征维度
predict(x)	预测一个或多个例子的标签
save(sc, path)	将模型保存到 path 中
setThreshold(value)	设置将正面预测与负面预测分开的阈值。预测得分大于或等于此阈值的示例被标识为正值，否则为负值。它只用于二分类
threshold	返回用于将原始预测得分转换为 0/1 预测的阈值（如果有的话）。它只用于二分类
weights	每个特征的权重

逻辑回归算法在 Spark MLlib 中使用 LogisticRegressionWithSGD.train 方法训练模型。具体代码如下：

```
def train(cls, data, iterations=100, step=1.0, miniBatchFraction=1.0, initialWeights=
None, regParam=0.01,
        regType="l2", intercept=False, validateData=True, convergenceTol=0.001):
    warnings.warn(
        "Deprecated in 2.0.0. Use ml.classification.LogisticRegression or "
        "LogisticRegressionWithLBFGS.", FutureWarning)

    def train(rdd, i):
        return callMLlibFunc("trainLogisticRegressionModelWithSGD", rdd,
int(iterations), float(step),
```

```
                    float(miniBatchFraction), i, float(regParam), regType,
bool(intercept),
                    bool(validateData), float(convergenceTol))

    return _regression_train_wrapper(train, LogisticRegressionModel, data,
initialWeights)
```

train 方法调用 trainLogisticRegressionModelWithSGD API。具体代码如下：

```
def trainLogisticRegressionModelWithSGD(
    data: JavaRDD[LabeledPoint],
    numIterations: Int,
    stepSize: Double,
    miniBatchFraction: Double,
    initialWeights: Vector,
    regParam: Double,
    regType: String,
    intercept: Boolean,
    validateData: Boolean,
    convergenceTol: Double): JList[Object] = {
  val LogRegAlg = new LogisticRegressionWithSGD(1.0, 100, 0.01, 1.0)
  LogRegAlg.setIntercept(intercept)
   .setValidateData(validateData)
  LogRegAlg.optimizer
   .setNumIterations(numIterations)
   .setRegParam(regParam)
   .setStepSize(stepSize)
   .setMiniBatchFraction(miniBatchFraction)
   .setConvergenceTol(convergenceTol)
  LogRegAlg.optimizer.setUpdater(getUpdaterFromString(regType))
  #调用 trainRegressionModel API
  trainRegressionModel(
    LogRegAlg,
    data,
    initialWeights)
  }


private def trainRegressionModel(
    learner: GeneralizedLinearAlgorithm[_ <: GeneralizedLinearModel],
    data: JavaRDD[LabeledPoint],
    initialWeights: Vector): JList[Object] = {
    try {
        #可以看出模型的训练要调用 GeneralizedLinearAlgorithm.run 方法
        val model = learner.run(data.rdd.persist(StorageLevel.MEMORY_AND_DISK),
initialWeights)
        if (model.isInstanceOf[LogisticRegressionModel]) {
          val lrModel = model.asInstanceOf[LogisticRegressionModel]
          List(lrModel.weights, lrModel.intercept, lrModel.numFeatures, lrModel.
numClasses)
              .map(_.asInstanceOf[Object]).asJava
      } else {
        List(model.weights, model.intercept).map(_.asInstanceOf[Object]).asJava
      }
    } finally {
      data.rdd.unpersist()
    }
  }
```

大数据分析原理和应用

GeneralizedLinearAlgorithm.run 方法定义如下:

```
def run(input: RDD[LabeledPoint], initialWeights: Vector): M = {

  if (numFeatures < 0) {
    numFeatures = input.map(_.features.size).first()
  }

  if (input.getStorageLevel == StorageLevel.NONE) {
    logWarning("The input data is not directly cached, which may hurt performance if its"
      + " parent RDDs are also uncached.")
  }

  #在运行优化器之前检查数据属性
  if (validateData && !validators.forall(func => func(input))) {
    throw new SparkException("Input validation failed.")
  }

  #将列缩放为单位方差作为一种启发式方法,以减少条件数,目前只能在 LogisticRegressionWithLBFGS 中使用
  val scaler = if (useFeatureScaling) {
    new StandardScaler(withStd = true, withMean = false).fit(input.map(_.features))
  } else {
    null
  }

  #为截距预置一个包含所有 1.0 的额外变量
  #将特征缩放应用于权重向量而不是输入数据
  val data =
    if (addIntercept) {
      if (useFeatureScaling) {
        input.map(lp => (lp.label, appendBias(scaler.transform(lp.features)))).cache()
      } else {
        input.map(lp => (lp.label, appendBias(lp.features))).cache()
      }
    } else {
      if (useFeatureScaling) {
        input.map(lp => (lp.label, scaler.transform(lp.features))).cache()
      } else {
        input.map(lp => (lp.label, lp.features))
      }
    }

  #为了更好地收敛,在逻辑回归模型中,截距应该从结果的先验概率计算; 对于线性回归,截距应该设置为响应的平均值
  val initialWeightsWithIntercept = if (addIntercept && numOfLinearPredictor == 1) {
    appendBias(initialWeights)
  } else {
    #如果 numOfLinearPredictor > 1,那么 initialWeights 已经包含截距
    initialWeights
  }

  val weightsWithIntercept = optimizer.optimize(data, initialWeightsWithIntercept)

  val intercept = if (addIntercept && numOfLinearPredictor == 1) {
```

198

```
          weightsWithIntercept(weightsWithIntercept.size - 1)
      } else {
        0.0
      }

      var weights = if (addIntercept && numOfLinearPredictor == 1) {
        Vectors.dense(weightsWithIntercept.toArray.slice(0, weightsWithIntercept.size
- 1))
      } else {
        weightsWithIntercept
      }
```

#重量和截距是在标度空间中训练的；用户要将它们转换回原来的标度
#数学表明，如果用户只执行标准化而不减去平均值，截距将不会改变。w_i = w_i' / v_i where w_i'是缩放空间中的系数，w_i 是原始空间中的系数，v_i 是第 i 列的方差

```
      if (useFeatureScaling) {
        if (numOfLinearPredictor == 1) {
          weights = scaler.transform(weights)
        } else {
```

#当 numOfLinearPredictor > 1 时，用户必须将每一组线性预测器的权重转换回原来的尺度。
注意：当 addIntercept = = true 时，必须显式排除这些截距，因为这些截距现在是权重的一部分。

```
          var i = 0
          val n = weights.size / numOfLinearPredictor
          val weightsArray = weights.toArray
          while (i < numOfLinearPredictor) {
            val start = i * n
            val end = (i + 1) * n - { if (addIntercept) 1 else 0 }

            val partialWeightsArray = scaler.transform(
              Vectors.dense(weightsArray.slice(start, end))).toArray

            System.arraycopy(partialWeightsArray, 0, weightsArray, start,
partialWeightsArray.length)
            i += 1
          }
          weights = Vectors.dense(weightsArray)
        }
      }
```

#在运行结束时也发出警告，以提高可见度

```
      if (input.getStorageLevel == StorageLevel.NONE) {
        logWarning("The input data was not directly cached, which may hurt performance
if its"
          + " parent RDDs are also uncached.")
      }
```

#释放缓存的数据

```
      if (data.getStorageLevel != StorageLevel.NONE) {
        data.unpersist()
      }

      createModel(weights, intercept)
    }
  }
```

4．SVM 算法

在了解 SVM 算法之前，要先了解线性可分，如图 7-4 所示。若在二维平面上的两类样本点能被一条直线完全分隔，这种情况就称为线性可分。

在很多情况下，能够分隔两类样本点的直线不止一条。不同的线性可分决策直线如图 7-5 所示。用户如果希望找到最合适的那条决策直线，就需要借助 SVM 算法。

图 7-4　线性可分　　　　　　　　　　图 7-5　不同的线性可分决策直线

SVM 于 1995 年由 Cortes 和 Vapnik 提出，其主要思想是寻找最大边际的超平面，使得该平面两侧与平面最近的两类样本点之间的距离最大化，为解决分类问题提供了良好的泛化能力。支持向量（Support Vector）是样本数据集中最靠近超平面的样本点，即决策直线向左右平移与样本的交叉点，这些样本点是最难分类的数据点。SVM 算法的分类标准就是将这些点与找到的超平面的距离最大化。

假设样本数据集为 $\boldsymbol{x} = \{x_1, x_2, \cdots, x_n\}$，对应的标签值为 y，则存在 n 维向量 $\boldsymbol{w}$ 和实数 b，使得超平面方程为

$$w_1 x_1 + w_2 x_2 + \cdots + w_n x_n + b = 0$$

即

$$\boldsymbol{w}^{\mathrm{T}} \boldsymbol{x} + b = 0 \tag{7-28}$$

将平面上点到直线的距离公式扩展到 n 维空间上，则数据集中的点到超平面的距离为

$$\frac{\left|\boldsymbol{w}^{\mathrm{T}} \boldsymbol{x} + b\right|}{\|\boldsymbol{w}\|} \tag{7-29}$$

式中，$\|\boldsymbol{w}\| = \sqrt{w_1^2 + \cdots + w_n^2}$。

设支持向量 $\boldsymbol{x}$ 到超平面的距离为 d，由支持向量的定义可知样本点到超平面的距离是最短的，即

$$\begin{cases} \dfrac{\left|\boldsymbol{w}^{\mathrm{T}} \boldsymbol{x} + b\right|}{\|\boldsymbol{w}\|} \geqslant d, y = 1 \\[3mm] \dfrac{\left|\boldsymbol{w}^{\mathrm{T}} \|\boldsymbol{x}\| + b\right|}{\|\boldsymbol{w}\|} \leqslant -d, y = -1 \end{cases} \tag{7-30}$$

将 d 移到不等式左侧，有

$$\begin{cases} \dfrac{\left|\boldsymbol{w}^{\mathrm{T}} \boldsymbol{x} + b\right|}{\|\boldsymbol{w}\| d} \geqslant 1, y = 1 \\[3mm] \dfrac{\left|\boldsymbol{w}^{\mathrm{T}} \boldsymbol{x} + b\right|}{\|\boldsymbol{w}\| d} \leqslant -1, y = -1 \end{cases} \tag{7-31}$$

由于 $\|\boldsymbol{w}\|d$ 恒正，暂且设为 1，则上式转化为

$$\begin{cases} \left|\boldsymbol{w}^{\mathrm{T}}\boldsymbol{x}+b\right| \geqslant 1, y=1 \\ \left|\boldsymbol{w}^{\mathrm{T}}\boldsymbol{x}+b\right| \leqslant -1, y=-1 \end{cases} \tag{7-32}$$

上式可简写为

$$y\left(\boldsymbol{w}^{\mathrm{T}}\boldsymbol{x}+b\right) \geqslant 1 \tag{7-33}$$

由式（7-33）可推出 $y\left(\boldsymbol{w}^{\mathrm{T}}\boldsymbol{x}+b\right)=\left|\boldsymbol{w}^{\mathrm{T}}\boldsymbol{x}+b\right|$，则支持向量到超平面的距离也可表示为

$$d = \frac{\left|\boldsymbol{w}^{\mathrm{T}}\boldsymbol{x}+b\right|}{\|\boldsymbol{w}\|} = \frac{y\left(\boldsymbol{w}^{\mathrm{T}}\boldsymbol{x}+b\right)}{\|\boldsymbol{w}\|} \tag{7-34}$$

SVM 算法的目的是找到一个超平面使得支持向量到该平面的距离最大，即

$$\max \frac{2y\left(\boldsymbol{w}^{\mathrm{T}}\boldsymbol{x}+b\right)}{\|\boldsymbol{w}\|} \tag{7-35}$$

因为对于支持向量，$y\left(\boldsymbol{w}^{\mathrm{T}}\boldsymbol{x}+b\right)=1$，所以上式可转化为

$$\max \frac{2}{\|\boldsymbol{w}\|} \tag{7-36}$$

对式（7-36）取倒数，则有

$$\min \frac{1}{2}\|\boldsymbol{w}\| \tag{7-37}$$

为了方便计算，将上式转化为

$$\min \frac{1}{2}\|\boldsymbol{w}\|^2 \tag{7-38}$$

最终得到一个标准 SVM 算法的优化问题，如下所示。

$$\begin{cases} \min \dfrac{1}{2}\|\boldsymbol{w}\|^2 \\ \text{s.t. } y_i\left(\boldsymbol{w}^{\mathrm{T}}x_i+b\right) \geqslant 1 \end{cases} \tag{7-39}$$

解决这个优化问题的主要思路是先引入松弛变量将不等式约束条件转化为等式约束条件，再引入拉格朗日乘子将等式约束条件优化转化为无约束条件。为此用户需先了解拉格朗日乘数法和强对偶性。

为了介绍拉格朗日乘数法，首先将优化问题表示为

$$\begin{cases} \min f\left(\boldsymbol{w}\right) = \min \dfrac{1}{2}\|\boldsymbol{w}\|^2 \\ \text{s.t. } g_i\left(\boldsymbol{w}\right) = 1 - y_i\left(\boldsymbol{w}^{\mathrm{T}}x_i+b\right) \leqslant 0 \end{cases} \tag{7-40}$$

然后引入松弛变量 a_i^2 得到 $h_i\left(w_i, a_i\right) = g_i\left(\boldsymbol{w}\right) + a_i^2$，这样就将不等式约束条件转化为等式约束条件，同时得到一个拉格朗日函数，即

$$\begin{aligned} L\left(\boldsymbol{w}, \lambda, a\right) &= f\left(\boldsymbol{w}\right) + \sum_{i=1}^{n} \lambda_i h_i\left(\boldsymbol{w}\right) \\ &= f\left(\boldsymbol{w}\right) + \sum_{i=1}^{n} \lambda_i [g_i\left(\boldsymbol{w}\right) + a_i^2], \lambda_i \geqslant 0 \end{aligned} \tag{7-41}$$

优化问题转化为 $\min L\left(\boldsymbol{w}, \lambda, a\right)$，即

大数据分析原理和应用

$$L(w,\lambda,a) = f(w) + \sum_{i=1}^{n}\lambda_i g_i(w) + \sum_{i=1}^{n}\lambda_i a_i^2 \qquad (7\text{-}42)$$

显然 $\sum_{i=1}^{n}\lambda_i a_i^2 \geqslant 0$，所以该问题又可以写成 $\min L(w,\lambda)$，即

$$L(w,\lambda) = f(w) + \sum_{i=1}^{n}\lambda_i g_i(w) \qquad (7\text{-}43)$$

对式（7-41）求解，得联立方程

$$\begin{cases} \dfrac{\partial L}{\partial w_i} = \dfrac{\partial f}{\partial w_i} + \sum_{i=1}^{n}\lambda_i \dfrac{\partial g_i}{\partial w_i} = 0 \\[2mm] \dfrac{\partial L}{\partial a_i} = 2\lambda_i a_i = 0 \\[2mm] \dfrac{\partial L}{\partial \lambda_i} = g_i(w) + a_i^2 = 0 \\[2mm] \lambda_i \geqslant 0 \end{cases} \qquad (7\text{-}44)$$

针对式（7-44）的第 2 式可知，$\lambda_i a_i = 0$ 存在以下情况。

（1）$\lambda_i = 0$，$a_i \neq 0$。此时约束条件 $g_i(w)$ 将失去作用且 $g_i(w) < 0$。

（2）$\lambda_i \neq 0$，$a_i = 0$。此时约束条件 $g_i(w) = 0$ 起作用，且 $\lambda_i > 0$。

由此可得：$\lambda_i g_i(w) = 0$，若约束条件起作用，则 $\lambda_i > 0$，$g_i(w) = 0$；若约束条件不起作用，则 $\lambda_i = 0$，$g_i(w) < 0$。所以式（7-44）可以转化为

$$\begin{cases} \dfrac{\partial L}{\partial w_i} = \dfrac{\partial f}{\partial w_i} + \sum_{i=1}^{n}\lambda_i \dfrac{\partial g_i}{\partial w_i} = 0 \\[2mm] \lambda_i g_i(w) = 0 \\[2mm] g_i(w) \leqslant 0 \\[2mm] \lambda_i \geqslant 0 \end{cases} \qquad (7\text{-}45)$$

式（7-45）就是原优化问题的 KKT 条件，其中 λ_i 称为 KKT 乘子。

引入 KKT 条件后，由于支持向量的 $g_i(w) = 0$，所以需要 $\lambda_i > 0$；而其他向量的 $g_i(w) < 0$，所以需要 $\lambda_i = 0$。由此可知 $\sum_{i=1}^{n}\lambda_i g_i(w) \leqslant 0$。现将找到最佳参数时目标函数取得的最小值设为 p，即 $f(w) = \dfrac{1}{2}\|w\|^2 = p$，则 $L(w,\lambda) \leqslant p$，此时要想找到最佳参数 λ 使 $L(w,\lambda)$ 接近 p，即 $\max_{\lambda} L(w,\lambda)$ 优化问题可转换为

$$\begin{cases} \min_{w}\max_{\lambda} L(w,\lambda) \\[2mm] \text{s.t. } \lambda_i \geqslant 0 \end{cases} \qquad (7\text{-}46)$$

对偶问题就是将 $\min_{w}\max_{\lambda} L(w,\lambda)$ 转化为 $\max_{\lambda}\min_{w} L(w,\lambda)$，而强对偶性是指对偶问题的最值点与原问题最值点一致，即 $\min\max f = \max\min f$。前面所讲的 KKT 条件是强对偶性的充要条件。

本节在介绍了拉格朗日乘数法和强对偶性后，将继续探讨 SVM 算法的优化问题。使用

SVM 算法求解线性可分问题的步骤如下。

（1）构造拉格朗日函数，即

$$\begin{cases} \min_{\boldsymbol{w}} \max_{\lambda} L\left(\boldsymbol{w},b,\lambda\right) = \dfrac{1}{2}\|\boldsymbol{w}\|^2 + \sum_{i=1}^{n}\lambda_i\left[1 - y_i\left(\boldsymbol{w}^{\mathrm{T}}\boldsymbol{x}_i + b\right)\right] \\ \text{s.t. } \lambda_i \geqslant 0 \end{cases} \tag{7-47}$$

（2）利用强对偶性将问题转化为

$$\max_{\lambda}\min_{\boldsymbol{w},b} L\left(\boldsymbol{w},b,\lambda\right)$$

对参数 $\boldsymbol{w}$ 和 b 求偏导，有

$$\frac{\partial L}{\partial \boldsymbol{w}} = \|\boldsymbol{w}\| - \sum_{i=1}^{n}\lambda_i y_i \boldsymbol{x}_i = 0$$

$$\frac{\partial L}{\partial b} = \sum_{i=1}^{n}\lambda_i y_i = 0$$

即

$$\begin{cases} \sum_{i=1}^{n}\lambda_i y_i \boldsymbol{x}_i = \boldsymbol{w} \\ \sum_{i=1}^{n}\lambda_i y_i = 0 \end{cases} \tag{7-48}$$

将式（7-48）代入式（7-47）有

$$\min_{\boldsymbol{w},b} L\left(\boldsymbol{w},b,\lambda\right) = \sum_{j=1}^{n}\lambda_i - \frac{1}{2}\sum_{i=1}^{n}\sum_{j=1}^{n}\lambda_i\lambda_j y_i y_j \left(\boldsymbol{x}_i \cdot \boldsymbol{x}_j\right) \tag{7-49}$$

（3）对上一步得到的二次规划问题，即

$$\begin{cases} \max_{\lambda}\left[\sum_{j=1}^{n}\lambda_i - \dfrac{1}{2}\sum_{i=1}^{n}\sum_{j=1}^{n}\lambda_i\lambda_j y_i y_j \left(\boldsymbol{x}_i \cdot \boldsymbol{x}_j\right)\right] \\ \text{s.t.} \sum_{i=1}^{n}\lambda_i y_i = 0, \lambda_i \geqslant 0 \end{cases} \tag{7-50}$$

采用序列最小优化（Sequential Minimal Optimization，SMO）算法求解。SMO 算法的核心思想是每次固定其他参数，只求当前优化参数的极值，但是由于优化问题约束条件 $\sum_{i=1}^{n}\lambda_i y_i = 0$ 不能一次只选一个参数，所以改为一次选择两个优化参数。SMO 算法的具体求解过程如下。

① 选择优化参数 λ_i 和 λ_j，固定其他参数，约束条件变为

$$\lambda_i y_i + \lambda_j y_j = c, \lambda_i \geqslant 0, \lambda_j \geqslant 0$$

其中

$$c = -\sum_{k \neq i,j}\lambda_k y_k$$

由此可得

$$\lambda_j = \frac{c - \lambda_i y_i}{y_j}$$

这样就能用含 λ_i 的表达式来替代 λ_j，约束条件变成一个，即仅有的约束条件为 $\lambda_i \geqslant 0$。

大数据分析原理和应用

② 在 λ_i 上对优化目标求偏导，令其为零，可以求得变量值 $\lambda_{i_{new}}$。用户可通过 $\lambda_{i_{new}}$ 得到 $\lambda_{j_{new}}$。

③ 迭代直至收敛，求得最优解。

（4）对优化目标求偏导时可以得到

$$w = \sum_{i=1}^{m} \lambda_i y_i x_i$$

由此可以求出 w。

由于所有满足 $\lambda_i > 0$ 的点都是支持向量，因此将支持向量的均值代入

$$b = \frac{1}{|S|} \sum_{s \in S} (y_s - w x_s)$$

即可求出 b。

（5）由上一步求得的 w 和 b 可以构造最大分割超平面，分类决策函数为

$$f(x) = \text{sign}(w^T x + b) \tag{7-51}$$

其中

$$\text{sign}(t) = \begin{cases} -1, & t < 0 \\ 0, & t = 0 \\ 1, & t > 0 \end{cases}$$

未分类的新样本点代入式（7-51）即可分类。

SVM 算法还可以用在线性不可分问题（见图 7-6）上。非线性 SVM 的基本思想是升维，将二维空间内线性不可分的样本利用核函数映射到高维空间得到 $\varphi(x)$ 使其线性可分，在高维线性空间中找到最大分割超平面，如图 7-7 所示。假设二维空间的的样本点的两个坐标分别用 X_1、X_2 表示，则该平面上的一条曲线可表示为

$$a_1 X_1 + a_2 X_1^2 + a_3 X_2 + a_4 X_2^2 + a_5 X_1 X_2 + a_6 = 0 \tag{7-52}$$

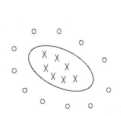
图 7-6　线性不可分问题

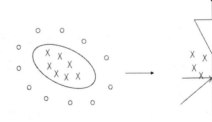
图 7-7　非线性 SVM 的基本思想

现在构造一个五维空间，令其坐标值分别为 $Z_1 = X_1$、$Z_2 = X_1^2$、$Z_3 = X_2$、$Z_4 = X_2^2$、$Z_5 = X_1 X_2$，则式（7-52）可以表示为

$$\sum_{i=1}^{5} a_i Z_i + a_6 = 0 \tag{7-53}$$

对二维空间内的样本点做映射 $\varphi: R_2 \to R_5$，则新的五维空间内的样本点就是线性可分的。

在特征空间内直接计算向量内积建立非线性学习器的方法称为核函数方法。核函数被定义为

$$K(\boldsymbol{x}_1, \boldsymbol{x}_2) = \varphi(\boldsymbol{x}_1) \cdot \varphi(\boldsymbol{x}_2) = \left[\varphi(\boldsymbol{x}_1)\right]^{\mathrm{T}} \varphi(\boldsymbol{x}_2), \boldsymbol{x}_1 \text{、} \boldsymbol{x}_2 \in \boldsymbol{X} \tag{7-54}$$

核函数的优势在于可以直接在低维空间中计算，不用显式写出映射后的结果，避免直接在高维空间中进行复杂的计算。常用的核函数有

$$K(\boldsymbol{x}_1, \boldsymbol{x}_2) = \exp\left(-\frac{{\boldsymbol{x}_1 - \boldsymbol{x}_2}^2}{2\sigma^2}\right)$$

$$K(\boldsymbol{x}_1, \boldsymbol{x}_2) = \left(\boldsymbol{x}_1^{\mathrm{T}} \boldsymbol{x}_2 + 1\right)^d$$

原来的 SVM 算法优化问题转化为

$$K\begin{cases} \min \dfrac{1}{2}\|\boldsymbol{w}\|^2 \\ \text{s.t. } 1 - y_i\left[\boldsymbol{w}^{\mathrm{T}}\varphi(\boldsymbol{x}_i) + b\right] \leqslant 0 \end{cases} \tag{7-55}$$

拉格朗日函数为

$$L(\boldsymbol{w}, a) = \frac{1}{2}\|\boldsymbol{w}\|^2 + \sum_{i=1}^{n} a_i\left\{1 - y_i\left[\boldsymbol{w}^{\mathrm{T}}\varphi(\boldsymbol{x}_i) + b\right]\right\} \tag{7-56}$$

对 $\boldsymbol{w}$、b 求偏导，得

$$\begin{cases} \dfrac{\partial L}{\partial \boldsymbol{w}} = \boldsymbol{w} - \sum_{i=1}^{n} a_i y_i \varphi(\boldsymbol{x}_i) = 0 \Rightarrow \boldsymbol{w} = \sum_{i=1}^{n} a_i y_i \varphi(\boldsymbol{x}_i) \\ \dfrac{\partial L}{\partial b} = \sum_{i=1}^{n} a_i y_i = 0 \end{cases} \tag{7-57}$$

将式（7-57）代入式（7-56），得

$$L(\boldsymbol{w}, a) = \sum_{i=1}^{n} a_i - \frac{1}{2}\sum_{i=1}^{n}\sum_{j=1}^{n} a_i a_j y_i y_j \left[\varphi(\boldsymbol{x}_i)\right]^{\mathrm{T}} \varphi(\boldsymbol{x}_j) \tag{7-58}$$

二次规划问题为

$$\begin{cases} \max L(\boldsymbol{w}, a) \\ \text{s.t. } a_i \geqslant 0 \end{cases}$$

也可写为

$$\begin{cases} \min -L(\boldsymbol{w}, a) = \dfrac{1}{2}\sum_{i=1}^{n}\sum_{j=1}^{n} a_i a_j y_i y_j \left[\varphi(\boldsymbol{w}_i)\right]^{\mathrm{T}} \varphi(\boldsymbol{w}_j) - \sum_{i=1}^{n} a_i \\ \text{s.t. } a_i \geqslant 0 \end{cases} \tag{7-59}$$

可以看出，非线性 SVM 与线性 SVM 的区别就是将 $\boldsymbol{x}$ 变为 $\varphi(\boldsymbol{x})$，求解算法仍采用 SMO 算法。

【例 7-7】Spark 中 SVM 算法的应用实例。

（1）引入必要的类。因为 SVM 算法需要 LabeledPoint 格式的数据，所以要从 pyspark.mllib. regression 中引入 LabeledPoint 类。这里同样采用 SGD 求得最佳解，所以还需要从 pyspark.mllib.classification 中引入 SVMWithSGD 类。具体代码如下：

```
from numpy import array
from pyspark import SparkContext
from pyspark.mllib.regression import LabeledPoint
from pyspark.mllib.classification import SVMWithSGD
```

.

```
sc=SparkContext(appName="SVM_pyspark",master='local')
```

（2）创建数据集。这里创建一个包含 4 个数据点，每个数据点包含 1 个标签和 1 个特征的数据集。具体代码如下：

```
data = [LabeledPoint(0.0, [0.0]),
    LabeledPoint(1.0, [1.0]),
    LabeledPoint(1.0, [2.0]),
    LabeledPoint(1.0, [3.0])
    ]
```

（3）使用 SVMWithSGD.train 方法创建逻辑回归模型。具体代码如下：

```
svm = SVMWithSGD.train(sc.parallelize(data), iterations=10)
```

SVMWithSGD.train 方法的参数如表 7-13 所示。这里仅设定了 data 参数和 iterations 参数，其他参数使用默认值。

表 7-13　SVMWithSGD.train 方法的参数

参　　数	说　　明
data	训练数据：LabeledPoint 的 RDD
iterations	迭代次数（默认值：100）
step	在 SGD 中使用的步骤参数（默认值：1.0）
miniBatchFraction	每次 SGD 迭代使用的数据片段（默认值：1.0）
initialWeights	初始权重（默认值：None）
regParam	正规化程序参数（默认值：0.01）
regType	用于训练模型的调节器类型。 支持值如下。 L1：用于使用 L1 正规化； L2：用于使用 L2 正规化（默认值）； None：没有正规化
intercept	布尔参数，表示训练数据是否使用增强表示（是否激活偏置特征）（默认值：False）
validateData	布尔参数，表示算法是否应该在训练之前验证数据（默认值：True）
convergenceTol	决定迭代终止的条件（默认值：0.001）

（4）利用 SVMModel 自带的属性和方法获得其阈值、权重，对测试值预测分类，并验证 clearThreshold 方法和 setThreshold 方法的作用。具体代码如下：

```
#获得支持向量机模型的阈值和权重
print("Threshold: "+str(svm.threshold))
print("Weights: "+str(svm.weights))
```

结果如下：

```
Threshold: 0.0
Weights: [1.4407421280634385]

#对测试值预测分类
print(svm.predict(array([-2.0])))
```

结果如下：

```
0

#验证 clearThreshold 方法和 setThreshold 方法的作用
svm.clearThreshold()
print(svm.predict(array([-2.0])))
```

```
svm.setThreshold(0.5)
print(svm.predict(array([-2.0])))
```

结果如下：

```
-2.881484256126877
0
```

SVMModel 自带的属性和方法如表 7-14 所示。受篇幅限制，这里未使用 intercept 方法、load 方法和 save 方法。

表 7-14　SVMModel 自带的属性和方法

属性和方法	说　　明
clearThreshold	清除阈值以便预测，并输出原始的预测得分。它只用于二分类
intercept	模型的截距
load(sc, path)	从给定的 path 中加载模型
predict(x)	预测一个或多个例子的标签
save(sc, path)	将模型保存到 path 中
setThreshold(value)	设置将正面预测与负面预测分开的阈值。预测得分大于或等于此阈值的示例被标识为正值，否则为负值。它只用于二分类
threshold	返回用于将原始预测得分转换为 0/1 预测的阈值（如果有的话）。它只用于二分类
weights	每个特征的权重

在 Spark MLlib 中使用 SVMWithSGD.train 方法训练 SVM。具体代码如下：

```
    def train(cls, data, iterations=100, step=1.0, regParam=0.01, miniBatchFraction=1.0,
initialWeights=None,
        regType="l2", intercept=False, validateData=True, convergenceTol=0.001):
    def train(rdd, i):
        return callMLlibFunc("trainSVMModelWithSGD", rdd, int(iterations), float(step),
float(regParam), float(miniBatchFraction), i, regType, bool(intercept), bool(validateData),
float(convergenceTol))

    return _regression_train_wrapper(train, SVMModel, data, initialWeights)
```

train 方法调用 trainSVMModelWithSGD API。具体代码如下：

```
#trainSVMModelWithSGD API
def trainSVMModelWithSGD(
    data: JavaRDD[LabeledPoint],
    numIterations: Int,
    stepSize: Double,
    regParam: Double,
    miniBatchFraction: Double,
    initialWeights: Vector,
    regType: String,
    intercept: Boolean,
    validateData: Boolean,
    convergenceTol: Double): JList[Object] = {
        val SVMAlg = new SVMWithSGD()
        SVMAlg.setIntercept(intercept)
            .setValidateData(validateData)
        SVMAlg.optimizer
            .setNumIterations(numIterations)
            .setRegParam(regParam)
            .setStepSize(stepSize)
```

```
                    .setMiniBatchFraction(miniBatchFraction)
                    .setConvergenceTol(convergenceTol)
            SVMAlg.optimizer.setUpdater(getUpdaterFromString(regType))
            #调用 trainRegressionModel API，详见逻辑回归算法一节的代码分析
            trainRegressionModel(
              SVMAlg,
              data,
              initialWeights)
     }
```

SVM 算法同样需要调用 GeneralizedLinearAlgorithm.run 方法，具体可见逻辑回归算法一节。

5．随机森林算法

随机森林算法的主要思想是集成学习。通常称由单个学习算法（如决策树算法、神经网络算法等）训练数据得到的学习器称为个体学习器，也叫弱学习器或弱分类器。**集成学习**就是用多个个体学习器替代单一学习算法并通过一定手段将多个个体学习器的结果进行整合完成学习任务的方法。如果集成中包含同一类型的个体学习器，那么该集成是"同质"的，该个体学习器称为基学习器，得到个体学习器的算法称为基学习算法；如果集成中包含不同类型的个体学习器，那么该集成是"异质"的，这些个体学习器称为组件学习器。

集成学习按照个体学习器的生成方式可以分为以下 2 类。

（1）序列化方法：个体学习器间存在强依赖关系，必须串行生成，如 Boosting。

（2）并行化方法：个体学习器间不存在强依赖关系，可同时生成，如 Bagging、随机森林算法。

Bagging 基于自助采样法，对给定包含 m 个样本的样本集，先随机将一个样本放入采样集中，再将该样本放回初始样本集，这样这个样本还有再次被选中的可能，重复 m 次可得一个包含 m 个样本的采样集，约 62.3% 的样本出现在样本集中，未出现的样本可用作验证集。采用 T 个含 m 个样本的采样集，先基于每个采样集训练出一个基学习器，再用某种方法将这些基学习器结合起来（分类任务通常使用简单投票法，回归任务通常采用简单平均法）。

随机森林算法是 Bagging 的一种变体，它以决策树为基学习器构建 Bagging 集成，并在决策树的训练过程中加入随机属性选择。在随机森林算法中，生成基决策树的每个节点时，先从其候选属性集中随机选择一个包含 k 种属性的子集（假设候选属性共有 d 种），再从子集中选择最优属性，一般令 $k = \log_2 d$。基决策树在确定样本集和特征后采用 CART 算法，由于每棵树的训练样本和每个节点的分裂属性都是随机选择的，所以即使不对基决策树剪枝也不会出现过拟合现象。得到 T 棵决策树后，随机森林算法将对这些基决策树的输出投票，得票最多的结果将作为随机森林算法的决策。

【例 7-8】Spark 中随机森林算法的应用实例。

（1）引入必要的类。因为随机森林算法需要 LabeledPoint 格式的数据，所以要从 pyspark.mllib.regression 中引入 LabeledPoint 类。随机森林算法还需要从 pyspark.mllib.tree 中引入 RandomForest 类。具体代码如下：

```
from pyspark import SparkContext
from pyspark.mllib.regression import LabeledPoint
from pyspark.mllib.tree import RandomForest

sc=SparkContext(appName="RandomForest_pyspark",master='local')
```

（2）创建数据集。这里创建一个包含 4 个数据点，每个数据点包含 1 个标签和 1 个特征的数据集。

```
data = [LabeledPoint(0.0, [0.0]),
     LabeledPoint(1.0, [1.0]),
     LabeledPoint(1.0, [2.0]),
     LabeledPoint(1.0, [3.0])
     ]
```

（3）使用 RandomForest.trainClassifier 方法训练并建立随机森林模型。具体代码如下：

```
model = RandomForest.trainClassifier(sc.parallelize(data), 2, {}, 3, seed=42)
```

RandomForest.trainClassifier 方法的参数如表 7-15 所示。这里未设定 featureSubsetStrategy、impurity、maxDepth 和 maxBins 参数，这些参数使用默认值。

表 7-15　RandomForest.trainClassifier 方法的参数

参　　数	说　　明
data	训练数据：LabeledPoint 的 RDD。标签应该采用值{0,1,…,numClasses-1}
numClasses	分类数目
categoricalFeaturesInfo	设置分类特征字段信息
numTrees	随机森林中树的数量
featureSubsetStrategy	每个节点需要考虑的拆分特性数量。支持的值有 "auto" "all" "sqrt" "log2" "onethird"。如果设置了 "auto"，那么基于 numTrees 设置此参数；如果 numTrees=1，那么设置为 "all"；如果 numTrees>1(forest)，那么设置为 "sqrt"。（默认值："自动"）
impurity	随机森林的 impurity 评估方法有基尼系数、熵
maxDepth	决策树最大深度
maxBins	决策树每个节点最大分支数
seed	用于引导和选择特征子集的随机种子。设置为 None 以根据系统时间生成种子（默认值：None）

（4）利用 RandomForestModel 自带的属性和方法获得随机森林的整体模型、随机森林模型中的决策树数量、随机森林模型中的节点数及测试数据在该模型上的预测值。具体代码如下：

```
# 获得随机森林的整体模型
print(model.toDebugString())
```

结果如下：

```
TreeEnsembleModel classifier with 3 trees

  Tree 0:
   Predict: 1.0
  Tree 1:
   If (feature 0 <= 0.5)
    Predict: 0.0
   Else (feature 0 > 0.5)
    Predict: 1.0
  Tree 2:
   If (feature 0 <= 0.5)
    Predict: 0.0
   Else (feature 0 > 0.5)
    Predict: 1.0
```

```
#获得随机森林模型中的决策树数量
print("Number of Trees: "+str(model.numTrees()))
#获得随机森林模型中的节点数
print("Total number of nodes: "+str(model.totalNumNodes()))
#获得测试数据在该模型上的预测值
rdd = sc.parallelize([[3.0], [1.0]])
print(model.predict(rdd).collect())
```

结果如下：

```
Number of Trees: 3
Total number of nodes: 7
[1.0, 1.0]
```

RandomForestModel 自带的属性和方法如表 7-16 所示。受篇幅限制，这里仅演示 toDebugString 方法、numTrees 方法、totalNumNodes 方法和 predict 方法。

表 7-16　RandomForestModel 自带的属性和方法

属性和方法	说　　明
call(name, *a)	java_model 的调用方法
load(sc, path)	从给定的 path 中加载模型
numTrees	获得随机森林模型中的决策树数量
predict(x)	预测一个或多个例子的标签。在 Python 中，当前不能在 RDD 转换或操作中使用 predict()，而是直接在 RDD 上调用 predict()
save(sc, path)	将模型保存到 path 中
toDebugString	获得随机森林的整体模型
totalNumNodes	获得到随机森林中模型中的节点数

Spark 中的随机森林算法使用 RandomForest.trainClassifier 方法训练模型。具体代码如下：

```
def trainClassifier(cls, data, numClasses, categoricalFeaturesInfo, numTrees,
featureSubsetStrategy="auto", impurity="gini", maxDepth=4, maxBins=32, seed=None):
    return cls._train(data, "classification", numClasses, categoricalFeaturesInfo,
numTrees, featureSubsetStrategy, impurity, maxDepth, maxBins, seed)


    #trainClassifier()调用了该类中的_train方法
    def _train(cls, data, algo, numClasses, categoricalFeaturesInfo, numTrees,
        featureSubsetStrategy, impurity, maxDepth, maxBins, seed):
    first = data.first()
    assert isinstance(first, LabeledPoint), "the data should be RDD of LabeledPoint"
    if featureSubsetStrategy not in cls.supportedFeatureSubsetStrategies:
        raise ValueError("unsupported featureSubsetStrategy: %s" % featureSubsetStrategy)
    if seed is None:
        seed = random.randint(0, 1 << 30)
    model = callMLlibFunc("trainRandomForestModel", data, algo, numClasses,
            categoricalFeaturesInfo, numTrees, featureSubsetStrategy, impurity,
            maxDepth, maxBins, seed)
    return RandomForestModel(model)
```

可以看到 RandomForest 类调用了 trainRandomForestModel API。具体代码如下：

```
def trainRandomForestModel(
    data: JavaRDD[LabeledPoint],
    algoStr: String,
    numClasses: Int,
```

```
        categoricalFeaturesInfo: JMap[Int, Int],
        numTrees: Int,
        featureSubsetStrategy: String,
        impurityStr: String,
        maxDepth: Int,
        maxBins: Int,
        seed: java.lang.Long): RandomForestModel = {

            val algo = Algo.fromString(algoStr)
            val impurity = Impurities.fromString(impurityStr)
            val strategy = new Strategy(
              algo = algo,
              impurity = impurity,
              maxDepth = maxDepth,
              numClasses = numClasses,
              maxBins = maxBins,
              categoricalFeaturesInfo = categoricalFeaturesInfo.asScala.toMap)
            val cached = data.rdd.persist(StorageLevel.MEMORY_AND_DISK)
            #仅因为下面的方法需要一个 int, 而不是一个可选的 Long
            val intSeed = getSeedOrDefault(seed).toInt
        try {
            #判断是做分类还是做回归，以调用相应方法
            if (algo == Algo.Classification) {
              RandomForest.trainClassifier(cached, strategy, numTrees, featureSubsetStrategy,
intSeed)
            } else {
              RandomForest.trainRegressor(cached, strategy, numTrees,
featureSubsetStrategy, intSeed)
            }
        } finally {
            cached.unpersist()   #释放缓存
        }
    }
```

因为要用随机森林算法做分类，所以这里调用的是 Scala 版本的 trainClassifier 方法。具体代码如下：

```
    def trainClassifier(
        input: RDD[LabeledPoint],
        strategy: Strategy,
        numTrees: Int,
        featureSubsetStrategy: String,
        seed: Int): RandomForestModel = {
            require(strategy.algo == Classification, s"RandomForest.trainClassifier
given
                Strategy with invalid algo: ${strategy.algo}")
            val rf = new RandomForest(strategy, numTrees, featureSubsetStrategy, seed)
            rf.run(input)   #调用 run 方法
    }

    #run 方法训练决策树
    def run(input: RDD[LabeledPoint]): RandomForestModel = {
      val treeStrategy = strategy.copy
      if (numTrees == 1) {
        treeStrategy.bootstrap = false
      } else {
```

211

```
        treeStrategy.bootstrap = true
    }
    val trees: Array[NewDTModel] =
    NewRandomForest.run(input, treeStrategy, numTrees, featureSubsetStrategy, seed.
toLong)
    new RandomForestModel(strategy.algo, trees.map(_.toOld))
  }
```

6. 朴素贝叶斯算法

在概率学上，事件 A、B 互相独立，简称 A、B 独立。

$$P(AB) = P(A)P(B)$$

假设 A、B 是两个事件，且满足 $P(A) > 0$，则在事件 A 发生的条件下事件 B 发生的条件概率为

$$P(B|A) = \frac{P(AB)}{P(A)}$$

假设存在一个随机试验 E，其样本空间为 Ω，B_1、B_2、$\cdots$、B_n 是对 Ω 的有限划分，$P(B_i) > 0$，则在随机试验 E 中的一个事件 A 发生的概率为

$$P(A) = P(A|B_1)P(B_1) + P(A|B_2)P(B_2) + \ldots + P(A|B_n)P(B_n) = \sum_{i=1}^{n} P(B_i)P(A|B_i)$$

上式为全概率公式。该式可以理解为事件 A 的发生有 B_1、B_2、$\cdots$、B_n 这些方法。将每种方法中事件 A 发生的概率相加即得到事件 A 发生的概率。

贝叶斯公式（也叫贝叶斯定理）为

$$P(B_j|A) = \frac{P(A|B_j) \times P(B_j)}{\sum_{i=1}^{n} P(B_i)P(A|B_i)}, j = 1, 2, \cdots, n \tag{7-60}$$

这是贝叶斯分类的基础，朴素贝叶斯算法就是贝叶斯分类中研究较多的一种。朴素贝叶斯算法的核心思想是对某一预测项，即式（7-60）中的 A，分别计算该预测项中各个分类（B_j）的概率，选择概率最大的作为其分类。

【例 7-9】Spark 中朴素贝叶斯算法的应用实例。

（1）引入必要的类。因为朴素贝叶斯算法需要 LabeledPoint 格式的数据，所以要从 pyspark.mllib.regression 中引入 LabeledPoint 类。朴素贝叶斯算法还需要从 pyspark.mllib.classification 中引入 NaiveBayes 类。具体代码如下：

```
from numpy import array

from pyspark import SparkContext
from pyspark.mllib.regression import LabeledPoint
from pyspark.mllib.classification import NaiveBayes

sc=SparkContext(appName="NaiveBayes_pyspark",master='local')
```

（2）创建数据集。这里创建一个包含 4 个数据点，每个数据点包含 1 个标签和 2 个特征的数据集。具体代码如下：

```
data = [LabeledPoint(0.0, [0.0,1.0]),
    LabeledPoint(1.0, [1.0,2.0]),
    LabeledPoint(1.0, [2.0,1.0]),
```

```
    LabeledPoint(1.0, [3.0,1.0])
    ]
```

（3）使用 NaiveBayes.train 方法创建朴素模型。具体代码如下：

```
model = NaiveBayes.train(sc.parallelize(data))
```

其中 sc.parallelize 方法可以将数据集转化为 Spark MLlib 需要的 RDD 格式，该方法有 2 个参数，第 1 个参数是待转化的数据集，第 2 个参数是数据集的切片数（默认值：None）。NaiveBayes.train 方法的参数如表 7-17 所示。这里未设定 lambda 参数，lambda 使用默认值。

表 7-17　NaiveBayes.train 方法的参数

参　　数	说　　明
data	训练数据：LabeledPoint 的 RDD
lambda	平滑参数（默认值：1.0）

（4）利用 NaiveBayesModel 自带的属性和方法获得测试数据在该模型上的预测值。具体代码如下：

```
print(model.predict(array([1.0, 0.0])))
```

结果如下：

```
1.0
```

NaiveBayesModel 自带的属性和方法如表 7-18 所示。这里仅演示 predict 方法。

表 7-18　NaiveBayesModel 自带的属性和方法

属性和方法	说　　明
load(sc, path)	从给定的 path 中加载模型
predict(x)	为数据向量或向量的 RDD 返回最可能的类
save(sc, path)	将模型保存到 path 中

Spark 中朴素贝叶斯算法使用 NaiveBayes.train 方法训练模型。具体代码如下：

```
def train(cls, data, lambda_=1.0):
    first = data.first()
    if not isinstance(first, LabeledPoint):
        raise ValueError("`data` should be an RDD of LabeledPoint")
    labels, pi, theta = callMLlibFunc("trainNaiveBayesModel", data, lambda_)
    return NaiveBayesModel(labels.toArray(), pi.toArray(), numpy.array(theta))
```

train 方法调用 trainNaiveBayesModel API，并通过这个 API 调用 Scala 版本的 NaiveBayes.train 方法。具体代码如下：

```
def trainNaiveBayesModel(
    data: JavaRDD[LabeledPoint],
    lambda: Double): JList[Object] = {
    val model = NaiveBayes.train(data.rdd, lambda)
    List(Vectors.dense(model.labels), Vectors.dense(model.pi),
        model.theta.map(Vectors.dense)).map(_.asInstanceOf[Object]).asJava
}

#Scala 版本的 train 方法
def train(input: RDD[LabeledPoint], lambda: Double): NaiveBayesModel = {
    #调用 run 方法
    new NaiveBayes(lambda, Multinomial).run(input)
```

```
    }
    #run 方法
    def run(data: RDD[LabeledPoint]): NaiveBayesModel = {
        val spark = SparkSession
          .builder()
          .sparkContext(data.context)
          .getOrCreate()

        import spark.implicits._

        val nb = new NewNaiveBayes()
          .setModelType(modelType)
          .setSmoothing(lambda)

        val dataset = data.map { case LabeledPoint(label, features) => (label,
features.asML) }
          .toDF("label", "features")

        #Spark Mllib NaiveBayes 允许输入{-1, +1}形式的标签，所以将 positiveLabel 设为 false
        val newModel = nb.trainWithLabelCheck(dataset, positiveLabel = false)

        val pi = newModel.pi.toArray
        val theta = Array.ofDim[Double](newModel.numClasses, newModel.numFeatures)
        newModel.theta.foreachActive {
          case (i, j, v) =>
            theta(i)(j) = v
        }

        assert(newModel.oldLabels != null,
          "The underlying ML NaiveBayes training does not produce labels.")
        new NaiveBayesModel(newModel.oldLabels, pi, theta, modelType)
    }
```

7.2.2 大数据分类算法的应用

1. 数据集的来源
本节所用数据集与 7.1.2 节相同，故此处不再赘述。

2. 数据集分类的实际应用意义
在 7.1.2 节中使用 Wholesale Customer 数据集做聚类分析，本节将使用该数据集做决策树二分类，选择 Region、Fresh、Milk、Grocery、Frozen、Detergents_paper、Delicatessen 这些属性作为特征，属性 Channel 作为标签，判断数据是属于 Horeca 还是 Retail。

3. 基于 Spark 进行数据分类的详细步骤
决策树算法应用流程图如图 7-8 所示。

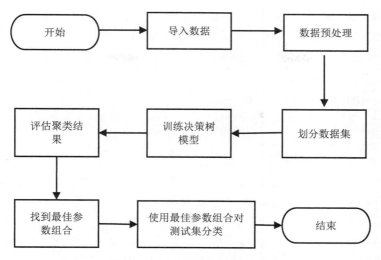

图 7-8　决策树算法应用流程图

（1）导入数据，具体代码如下：

```
global Path
if sc.master[0:5]=='local':
    Path="file:/home/hduser/pythonwork/PythonProject"
else:
    Path="hdfs:#master:9000/user/hduser"
print("开始导入数据...")
rawDataWithHeader=sc.textFile(Path+"/data/wholesale.csv")
rawDataWithHeader.take(3)
```

输出结果如下：

```
开始导入数据...

['Channel,Region,Fresh,Milk,Grocery,Frozen,Detergents_Paper,Delicassen',
 '2,3,12669,9656,7561,214,2674,1338',
 '2,3,7057,9810,9568,1762,3293,1776']
```

可以看到数据集存在以下问题。

① 第 1 项数据是字段名，进行分类时不需要字段名，所以需要删掉。

② 每项数据都以“,”分隔每个字段，需要使用该分隔符获取数据字段。

（2）处理数据。经观察，该数据集不存在缺失值的问题，分类特征以数字形式表示，所以只需要处理前面提到的字段名和分隔符问题即可。具体代码如下：

```
#去掉字段名
header=rawDataWithHeader.first()
rawData=rawDataWithHeader.filter(lambda x:x!=header)
#获取数据字段
lines=rawData.map(lambda x:x.split(","))
print("共"+str(lines.count())+"项数据")
```

处理后使用 lines.first()查看数据的第 1 项，结果如下：

```
['2', '3', '12669', '9656', '7561', '214', '2674', '1338']
```

可以看到字段名已经删去，每一项数据字段也已经成功获取。

（3）将数据转换成 RDD[LabledPoint]格式并划分数据集。训练二分类决策树模型需要将数据集转化为由 label 与 feature 组成的 LabeledPoint 格式。格式转化后需要将数据集按照 7:1:2 的比例随机划分为训练集、验证集和测试集以供后续使用。具体代码如下:

```
from pyspark.mllib.regression import LabeledPoint
labelpointRDD=lines.map(lambda x:LabeledPoint(int(x[0])-1,[float(field) for field
in x[2:-1]]))
#将数据集划分为训练集、验证集和测试集
(trainData, validationData, testData) = labelpointRDD.randomSplit([7,1,2])
trainData.persist()
validationData.persist()
testData.persist()
```

注意:因为数据集本身的 Channel 值为 1 或 2,而训练二分类决策树模型时要求 label 小于 2,所以此处提取 label 值时需要将 label 改为 0 或 1。

(4)训练模型,具体代码如下:

```
from pyspark.mllib.tree import DecisionTree
model=DecisionTree.trainClassifier(trainData,numClasses=2,\
    categoricalFeaturesInfo={},impurity="entropy",maxDepth=5,maxBins=5)
```

具体参数意义参见表 7-10。

(5)评估模型准确率,二分类算法主要使用 AUC(Area Under Curve)评估模型准确率。分析模型的预测值和真实值可能出现的情况有 4 种,如表 7-19 所示。

表 7-19　分析模型的预测值和真实值

预　测　值	真　实　值	
	positives	negatives
positives	True Positives（TP）	False Positives（FP）
negatives	False Negatives（FN）	True Negatives（TN）

① 0 代表 Horeca。

② 1 代表 Retail。

③ TP:预测值为 1,真实值为 1。

④ FP:预测值为 1,真实值为 0。

⑤ FN:预测值为 0,真实值为 1。

⑥ TN:预测值为 0,真实值为 0。

⑦ TPR:所有真实值为 1 的样本中预测值为 1 的样本比例。

⑧ FPR:所有真实值为 0 的样本中预测值为 1 的样本比例。

依据 TPR、FPR 可以绘出 ROC(Receiver Operating Characteristic,受试者工作特征)曲线。该曲线用于反映敏感性与特异性之间的关系。一般 ROC 曲线的 X 轴越接近零,预测的假阳性率(特异性)越低,模型准确率越高;Y 轴越接近零,预测的真阳性率(敏感性)越低,模型准确率越低。ROC 曲线下方与坐标轴围成图形的面积就是 AUC,它用来表示模型预测的准确程度。根据 AUC 判断二分类的优劣方式如下。

① AUC=1:预测率 100%,不可能存在。

② 0.5<AUC<1:优于随机猜测,具有预测价值。

③ AUC=0.5:与随机猜测一样,没有预测价值。

④ AUC<0.5:比随机猜测更差,而反向预测会优于随机猜测。

Spark MLlib 提供了 BinaryClassificationMetrics 模块计算 AUC，计算步骤如下。

① 建立 scoreAndLabels。

② 使用 scoreAndLabels 建立 BinaryClassificationMetrics 并使用。

```
#评估模型准确率
from pyspark.mllib.evaluation import BinaryClassificationMetrics
#定义评估准确率的方法
def evaluateModel(model, validationData):
    score = model.predict(validationData.map(lambda p: p.features))
    scoreAndLabels=score.zip(validationData.map(lambda p: p.label))
    metrics = BinaryClassificationMetrics(scoreAndLabels)
    AUC=metrics.areaUnderROC
    return( AUC)
#评估上一步得到的模型的准确率
AUC=evaluateModel(model, validationData)
print("AUC="+str(AUC))
```

结果如下：

```
AUC=0.8930921052631579
```

可以看出 AUC 大于 0.5，有预测价值。

（6）找出最佳参数组合。模型中对结果最重要的参数主要是 impurity、maxDepth 和 maxBins，所以要针对这 3 个参数找出结果最佳参数组合，评价标准采用 AUC 和运行时间。

首先定义一个模型评估方法，评估 impurity、maxDepth 和 maxBins 的参数组合在 AUC 和运行时间方面的表现结果。具体代码如下：

```
from time import time
def trainEvaluateModel(trainData,validationData, impurityParm, maxDepthParm,
maxBinsParm):
    startTime = time()
    model = DecisionTree.trainClassifier(trainData,
             numClasses=2, categoricalFeaturesInfo={}, impurity=impurityParm,
             maxDepth=maxDepthParm, maxBins=maxBinsParm)
    AUC = evaluateModel(model, validationData)
    duration = time() - startTime
    print(    "训练评估：使用参数" + \
             " impurity="+str(impurityParm) +\
             " maxDepth="+str(maxDepthParm) + \
             " maxBins="+str(maxBinsParm) +"\n" +\
              " ==>所需时间="+str(duration) + \
              " 结果AUC = " + str(AUC) )
    return (AUC,duration, impurityParm, maxDepthParm, maxBinsParm,model)
```

然后定义一个找到最佳参数组合的方法。具体代码如下：

```
def evalAllParameter(trainData, validationData,
                impurityList, maxDepthList, maxBinsList):
    #for 循环训练评估所有参数组合
    metrics = [trainEvaluateModel(trainData, validationData, impurity,maxDepth,
maxBins )
                for impurity in impurityList
                for maxDepth in maxDepthList
                for  maxBins in maxBinsList ]
    #找出 AUC 最大的参数组合
    Smetrics = sorted(metrics, key=lambda k: k[0], reverse=True)
```

```
    bestParameter=Smetrics[0]
    #显示调校后最佳参数组合
    print("调校后最佳参数: impurity:" + str(bestParameter[2]) +
        ",maxDepth:" + str(bestParameter[3]) +
        ",maxBins:" + str(bestParameter[4])   +
        "\n,    结果AUC = " + str(bestParameter[0]))
    #返回最佳模型
    return bestParameter[5]
```

令 impurity、maxDepth 和 maxBins 分别从["gini", "entropy"]、[3, 5, 10, 15, 20, 25]、[3, 5, 10, 50, 100, 200]中取值，找出最佳参数组合。具体代码如下：

```
print("-----所有参数训练评估找出最佳参数组合---------")
bestModel=evalAllParameter(trainData, validationData,
                    ["gini", "entropy"],
                    [3, 5, 10, 15, 20, 25],
                    [3, 5, 10, 50, 100, 200 ])
```

结果如下：

```
-----所有参数训练评估找出最佳参数组合---------
训练评估: 使用参数 impurity=gini maxDepth=3 maxBins=3
 ==>所需时间=4.507831573486328 结果AUC = 0.84375
训练评估: 使用参数 impurity=gini maxDepth=3 maxBins=5
 ==>所需时间=2.941387176513672 结果AUC = 0.8930921052631579
......
训练评估: 使用参数 impurity=entropy maxDepth=25 maxBins=200
 ==>所需时间=3.267587661743164 结果AUC = 0.8536184210526315
调校后最佳参数: impurity:gini,maxDepth:3,maxBins:5
,    结果AUC = 0.8930921052631579
```

可以看出，最佳参数组合为 impurity 为 gini、maxDepth 为 3、maxBins 为 5，此时 AUC 大于 0.5，具有预测价值。

（7）使用最佳模型对测试集进行分类，具体代码如下：

```
labels=bestModel.predict(testData.map(lambda x:x.features))
```

使用 labels.take(3)查看前 3 项数据的预测结果如下：

```
[1.0, 0.0, 1.0]
```

即第 1 项和第 3 项数据属于 Retail，第 2 项数据属于 Horeca。

7.3 本章小结

本节对本章的主要内容总结如下。

7.1 节主要介绍了 Spark MLlib 中的聚类算法，包括聚类算法的基本原理、K-means 算法、二分 K-means 算法、GMM 聚类算法、PIC 算法、应用实例和 Spark 实现，并在 7.1.2 节使用 K-means 算法对某批发经销商的客户数据进行聚类分析。

7.2 节主要介绍了 Spark MLlib 中的分类算法，包括决策树、逻辑回归、SVM、随机森林、朴素贝叶斯算法的基本原理、应用实例和 Spark 实现，并在 7.2.2 节使用决策树算法对7.1.2 节中的某批发经销商客户数据进行分类分析。

7.4　习题

1. 请分别列举 Spark MLlib 中包含的三种聚类算法和分类算法。

2. 为什么 SVM 算法要用到核函数？请简要说明理由。

3. 本章用到的 Wholesale Customer 数据集也可以将 Region 视为 label 进行多分类，请尝试使用本章所讲的分类算法进行多分类。

第 8 章

大数据分析的应用案例

本章旨在帮助用户应用前 7 章的知识，处理具体的大数据分析问题。本章会给出大数据分析在上市公司信用风险预测研究中的应用案例，案例包括案例背景、数据获取和预处理、模型建立与预测的完整过程。读者需要通过对案例的学习与演练，掌握应用大数据分析问题的基本方式并进行实践。具体学习目标如下。

读者需研读并实践本章提供的案例，理解数据预处理的意义、算法的原理及案例代码的含义。

根据本章的案例，读者需自行选择实验题目，自主完成应用大数据进行分析的完整案例，同时掌握常用的机器学习算法。

↘ 大数据分析应用案例的背景知识

↘ 案例数据的获取和预处理过程

↘ 案例基于 Python 的实现和基于 Spark 的实现

8.1 案例背景

信用风险是指交易对方不履行到期债务的风险。由于结算方式的不同，场内衍生交易和场外衍生交易各自所涉的信用风险也有所不同。信用风险又称违约风险，是指借款人、证券发行人或交易对方因种种原因，不愿或无力履行合同条件而构成违约，致使银行、投资者或交易对方遭受损失的可能性。而对信用风险的评估与预测是商业银行、投资企业的重要工作，准确的信用风险预测能够有效降低风险成本、提高收益率。

随着商业银行的发展及其信贷管理体系的完善，现代商业银行管理过程中信贷风险管理是重点，在信贷管理过程中应明确信贷管理的意义和信贷管理的内容。完善的信贷管理体系能够有效降低风险成本、提高收益率。而信用风险预测作为信贷管理的核心一直是商业与学界研究的热门话题。随着大数据技术的发展及云数据支持下海量数据的增加，应用大数据平台与机器学习算法预测风险，成为了企业信用风险预测的热门方式。

目前比较成熟的上市公司的信用风险预测主要采用公司的财务数据作为主要预测指标，应用已有数据构建训练集，形成预测模型，进而对未来的信用风险进行预测。

在本章的案例中，将分别展示通过调用 Python 的 Sklearn 库与 Spark 的 Mllib 库方式进行上市公司信用风险预测的过程，同时分别应用逻辑回归算法与 SVM 算法。

8.2 数据获取和预处理

8.2.1 获取来源

为确保所采用数据的真实性，从 Wind 平台获取上市公司相关数据并进行处理。

8.2.2 数据说明

选取 2015～2019 年间制造业、信息传输、批发零售行业的上市公司数据作为研究对象，这些数据包含 15 项财务指标与 3 项非财务指标。原始数据指标集如表 8-1 所示。将上市公司是否被 ST 或*ST（特殊处理）作为公司是否具有高信用风险的判断指标。因此，ST/*ST公司组成高信用风险样本组，非 ST 公司组成低信用风险样本组。

表 8-1 原始数据指标集

指标分类	一级指标	二级指标	变 量 名
财务指标	偿债能力	流动比率	x1
		速动比率	x2
		资产负债率	x3
	现金流能力	现金股利保障倍数	x4
	盈利能力	总资产净利润率	x5
		净资产收益率	x6
		成本费用利润率	x7
		资产报酬率	x8
	经营能力	存货周转率	x9
		流动资产周转率	x10
		固定资产周转率	x11
		应收账款周转率	x12
	成长能力	营业收入增长率	x13
		净利润增长率	x14
		总资产增长率	x15
非财务指标	企业规模	企业资产总计	x16
		企业员工人数	x17
	管理者特征	董事会规模	x18

8.2.3 数据预处理

在对数据进行正式处理之前，先对数据进行预处理，具体包含脏数据的剔除、数据标准化、数据平衡化和指标筛选。下面将具体介绍每个步骤的操作流程。

1. 脏数据的剔除

该部分共分为 2 个维度进行，第 1 个维度为指标维度，检查所得数据中每个指标的数据缺失率。数据缺失率较高时，该指标无法加入模型进行训练，需要从原始数据指标集中剔除出去。经统计，现金股利保障倍数在 3 个行业中的数据缺失率分别为 35.9%、39.6%、38.4%，数据缺失率较高，依据指标数据缺失率均大于 30% 的标准评定，因此剔除现金股利保障倍数。

第 2 个维度为数据条维度，检查所得数据中每个数据条中的数据缺失率，若一个数据条中的数据缺失率高于 10%，则该数据条无法加入模型进行训练，需剔除该数据条。经统计，批发零售行业的数据集中共 28 个数据缺失率较高的数据，信息传输行业的数据集中共 187 个数据缺失率较高的数据，制造业的数据集中共 641 个数据缺失率较高的数据。因此，共 856 个数据符合剔除评定标准，最终剩余 15325 个数据。

剔除脏数据后各行业数据集的样本容量如表 8-2 所示。

表 8-2　剔除脏数据后各行业数据集的样本容量

行　　业	总样本容量	高风险容量	低风险容量
批发零售	863	59	804
信息传输	1508	73	1435
制造业	12954	627	12327

2. 数据标准化

为消除各指标量纲与数量级不一致对研究结果造成的影响，需对数据进行标准化处理。数据标准化处理的方法有很多种，在此选用 z-score 标准化。

3. 数据平衡化

根据 3 个行业的初始统计发现，信用风险高的公司比例远小于信用风险低的公司比例，即在 3 个行业中，ST 或*ST 公司的数量远小于正常公司数量，这表明所得数据属于非平衡数据。数据集中存在某一类样本，该样本数量远多于其他类样本，从而容易导致一些机器学习模型（如逻辑回归等）失效的问题。因为多数类样本属于正常公司，建立的模型容易忽略违约公司的样本数据，即使正常样本的判断准确率很高，但对于违约公司的预测能力却有着很大的影响，因此需要对数据集进行平衡化处理。本章选择 SMOTE（Synthetic Minority Oversampling Technique，人工少数类过采样方法）作为随机过程采样算法的改进方案，并用 Python 完成数据集平衡化的处理。

SMOTE 的基本思想是对少数类样本进行分析并根据少数类样本人工合成新样本到数据集中，使得数据集中 ST 或*ST 公司数量与正常公司数量一致，消除了不平衡数据集的影响。

各行业数据集最终的样本容量如表 8-3 所示。

表 8-3　各行业数据集最终的样本容量

行　　业	总样本容量	高风险容量	低风险容量
批发零售	1608	804	804
信息传输	2870	1435	1435
制造业	24654	12327	12327

4．指标筛选

在实际进行模型构建时，还要对指标进行筛选。由于选取了较多与企业信用风险相关的指标，因此如果将所有指标全部作为预测模型的输入变量，可能会处理困难。为了避免维度灾难及指标间多重共线性对模型稳定性造成影响，需要降低数据的指标维度，根据计算指标之间的 Kendall 秩相关系数检验结果及自变量之间的方差膨胀因子（VIF）挑选实际应用的关联指标。

1）Kendall 秩相关系数

Kendall 秩相关系数主要是根据每个样本在某一属性上的取值和因变量构成的数对间的一致性来确定两个指标间的秩相关性。Kendall 秩相关系数的取值范围为[-1,1]，当 Kendall 秩相关系数为 1 时，两个指标正相关；当 Kendall 秩相关系数为-1 时，两个指标负相关；当 Kendall 秩相关系数为 0 时，两个指标完全独立。因此分别对三个行业的数据集计算其 Kendall 秩相关系数，并根据计算结果绘制热力图，初步观察不同行业各指标之间的相关性。批发零售、信息传输、制造业热力图如图 8-1 至图 8-3 所示。

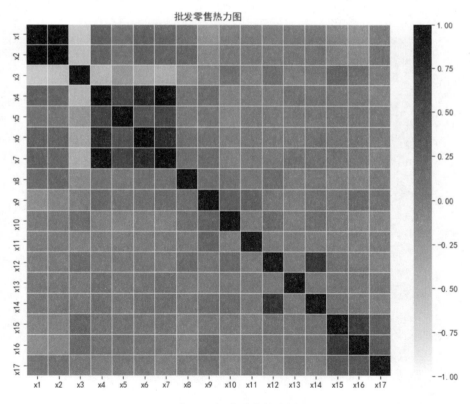

图 8-1　批发零售热力图

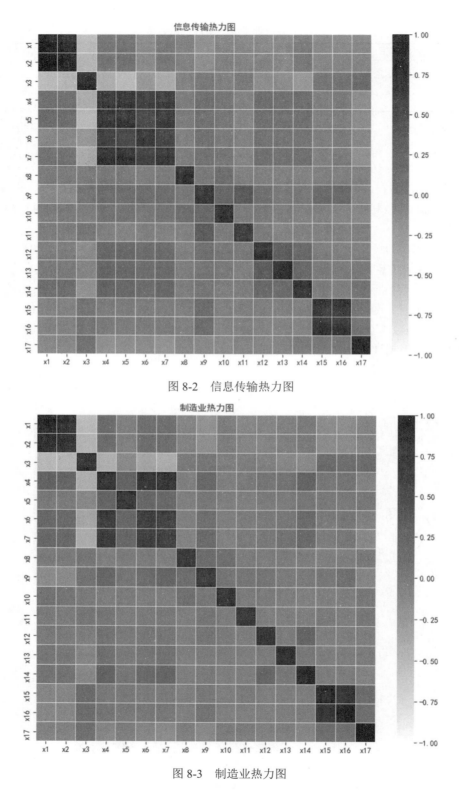

图 8-2　信息传输热力图

图 8-3　制造业热力图

上述图中两个指标对应的方格颜色越深,其正相关性越强;颜色越浅,其负相关性越强。

观察可得，总资产净利润率与成本费用利润率、资产报酬率的相关系数均很高，因此初步判断三者存在多重共线性，故需进一步计算各指标间的 VIF 值决定需要剔除的指标。

2）VIF

计算各指标间的 VIF 值决定需要剔除的指标，在此仅展示 VIF 值大于 10 的指标结果，如表 8-4 所示。

表 8-4　VIF 值大于 10 的指标结果

指　　标	VIF 值			结　　果
	批发零售	信息传输	制造业	
流动比率	17.22835195	85.73297	14.94702149	保留
速动比率	16.10513187	83.2149637	14.21810114	剔除
总资产净利润率	55.18118939	374.0867579	156.1747486	剔除
资产报酬率	45.02434449	337.4028635	142.7328844	剔除

在 Kendall 秩相关系数检验中，流动比率和速动比率之间相关性很高，其 Kendall 秩相关系数在三个行业的数据分析中约为 0.75。总资产净利润率与净资产收益率、成本费用利润率、资产报酬率的 Kendall 秩相关系数都约为 0.75，资产报酬率与现金股利保障倍数、净资产收益率的 Kendall 秩相关系数也都超过 0.5。同时，用户对指标进行了 VIF 的检验，VIF 值超过 10 的指标结果如表 8-4 所示。而流动比率是存货后资产与流动负债的比值，相较于速动比率更加直观。因此，结合 VIF 值和 Kendall 秩相关系数，保留流动比率，剔除速动比率、总资产净利润率、资产报酬率。

最终确定的指标如表 8-5 所示。

表 8-5　最终确定的指标

指标分类	一级指标	二级指标	变　量　名
财务指标	偿债能力	流动比率	x1
		资产负债率	x2
	盈利能力	净资产收益率	x3
		成本费用利润率	x4
	经营能力	存货周转率	x5
		流动资产周转率	x6
		固定资产周转率	x7
		应收账款周转率	x8
	成长能力	营业收入增长率	x9
		净利润增长率	x10
		总资产增长率	x11
非财务指标	企业规模	企业资产总计	x12
		企业员工人数	x13
	管理者特征	董事会规模	x14

8.3　评价指标说明

在介绍各个指标之前，先来介绍一下混淆矩阵。如果本章用的是二分类模型，那么把预测情况与实际情况的所有结果两两混合，结果就会出现 TP、FN、FP 和 FN 情况，从而组成了混淆矩阵，如表 8-6 所示，并规定以下命名规则。

P（Positive）表示预测结果为 1。

N（Negative）表示预测结果为 0。

T（True）表示预测正确。

F（False）表示预测错误。

表 8-6　混淆矩阵

预测结果	实际结果	
	1	0
1	TP	FP
0	FN	TN

其中，TP 表示实际上为正类样本并且也被模型正确判断为正类样本的数目；FN 表示实际上为正类样本，却被模型错误判断为负类样本的数目；FP 表示实际上为负类样本，却被模型错误判断为正类样本的数目；TN 表示实际上为负类样本并且也被模型正确判断为负类样本的数目。

在表 8-6 中，这种表示方式可以分为以下部分。

T/F 表示预测是否正确，针对实际表现。

P/N 表示预测结果，针对预测表现。

1．真正率和真负率

真正率和真负率的定义可以从混淆矩阵中导出，可由式（8-1）和式（8-2）表示，即

$$真正率 = \frac{TP}{TP + FN} \tag{8-1}$$

$$真负率 = \frac{TN}{TN + FP} \tag{8-2}$$

2．准确率

准确率的定义是预测正确的结果占总样本的百分比，其公式如下。

$$准确率 = \frac{TP + TN}{TP + TN + FP + FN} \tag{8-3}$$

3．AUC

AUC 表示 ROC 曲线下方与坐标轴围成的面积。AUC 的值介于 0.5～1 之间，值越大，说明模型的分类性能越好。

8.4　基于 Python 的实现

8.4.1　基于 Python 的逻辑回归

将数据集导入 idle，并将其划分为训练集与测试集，其中训练集占全部数据的 67%，测试集占全部数据的 33%，建立逻辑回归模型，并得到模型的准确率、AUC 值、真正率与真

负率。Python 实现逻辑回归模型的流程图如图 8-4 所示。

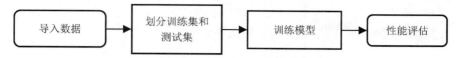

图 8-4　Python 实现逻辑回归模型的流程图

Python 实现步骤如下。

（1）读取数据，具体代码如下：

```
from sklearn import datasets
import numpy as np
import pandas as pd
import matplotlib.pyplot as plt
plt.rcParams['font.sans-serif'] = ['SimHei']
plt.rcParams['axes.unicode_minus'] = False
data = pd.read_excel('最终数据集.xlsx')
#设置 X 和 y
X = data.iloc[:, 1:]
y = data.iloc[:, 0]
from sklearn.model_selection import train_test_split
```

（2）设置训练集和测试集，具体代码如下：

```
X_train, X_test, y_train, y_test = train_test_split(X, y, test_size = 0.33,
random_state = 0)
```

（3）训练逻辑回归模型，具体代码如下：

```
from sklearn.linear_model import LogisticRegression
lr = LogisticRegression(C = 10)
#lr 在原始测试集上的表现
lr.fit(X_train, y_train)
```

（4）模型评估，具体代码如下：

```
#打印训练集精确度
print('Training accuracy:', lr.score(X_train, y_train))
#打印测试集精确度
print('Test accuracy:', lr.score(X_test, y_test))
#计算混淆矩阵，获得真正率与真负率
from sklearn.metrics import confusion_matrix
y_pred = lr.predict(X_test)
confmat = confusion_matrix(y_true=y_test, y_pred=y_pred)
print(confmat)
#将混淆矩阵可视化
fig, ax = plt.subplots(figsize=(2.5, 2.5))
ax.matshow(confmat, cmap=plt.cm.Blues, alpha=0.3)
for i in range(confmat.shape[0]):
    for j in range(confmat.shape[1]):
        ax.text(x=j, y=i, s=confmat[i, j], va='center', ha='center')

plt.xlabel('预测类标')
plt.ylabel('真实类标')
plt.show()
#计算 AUC 值
from sklearn.metrics import roc_curve, auc
probas = lr.fit(X_train, y_train).predict_proba(X_test)
```

```
fpr, tpr, thresholds = roc_curve(y_test, probas[:, 1], pos_label=1)
roc_auc = auc(fpr, tpr)
print('AUC值为',roc_auc)
```

Python 实现的逻辑回归模型运行结果如图 8-5 所示。

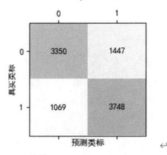

图 8-5　Python 实现的逻辑回归模型运行结果

Python 实现的逻辑回归算法实验结果如表 8-7 所示。

表 8-7　Python 实现的逻辑回归算法实验结果

实现方式	准 确 率	AUC 值	真 正 率	真 负 率
Python 实现	0.738	0.808	0.758	0.721

8.4.2　基于 Python 的 SVM

将数据集导入 idle，并将其划分为训练集与测试集，其中训练集占全部数据的 67%，测试集占全部数据的 33%，建立 SVM 模型，并得到模型的准确率、AUC 值、真正率和真负率。Python 实现 SVM 模型的流程图如图 8-6 所示。

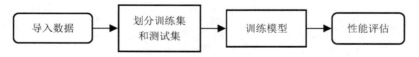

图 8-6　Python 实现 SVM 模型的流程图

Python 实现步骤如下。

（1）读取数据，具体代码如下：

```
import pandas as pd
import matplotlib.pyplot as plt
from sklearn import svm
plt.rcParams['font.sans-serif'] = ['SimHei']
plt.rcParams['axes.unicode_minus'] = False
data = pd.read_excel('最终数据集.xlsx')
#设置 X 和 y
X = data.iloc[:, 1:]
y = data.iloc[:, 0]
from sklearn.model_selection import train_test_split
```

（2）设置训练集和测试集，具体代码如下：

```
X_train, X_test, y_train, y_test = train_test_split(X, y, test_size = 0.33)
```

（3）建立 SVM 模型，进行训练，具体代码如下：

```
classifier=svm.SVC(C=2,kernel='rbf',gamma=10,decision_function_shape='ovo',probability=True)
classifier.fit(X_train,y_train.ravel())
```

（4）模型评估，具体代码如下：

```
#计算准确率
from sklearn.metrics import accuracy_score
tra_label=classifier.predict(X_train)
tes_label=classifier.predict(X_test)
print("训练集：", accuracy_score(y_train,tra_label) )
print("测试集：", accuracy_score(y_test,tes_label) )
#计算混淆矩阵，获得真正率与真负率
from sklearn.metrics import confusion_matrix
y_pred = tes_label
confmat = confusion_matrix(y_true=y_test, y_pred=y_pred)
print(confmat)
#将混淆矩阵可视化
fig, ax = plt.subplots(figsize=(2.5, 2.5))
ax.matshow(confmat, cmap=plt.cm.Blues, alpha=0.3)
for i in range(confmat.shape[0]):
    for j in range(confmat.shape[1]):
        ax.text(x=j, y=i, s=confmat[i, j], va='center', ha='center')
plt.xlabel('预测类标')
plt.ylabel('真实类标')
plt.show()
#计算 AUC 值
from sklearn.metrics import roc_curve, auc
probas = classifier.fit(X_train, y_train).predict_proba(X_test)
fpr, tpr, thresholds = roc_curve(y_test, probas[:, 1], pos_label=1)
roc_auc = auc(fpr, tpr)
print('AUC 值为',roc_auc)
```

Python 实现的 SVM 模型运行结果如图 8-7 所示。

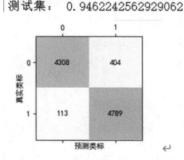

图 8-7　Python 的实现 SVM 模型运行结果

Python 实现的 SVM 算法实验结果如表 8-8 所示。

229

表 8-8　Python 实现的 SVM 算法实验结果

实现方式	准　确　率	AUC 值	真　正　率	真　负　率
Python 实现	0.946	0.991	0.974	0.922

8.4.3　基于 Python 的朴素贝叶斯

将数据集导入 idle，并将其划分为训练集和测试集，其中训练集占全部数据的 67%，测试集占全部数据的 33%，建立朴素贝叶斯模型，并得到模型的准确率、AUC 值、真正率与真负率。Python 实现朴素贝叶斯模型的流程图如图 8-8 所示。

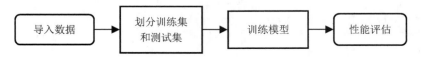

图 8-8　Python 实现朴素贝叶斯模型的流程图

Python 实现步骤如下。

（1）读取数据，具体代码如下：

```
import numpy as np
import scipy as sp
import pandas as pd
import matplotlib.pyplot as plt
from sklearn import datasets
from sklearn import tree
from sklearn.tree import DecisionTreeClassifier
plt.rcParams['font.sans-serif'] = ['SimHei']
plt.rcParams['axes.unicode_minus'] = False
data = pd.read_excel('最终数据集.xlsx')
#设置 X 和 y
X = data.iloc[:, 1:]
y = data.iloc[:, 0]
from sklearn.model_selection import train_test_split
```

（2）设置训练集和测试集，具体代码如下：

```
X_train, X_test, y_train, y_test = train_test_split(X, y, test_size = 0.33,
random_state = 0)
```

（3）建立朴素贝叶斯模型，进行训练，具体代码如下：

```
from sklearn.naive_bayes import GaussianNB
clf = GaussianNB()
clf.fit(X_train,y_train)
```

（4）模型评估，具体代码如下：

```
#打印训练集精确度
print('Training accuracy:', clf.score(X_train, y_train))
#打印测试集精确度
print('Test accuracy:', clf.score(X_test, y_test))
#计算混淆矩阵，获得真正率与真负率
from sklearn.metrics import confusion_matrix
y_pred = clf.predict(X_test)
confmat = confusion_matrix(y_true=y_test, y_pred=y_pred)
```

```
print(confmat)
#将混淆矩阵可视化
fig, ax = plt.subplots(figsize=(2.5, 2.5))
ax.matshow(confmat, cmap=plt.cm.Blues, alpha=0.3)
for i in range(confmat.shape[0]):
    for j in range(confmat.shape[1]):
        ax.text(x=j, y=i, s=confmat[i, j], va='center', ha='center')
plt.xlabel('预测类标')
plt.ylabel('真实类标')
plt.show()
#计算 AUC 值
from sklearn.metrics import roc_curve, auc
probas = clf.fit(X_train, y_train).predict_proba(X_test)
fpr, tpr, thresholds = roc_curve(y_test, probas[:, 1], pos_label=1)
roc_auc = auc(fpr, tpr)
print('AUC 值为',roc_auc)
```

Python 实现的朴素贝叶斯模型运行结果如图 8-9 所示。

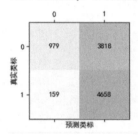

图 8-9　Python 实现的朴素贝叶斯模型运行结果

Python 实现的朴素贝叶斯算法实验结果如表 8-9 所示。

表 8-9　Python 实现的朴素贝叶斯算法实验结果

实现方式	准　确　率	AUC 值	真　正　率	真　负　率
Python 实现	0.586	0.769	0.860	0.550

8.4.4　基于 Python 的决策树

将数据集导入 idle，并将其划分为训练集与测试集，其中训练集占全部数据的 67%，测试集占全部数据的 33%，建立决策树模型，并得到模型的准确率、AUC 值、真正率与真负率。Python 实现决策树模型的流程图如图 8-10 所示。

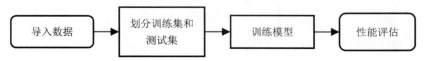

图 8-10　Python 实现决策树模型的流程图

Python 实现步骤如下。

（1）读取数据，具体代码如下：

```
import numpy as np
import scipy as sp
import pandas as pd
import matplotlib.pyplot as plt
from sklearn import datasets
from sklearn import tree
from sklearn.tree import DecisionTreeClassifier
plt.rcParams['font.sans-serif'] = ['SimHei']
plt.rcParams['axes.unicode_minus'] = False
data = pd.read_excel('最终数据集.xlsx')
#设置 X 和 y
X = data.iloc[:, 1:]
y = data.iloc[:, 0]
from sklearn.model_selection import train_test_split
```

（2）设置训练集和测试集，具体代码如下：

```
X_train, X_test, y_train, y_test = train_test_split(X, y, test_size = 0.33,
random_state = 0)
```

（3）建立决策树模型，进行训练，具体代码如下：

```
clf = tree.DecisionTreeClassifier(criterion='entropy')
clf.fit(X_train,y_train)
```

（4）模型评估，具体代码如下：

```
#打印训练集精确度
print('Training accuracy:', clf.score(X_train, y_train))
#打印测试集精确度
print('Test accuracy:', clf.score(X_test, y_test))
#计算混淆矩阵，获得真正率与真负率
from sklearn.metrics import confusion_matrix
y_pred = clf.predict(X_test)
confmat = confusion_matrix(y_true=y_test, y_pred=y_pred)
print(confmat)
#将混淆矩阵可视化
fig, ax = plt.subplots(figsize=(2.5, 2.5))
ax.matshow(confmat, cmap=plt.cm.Blues, alpha=0.3)
for i in range(confmat.shape[0]):
    for j in range(confmat.shape[1]):
        ax.text(x=j, y=i, s=confmat[i, j], va='center', ha='center')
plt.xlabel('预测类标')
plt.ylabel('真实类标')
plt.show()
#计算 AUC 值
from sklearn.metrics import roc_curve, auc
probas = clf.fit(X_train, y_train).predict_proba(X_test)
fpr, tpr, thresholds = roc_curve(y_test, probas[:, 1], pos_label=1)
roc_auc = auc(fpr, tpr)
print('AUC 值为',roc_auc)
```

Python 实现的决策树模型运行结果如图 8-11 所示。

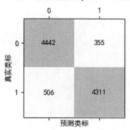

```
Training accuracy: 1.0
Test accuracy: 0.9104431038069482
```

AUC值为：　0.9093310040109233

图 8-11　Python 实现的决策树模型运行结果

Python 实现的决策树算法实验结果如表 8-10 所示。

表 8-10　Python 实现的决策树算法实验结果

实现方式	准 确 率	AUC 值	真 正 率	真 负 率
Python 实现	0.910	0.909	0.898	0.924

8.4.5　基于 Python 的随机森林

将数据集导入 idle，并将其划分为训练集和测试集，其中训练集占全部数据的 67%，测试集占全部数据的 33%，建立随机森林模型，并得到模型的准确率、AUC 值、真正率与真负率。Python 实现随机森林模型的流程图如图 8-12 所示。

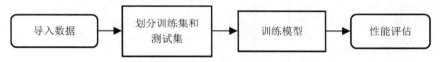

图 8-12　Python 实现随机森林模型的流程图

Python 实现步骤如下。

（1）读取数据，具体代码如下：

```
import numpy as np
import scipy as sp
import pandas as pd
import matplotlib.pyplot as plt
from sklearn import datasets
from sklearn import tree
from sklearn.ensemble import RandomForestClassifier
plt.rcParams['font.sans-serif'] = ['SimHei']
plt.rcParams['axes.unicode_minus'] = False
data = pd.read_excel('最终数据集.xlsx')
#设置 X 和 y
X = data.iloc[:, 1:]
y = data.iloc[:, 0]
from sklearn.model_selection import train_test_split
```

（2）设置训练集和测试集，具体代码如下：

```
    X_train, X_test, y_train, y_test = train_test_split(X, y, test_size = 0.33, random_
state = 0)
```

（3）建立随机森林模型，进行训练，具体代码如下：

```
clf = RandomForestClassifier ( n_estimators=10, max_depth=None, min_samples_split=
2)
print(clf)
clf.fit(X_train,y_train)
```

（4）模型评价，具体代码如下：

```
#打印训练集精确度
print('Training accuracy:', clf.score(X_train, y_train))
#打印测试集精确度
print('Test accuracy:', clf.score(X_test, y_test))
#计算混淆矩阵，获得真正率与真负率
from sklearn.metrics import confusion_matrix
y_pred = clf.predict(X_test)
confmat = confusion_matrix(y_true=y_test, y_pred=y_pred)
print(confmat)
#将混淆矩阵可视化
fig, ax = plt.subplots(figsize=(2.5, 2.5))
ax.matshow(confmat, cmap=plt.cm.Blues, alpha=0.3)
for i in range(confmat.shape[0]):
    for j in range(confmat.shape[1]):
        ax.text(x=j, y=i, s=confmat[i, j], va='center', ha='center')
plt.xlabel('预测类标')
plt.ylabel('真实类标')
plt.show()
#计算 AUC 值
from sklearn.metrics import roc_curve, auc
probas = clf.fit(X_train, y_train).predict_proba(X_test)
fpr, tpr, thresholds = roc_curve(y_test, probas[:, 1], pos_label=1)
roc_auc = auc(fpr, tpr)
print('AUC值为',roc_auc)
```

Python 实现的随机森林模型运行结果如图 8-13 所示。

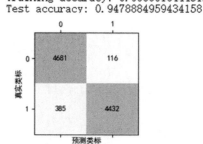

图 8-13　Python 实现的随机森林模型运行结果

Python 实现的随机森林算法实验结果如表 8-11 所示。

表 8-11　Python 实现的随机森林算法实验结果

实现方式	准　确　率	AUC 值	真　正　率	真　负　率
Python 实现	0.948	0.990	0.924	0.974

8.5　基于 Spark 的实现

8.5.1　基于 Spark 的逻辑回归

Spark 支持 Java、Python 和 Scala 的 API，还支持超过 80 种高级算法，使用户可以快速构建不同应用。本次实验使用 Python 语言，实验环境如下：

Python 3.6.5

Ubuntu16.04　内存设置：2GB　　　CPU：1

Spark version 3.0.0

Scala version 2.12.10 (Java HotSpot(TM) 64-Bit Server VM, Java 14.0.2)

Spark 实现逻辑回归模型的流程图如图 8-14 所示。

图 8-14　Spark 实现逻辑回归模型的流程图

使用 Python 语言的 Spark 实现步骤如下。

（1）引入相关库，具体代码如下：

```
from pySpark import SparkContext
from pySpark.mllib.regression import LabeledPoint
from pySpark.mllib.classification import LogisticRegressionWithSGD
import argparse
```

（2）定义方法函数，具体代码如下：

```
def parsePoint(line):
    values = [float(s) for s in line.strip().split()]
    return LabeledPoint(values[-1], values[:-1])
if __name__ == "__main__":
    argument_parser = argparse.ArgumentParser()
    #数据集路径
    argument_parser.add_argument("-d", "--dataset", required=True, help="path of
input dataset")
    #迭代次数
    argument_parser.add_argument("-i", "--iterations", required=True, help="times
of iterations")
    arguments = vars(argument_parser.parse_args())
    #数据集路径
    path = arguments["dataset"]
    #迭代次数
    iterations = int(arguments["iterations"])
    #Spark 上下文对象
    sc = SparkContext(appName="logistic_regression")
```

```
    #读取数据集，并提取标签和数据
    points = sc.textFile(p
ath).map(parsePoint)
    #创建模型
    model = LogisticRegressionWithSGD.train(points, iterations)
    #定义模型评估函数
def ModelAccuracy(model, validationData):
    #计算模型的准确率
    predict = model.predict(validationData.map(lambda p:p.features))
    predict = predict.map(lambda p: float(p))
    #拼接预测值和实际值
    predict_real = predict.zip(validationData.map(lambda p: p.label))
    matched = predict_real.filter(lambda p:p[0]==p[1])
    accuracy = float(matched.count()) / float(predict_real.count())
    return accuracy
```

（3）调用函数，具体代码如下：

```
acc = ModelAccuracy(model, validationData)
##打印 accuracy
print("accuracy="+str(acc))
```

得到模型的准确率为 0.782。

8.5.2　基于 Spark 的 SVM

SVM 作为一种二分类算法，同样只预期 0 或 1 的标签。通过 SVMWithSGD 类，用户可以访问这种算法，它的参数与线性回归、逻辑回归的参数相差不大。返回的 SVMModel 与 LogisticRegressionModel 一样使用阈值的方式进行预测。实验环境如下：

Python 3.6.5

Ubuntu16.04　内存设置：2GB　　　cpu：1

Spark version 3.0.0

Scala version 2.12.10 (Java HotSpot(TM) 64-Bit Server VM, Java 14.0.2)

Spark 实现 SVM 模型的流程图如图 8-15 所示。

图 8-15　Spark 实现 SVM 模型的流程图

使用 Python 语言的 Spark 实现步骤如下。

（1）导入数据，具体代码如下：

```
#定义路径
global Path
if sc.master[:5]=="local":
    Path="file:/home/yue/Pythonwork/PythonProject/"
else:
    Path="hdfs://master:9000/user/yue/"
#读取 train.tsv
print("开始导入数据...")
rawDataWithHeader = sc.textFile(Path+"data/train.tsv")
```

（2）划分训练集、验证集和测试集，具体代码如下：

```
(trainData, validationData, testData) = labelpointRDD.randomSplit([7,1,2])
```

（3）训练模型，具体代码如下：

```
SVMWithSGD.train(data, iterations=100, step=1.0, regParam=0.01,
        miniBatchFraction=1.0, initialWeights=None, regType="l2",
        intercept=False, validateData=True, convergenceTol=0.001)
##使用 SVM 分类模型进行训练
from pySpark.mllib.classification import SVMWithSGD
##使用默认参数训练模型
model = SVMWithSGD.train(trainData, iterations=100, step=1.0,
miniBatchFraction=1.0, regParam=0.01, regType="l2")
```

（4）模型评估，具体代码如下：

```
##定义模型评估函数
def ModelAccuracy(model, validationData):
    ##计算模型的准确率
    predict = model.predict(validationData.map(lambda p:p.features))
    predict = predict.map(lambda p: float(p))
    ##拼接预测值和实际值
    predict_real = predict.zip(validationData.map(lambda p: p.label))
    matched = predict_real.filter(lambda p:p[0]==p[1])
    accuracy = float(matched.count()) / float(predict_real.count())
    return accuracy
acc = ModelAccuracy(model, validationData)
##打印 accuracy
print("accuracy="+str(acc))
```

得到模型的准确率为 0.85。

8.6　实验结果分析

1．逻辑回归算法的实验结果

逻辑回归算法实验结果的比较如表 8-12 所示。

表 8-12　逻辑回归算法实验结果的比较

实现方式	准　确　率
Python 实现	0.736
Spark 实现	0.782

2．SVM 算法的实验结果

SVM 算法实验结果的比较如表 8-13 所示。

表 8-13　SVM 算法实验结果的比较

实现方式	准　确　率
Python 实现	0.915
Spark 实现	0.850

从表 8-12 和表 8-13 中可发现，无论是 Python 实现还是 Spark 实现，SVM 算法的准确率都优于逻辑回归算法。SVM 算法可很好地解决小样本、非线性及高维数据识别分类问题，

给出的是全局最优解。由于本次实验的数据集比较小，Python 实现与 Spark 实现的时间并没有较大差别。而对于级别在 1GB 以上的数据集，Spark 实现的效率将明显优于 Python 实现的效率。

8.7　本章小结

本章通过一个预测上市公司信用风险的例子，向用户展示了基于 Python 与基于 Spark 实现对上市公司的信用风险预测。在本次实验中，分别应用了逻辑回归算法与 SVM 算法来解决预测企业信用风险的问题，相较于逻辑回归算法，SVM 算法的性能总是更优的；而 Spark 能够处理 Python 所无法处理的海量数据。目前，Spark 已经拥有了大部分算法库，用户可以在实践中尝试调用。

8.8　习题

1．通过本章的学习，请读者仿照所给案例完成一次完整的实验。实验数据集可以通过网络搜索，也可以使用本次实验中的数据集。

2．对于学有余力的读者，可以通过爬虫获取自己感兴趣的数据，选取特定的应用领域，仿照所给案例，应用大数据技术进行分析与预测。